排污单位自行监测技术指南教程
——纺织印染工业

生态环境部生态环境监测司
中国环境监测总站 编著
北京市科学技术研究院资源环境研究所

中国环境出版集团·北京

图书在版编目（CIP）数据

排污单位自行监测技术指南教程. 纺织印染工业/生态环境部生态环境监测司，中国环境监测总站，北京市科学技术研究院资源环境研究所编著. —北京：中国环境出版集团，2022.10

ISBN 978-7-5111-5309-8

Ⅰ. ①排… Ⅱ. ①生…②中…③北… Ⅲ. ①染整工业—排污—环境监测—教材 Ⅳ. ①X506②X788

中国版本图书馆 CIP 数据核字（2022）第 164948 号

出 版 人　武德凯
责任编辑　曲　婷
封面设计　宋　瑞

出版发行　中国环境出版集团
　　　　　（100062　北京市东城区广渠门内大街 16 号）
　　　　　网　　址：http://www.cesp.com.cn
　　　　　电子邮箱：bjgl@cesp.com.cn
　　　　　联系电话：010-67112765（编辑管理部）
　　　　　发行热线：010-67125803，010-67113405（传真）
印　　刷　北京中科印刷有限公司
经　　销　各地新华书店
版　　次　2022 年 10 月第 1 版
印　　次　2022 年 10 月第 1 次印刷
开　　本　787×960　1/16
印　　张　23
字　　数　370 千字
定　　价　96.00 元

为规范和指导排污单位开展自行监测工作，生态环境部发布了一系列排污单位自行监测技术指南。同时，为让各级生态环境管理部门和排污单位更好地应用技术指南，生态环境部生态环境监测司组织中国环境监测总站等单位编写了排污单位自行监测技术指南教程系列图书，将排污单位自行监测技术指南分类解析，既突出对理论的解读，又兼顾实践的应用，具有很强的指导意义。本系列图书既可以作为各级生态环境主管部门、各研究机构、企事业单位环境监测人员的工作用书和培训教材，还可以作为大众学习的科普图书。

自行监测数据承载了大量污染排放和治理信息，是生态环保大数据建设重要的信息源，是排污许可证申请与核发等新时期环境管理的有力支撑。随着生态环境质量的不断改善、环境管理的不断深化，排污单位自行监测制度也将不断完善和改进。希望本系列图书的出版能为提高排污单位自行监测管理水平、落实企业自行监测主体责任发挥重要作用，为深入打好污染防治攻坚战做出应有的贡献。

编　者

2021 年 3 月

序

生态环境是关系党的使命宗旨的重大政治问题,也是关系民生的重大社会问题。党中央、国务院高度重视生态环境保护工作,党的十八大将生态文明建设作为中国特色社会主义事业"五位一体"总体布局的重要组成部分。党的十九大报告全面阐述了加快生态文明体制改革、推进绿色发展、建设美丽中国的战略部署。习近平生态文明思想开启了新时代生态环境保护工作的新阶段,习近平总书记在全国生态环境保护大会上指出生态文明建设是关系中华民族永续发展的根本大计。党的十八大以来,党中央以前所未有的力度抓生态文明建设,全党全国推动绿色发展的自觉性和主动性显著增强,美丽中国建设迈出重大步伐,我国生态环境保护发生历史性、转折性、全局性变化。

生态环境部组建以来,统一行使生态和城乡各类污染排放监管与行政执法职责,提高污染排放标准,强化排污者责任,健全环保信用评价、信息强制性披露、严惩重罚等制度,形成了政府为主导、企业为主体、社会组织和公众共同参与的环境治理体系。生态环境监测是生态环境保护工作的重要基础,是环境管理的基本手段。我国相关法律法规中明确要求排污单位对自身排污状况开展监测,排污单位开展自行监测是法定的责任和义务。

《排污单位自行监测技术指南教程》
编审委员会

主　任　　蒋火华　陈善荣

副主任　　刘舒生　毛玉如

委　员　　董明丽　敬　红　王军霞　何　劲

《排污单位自行监测技术指南教程——纺织印染工业》
编写委员会

主　编　　陈敏敏　高　山　张守斌　张忠国　王　靖

　　　　　王军霞　敬　红　董明丽　李文君

编写人员　（以姓氏笔画排序）

　　　　　王伟民　孙晓峰　冯亚玲　皮宁宁　吕　卓

　　　　　刘佳泓　刘通浩　许鹏军　李　曼　李莉娜

　　　　　杨凡杰　杨伟伟　邱立莉　何　劲　张　莹

　　　　　张静星　陈乾坤　陈鹏飞　罗财红　周　晶

　　　　　赵　菲　闻　欣　秦承华　夏　青　黄忠辉

　　　　　董立鹏　董艳平

前　言

自 1972 年以来，我国环境保护工作从最初的意识启蒙阶段，经过环境污染蔓延、加剧和规模化、综合化治理，主要污染物总量控制等阶段，逐渐发展到了"十三五"期间以环境质量改善为核心的全面改善的环境保护思路上来。为顺应环境保护工作的发展趋势，对污染源监测的形式也由原来的以政府为主导的监督性监测转变到以排污单位为主的自行监测轨道上来。因此，排污单位自行监测就成为当今污染源监测的重要方式。

排污单位自行监测是排污单位依据相关法律、法规和技术规范对自身的排污状况开展监测的一系列活动。《中华人民共和国环境保护法》第四十二条、《中华人民共和国大气污染防治法》第二十四条、《中华人民共和国水污染防治法》第二十三条、《中华人民共和国环境保护税法》第十条和《控制污染物排放许可制实施方案》（国办发〔2016〕81 号）第十一条都对排污单位的自行监测提出了明确要求。排污单位开展自行监测是法律赋予的责任和义务，也是排污单位自证守法、自我保护的重要手段和途径。

为规范和指导纺织印染工业排污单位开展自行监测，2017 年 12 月，环境保护部颁布了《排污单位自行监测技术指南　纺织印染工业》（HJ 879—2017）（以下简称《指南》）。为进一步规范排污单位自行监测行为，提高自行监测质量，在生态环境部生态环境监测司的指导下，中国环境监测总站和北京市科学技术研究院资源环境研究所共同编写了《排污单位自行监测技术指南教程——纺织印染工业》。本书共有 13 章。第 1 章从我国污染源监测的发展历程及管理的框架出发，引出了排污单位自行监测在当前污染源监测管理中的定位及一些管理规定，并理顺了《排污单位自行监测技术指南　总则》（HJ 819—2017）与行业自行监测技术指南的关系。第 2 章主要介绍了排污单位开展自行监测的一般要求，从监测方案、监测设施、开展自行监测的要求、质量保证与质量控制及记录和保存 5 个方面进行了概述。第 3 章在分析目前纺织印染工业概况和发展趋势的基础上对生产工艺及产排污节点进行分析，并简要介绍了纺织印染工业采用的一些常用污染治理技术。第 4 章对纺织印染工业自行监测技术指南自行监测方案中各监测点位、监测指标、监测频次、监测要求等如何设定进行了解释说明，并选取了 3 个典型案例进行分析，为排污单位制定规范的自行监测方案提供了指导，并在附录中给出了参考模板。第 5 章简要介绍了排污单位开展自行监测时，对排污口、监测平台、自动监测设施等监测设施的设置与维护要求。第 6 章和第 8 章针对《指南》中废水、废气所涉及的监测指标如何采样、监测分析及注意事项进行了一一介绍。第 7 章和第 9 章对废水、废气自动监测系统从设备安装、调试、验收、运行管理及质量保证 5 个方面进行了介绍。

第 10 章简要介绍了根据《指南》开展厂界环境噪声、地表水、近岸海域海水、地下水和土壤等周边环境质量监测时的基本要求和注意事项。第 11 章从实验室体系管理角度出发，从"人、机、料、法、环"等环节对监测的质量保证和质量控制进行了简要概述，为提高自行监测数据质量奠定了基础。第 12 章是关于自行监测信息记录、报告和信息公开方面的相关要求，并对纺织印染工业生产、运行等过程中的记录信息进行了梳理。第 13 章简要介绍了全国重点污染源监测数据管理与信息公开系统的总体架构和主要功能，为排污单位自行监测数据报送提供了方便。

本书在附录中列出了与自行监测相关的标准规范，以方便排污单位在使用时查询和索引。另外，还给出了一些记录样表和自行监测方案模板，为排污单位提供参考。

目　录

第 1 章　排污单位自行监测定位与管理要求

污染源监测作为环境监测的重要组成部分，与我国环境保护工作同步发展，40 多年来不断发展壮大，现已基本形成了排污单位自行监测、管理部门监督/执法监测、社会公众监督的基本框架。排污单位自行监测是国家治理体系和治理能力现代化发展的需要，是排污单位应尽的社会责任，是法律明确要求的义务，也是排污许可制度的重要组成部分。我国关于排污单位自行监测的管理规定有很多，从不同层级和角度对排污单位进行了详细规定。为了保证排污单位自行监测制度的实施，指导和规范排污单位自行监测行为，我国制定了排污单位自行监测技术指南体系。纺织印染工业排污单位自行监测技术指南是其中的一个行业技术指南，是按照《排污单位自行监测技术指南　总则》（HJ 819—2017）的要求和有关管理规定制定的，用于指导纺织印染工业排污单位开展自行监测活动。

本章围绕排污单位自行监测定位和管理要求，对排污单位自行监测在我国污染源监测管理制度中的定位、排污单位自行监测管理要求、排污单位自行监测技术指南定位及总体思路进行介绍。

1.1　我国污染源监测管理框架

1972 年以来，我国环境保护工作经历了环境保护意识启蒙阶段（1972—1978 年）、环境污染蔓延和环境保护制度建设阶段（1979—1992 年）、环境污染加剧和规模化治理阶段（1993—2001 年）、环保综合治理阶段（2002—2012 年）。[1]集中的污染治理，尤其是严格的主要污染物总量控制，有效遏制了环境质量恶化的趋势，但仍未实现环境质量的全面改善，"十三五"以来，我国环境保护的思路转向以环境质量改善为核心。

与环境保护工作相适应，我国环境监测大致经历了 3 个阶段：第一阶段是污染调查监测与研究性监测阶段；第二阶段是污染源监测与环境质量监测并重阶段；第三阶段是环境质量监测与污染源监督监测阶段。[2]

根据污染源监测在环境管理中的地位和实施情况，将污染源监测划分为 3 个阶段：严格的总量控制制度之前（"十一五"之前），污染源监测主要服务于工业污染源调查和环境管理"八项制度"；严格的总量控制制度时期（"十一五"和"十二五"），污染源监测围绕总量控制制度开展总量减排监测；以环境质量改善为核心的阶段（"十三五"以来），污染源监测主要服务于环境保护执法和排污许可制实施。

我国基本形成了排污单位自行监测、政府部门依法监管、社会公众监督的污染源监测管理框架（图 1-1），2021 年 3 月 1 日正式实施的《排污许可管理条例》，从法律层面确立了以排污许可制为核心的固定污染源监管制度体系，进一步完善了排污单位以自行监测为主线、政府监督监测为抓手，鼓励社会公众广泛参与的污染源监测管理模式。排污单位开展自行监测，按要求向生态环境主管部门报告，向社会公众进行公开，同时接受生态环境主管部门的监管和社会公众的监督。生态环境主管部门向社会公众公布相关信息的同时受理社会公众针对有关情况的举报。

---

[1] 《中国环境保护四十年回顾及思考（回顾篇）》，曲格平在香港中文大学"中国环境保护四十年"学术论坛上的演讲。
[2] 中国环境监测总站原副总工程师张建辉接受网易北京频道与《环境与生活》杂志采访时的讲话。

图 1-1　污染源监测管理框架

1.1.1　排污单位开展自行监测，并按照要求进行信息公开

近年来，我国大力推进排污单位自行监测和信息公开，《中华人民共和国环境保护法》《中华人民共和国大气污染防治法》《中华人民共和国水污染防治法》《中华人民共和国环境保护税法》《中华人民共和国土壤污染防治法》《中华人民共和国固体废物污染环境防治法》等相关法律中均明确了排污单位自行监测和信息公开的责任。

在具体的生态环境管理制度上，多项制度将排污单位自行监测和信息公开的责任进行落实和明确。2013 年，环境保护部发布了《国家重点监控企业自行监测及信息公开办法（试行）》，将国家重点监控企业自行监测和信息公开率先作为主要污染物总量减排考核的一项指标。2016 年 11 月，国务院办公厅印发了《控制污染物排放许可制实施方案》（国办发〔2016〕81 号），提出控制污染物排放许可制的一项基本原则："权责清晰，强化监管。排污许可证是企事业单位在生产运营期接受环境监管和环境保护部门实施监管的主要法律文书。企事业单位依法申领排污许可证，按证排污，自证守法。环境保护部门基于企事业单位守法承诺，依法发放排污许可证，依证强化事中事后监管，对违法排污行为实施严厉打击。"

1.1.2　生态环境主管部门组织开展执法/监督监测，实现测管协同

随着各项法律明确了排污单位自行监测的主体地位，管理部门的监测活动更

加聚焦于执法和监督。《生态环境监测网络建设方案》（国办发〔2015〕56号）要求：实现生态环境监测与执法同步。各级环境保护部门依法履行对排污单位的环境监管职责，依托污染源监测开展监管执法，建立监测与监管执法联动快速响应机制，根据污染物排放和自动报警信息，实施现场同步监测与执法。

《生态环境监测规划纲要（2020—2035年）》（环监测〔2019〕86号）提出：构建"国家监督、省级统筹、市县承当、分级管理"格局。落实自行监测制度，强化自行监测数据质量监督检查，督促排污单位标准监测、依证排放，实现自行监测数据真实可靠。建立完善监督制约机制，各级生态环境部门依法开展监督监测和抽查抽测。

另外，各级生态环境主管部门根据生态环境监管需求，按照"双随机、一公开"的原则，组织开展执法监测，并将监测结果应用于执法活动。通过排污单位抽测和自行监测全过程检查，对排污单位自行监测数据质量和排放状况进行监督，对排污单位自行监测数据的质量提出意见，对排污单位自行监测工作的开展提出要求，对排污单位自行监测工作的改进进行指导，从而更好地推进排污单位自行监测。

1.1.3 社会公众参与监督，合力提升污染源监测质量

我国污染源量大面广，仅靠生态环境主管部门的监督远远不够，因此只有发动群众、实现全民监督，才能使违法排污行为无处遁形。2014年修订的《中华人民共和国环境保护法》更加明确地赋予了公众环保知情权和监督权："公民、法人和其他组织依法享有获取环境信息、参与和监督环境保护的权利。各级人民政府环境保护主管部门和其他负有环境保护监督管理职责的部门，应当依法公开环境信息、完善公众参与程序，为公民、法人和其他组织参与和监督环境保护提供便利。"

排污单位通过各种方式公开自行监测结果，包括依托排污许可制度及平台、依托地方污染源监测信息公开渠道、通过本单位官方网站等。生态环境主管部门执法/监督监测结果也依托排污许可制度及平台、依托地方污染源监测信息公开渠道等方式进行公开。社会公众可通过关注各类监测数据对排污单位及管理部门进行监督，督促排污单位和管理部门提高数据质量。

1.2　排污单位自行监测的定位

1.2.1　开展自行监测是构建政府、企业、社会共治的环境治理体系的前提

（1）构建现代环境治理体系的重大意义和总体要求[①]

党的十九大报告中提出构建政府为主导、企业为主体、社会组织和公众共同参与的环境治理体系。2020 年 3 月，中共中央办公厅、国务院办公厅印发了《关于构建现代环境治理体系的指导意见》。生态环境治理体系和治理能力是生态环境保护工作推进的基础支撑。

2018 年 5 月，习近平总书记在全国生态环境保护大会上强调，要加快建立健全以治理体系和治理能力现代化为保障的生态文明制度体系，确保到 2035 年，生态环境领域国家治理体系和治理能力现代化基本实现，美丽中国目标基本实现；到本世纪中叶，生态环境领域国家治理体系和治理能力现代化全面实现，建成美丽中国。党的十九届四中全会将生态文明制度体系建设作为坚持和完善中国特色社会主义制度、推进国家治理体系和治理能力现代化的重要组成部分做出安排部署，强调实行最严格的生态环境保护制度，严明生态环境保护责任制度，要求健全源头预防、过程控制、损害赔偿、责任追究的生态环境保护体系，构建以排污许可制为核心的固定污染源监管制度体系，完善污染防治区域联动机制和陆海统筹的生态环境治理体系。

构建现代环境治理体系，是落实党的十九大和十九届二中、三中、四中全会精神，深入贯彻习近平生态文明思想和全国生态环境保护大会精神的重要举措，是持续加强生态环境保护、满足人民日益增长的优美生态环境需要、建设美丽中国的内在要求，是完善生态文明制度体系、推动国家治理体系和治理能力现代化

[①] 生态环境部党组. 构建现代环境治理体系　为建设美丽中国提供有力制度保障[J]. 旗帜, 2020（6）: 8-10.

的重要内容，还将充分展现生态环境治理的中国智慧、中国方案和中国贡献，对全球生态环境治理进程产生重要影响。

坚决落实构建现代环境治理体系，要把握构建现代环境治理体系的总体要求。以习近平新时代中国特色社会主义思想为指导，深入贯彻习近平生态文明思想，坚定不移地贯彻新发展理念，以坚持党的集中统一领导为统领，以强化政府主导作用为关键，以深化企业主体作用为根本，以更好动员社会组织和公众共同参与为支撑，实现政府治理和社会调节、企业自治良性互动，完善体制机制，强化源头治理，形成工作合力。

（2）对排污单位自行监测的要求

污染源监测是污染防治的重要支撑，需要各方共同参与。为适应环境治理体系变革的需要，自行监测应发挥相应的作用，补齐短板，提供便利，为社会共治提供条件。

应改变传统生态环境治理模式中污染治理主体监测缺位现象。长期以来，污染源监测以政府部门监督性监测为主，尤其在"十一五""十二五"总量减排时期，监督性监测得到快速发展，每年对国家重点监控企业按季度开展主要污染物监测，但排污单位在污染源监测中严重缺位。2013年，为了解决单纯依靠环保部门有限的人力和资源难以全面掌握企业污染源状况的问题，环境保护部组织编制了《国家重点监控企业自行监测及信息公开办法（试行）》，大力推进企业开展自行监测。2014年以来，多部生态环境保护相关法律均明确了排污单位自行监测的责任和要求。但是，自行监测数据的法定地位以及如何在环境管理中应用并没有明确，自行监测数据在环境管理中的应用更是不足，并没有从根本上解决排污单位在环境治理体系中监测缺位的现象。新的环境治理体系应改变这一现状，使自行监测数据得到充分应用，才能保持多方参与的生命力和活力。

为公众提供便于获取、易于理解的自行监测信息。公众是社会共治环境治理体系的重要主体，公众参与的基础是及时获取信息，自行监测数据是反映排放状况的重要信息。社会的变革为公众参与提供了外在便利条件，为了强化自行监测在环境治理体系中的作用，就要充分利用自媒体、社交媒体等各种先进、便利的条件，为公众提供便于获取、易于理解的自行监测数据和基于数据加工的相关信息，为公众高效参与提供重要依据。

1.2.2　开展自行监测是社会责任和法定义务

企业是最主要的生产者，是社会财富的创造者，企业在追求自身利润的同时，向社会提供了产品，满足了人民的日常所需，推动了社会的进步。当然，在当代社会，由于企业是社会中普遍存在的社会组织，其数量众多、类型各异、存在范围广、对社会影响大。在这种情况下，社会的发展不仅要求企业承担生产经营和创造财富的义务，还要求其承担环境保护、社区建设和消费者权益维护等多方面的责任，这也是企业的社会责任。企业社会责任具有道义责任的属性和法律义务的属性。法律作为一种调整人们行为的规则，其调整作用是通过设置权利义务而实现的。因而，法律义务并非一种道义上的宣示，其有具体的、明确的规则指引人的行为。基于此，企业社会责任一旦进入环境法视域，即被分解为具体的法律义务。

企业开展排污状况自行监测是法定的责任和义务。《环境保护法》第四十二条明确提出，"重点排污单位应当按照国家有关规定和监测规范安装使用监测设备，保证监测设备正常运行，保存原始监测记录"；第五十五条要求，"重点排污单位应当如实向社会公开其主要污染物的名称、排放方式、排放浓度和总量、超标排放情况，以及防治污染设施的建设和运行情况，接受社会监督"。《中华人民共和国大气污染防治法》《中华人民共和国水污染防治法》《中华人民共和国环境保护税法》《中华人民共和国土壤污染防治法》《中华人民共和国固体废物污染环境防治法》等相关法律中也均有关于排污单位自行监测的相关要求。

1.2.3　开展自行监测是自证守法和自我保护的重要手段和途径

排污许可制度作为固定污染源核心管理制度，其明确了排污单位自证守法的权利和责任，排污单位可以通过以下途径进行"自证"。一是依法开展自行监测，保证数据合法有效，妥善保存原始记录；二是建立准确完整的环境管理台账，记录能够证明其排污状况的相关信息，形成一套完整的证据链；三是定期、如实向生态环境部门报告排污许可证执行情况。可以看出，自行监测贯穿自证守法的全过程，是自证守法的重要手段和途径。

首先，排污单位被允许在标准限值下排放污染物，排放状况应该透明公开且合规。随着管理模式的改变，管理部门不对企业全面开展监测，仅对企业进行抽查抽测。排污单位对排放状况进行说明时，就需要开展自行监测。

其次，一旦出现排污单位对管理部门出具的监测数据或其他证明材料被质疑的情况，或者对公众举报等相关信息提出异议时，就需要出具自身排污状况的相关材料进行证明，而自行监测数据是非常重要的证明材料。

最后，自行监测可以对自身排污状况定期监控，也可对周边环境质量影响进行监测，及时掌握实际排污状况和对周边环境质量的影响，了解周边环境质量的变化趋势和承受能力，可以及时识别潜在环境风险，以便提前应对，避免引起更大的、无法挽救的环境事故或对人民群众、生态环境和排污单位自身造成的巨大损害和损失。

1.2.4　开展自行监测是精细化管理与大数据时代信息输入与信息产品输出的需要

随着环境管理向精细化发展，强化数据应用、根据数据分析识别潜在的环境问题，做出更加科学精准的环境管理决策是环境管理面临的重大命题。大数据时代信息化水平的提升，为监测数据的加工分析提供了条件，也对数据输入提出了更高的需求。

自行监测数据承载了大量污染排放和治理信息，然而这些信息长期以来并没有得到充分的收集和利用，这是生态环境大数据中缺失的一项重要信息源。通过收集各类污染源长时间的监测数据，对同类污染源监测数据进行统计分析，可以更全面地判定污染源的实际排放水平，从而为制定排放标准、产排污系数提供科学依据。另外，通过监测数据与其他数据的关联分析，还能获得更多、更有价值的信息，为环境管理提供更有力的支撑。

1.2.5　开展自行监测是排污许可制度的重要组成部分

《控制污染物排放许可制实施方案》（国办发〔2016〕81 号）明确了排污单位应实行自行监测和定期发布报告。《排污许可管理条例》第十九条规定："排污单位应当按照排污许可证规定和有关标准规范，依法开展自行监测，并保存原始监测记录。原始监测记录保存期限不得少于 5 年。排污单位应当对自行监测数据的真实性、准确性负责，不得篡改、伪造。"

因此，自行监测既是有明确法律法规要求的一项管理制度，也是固定污染源基础与核心管理制度——排污许可制度的重要组成部分。

1.3　排污单位自行监测的管理规定

我国现行法律法规、管理办法中有很多涉及排污单位自行监测的规定，具体见表 1-1。

表 1-1　我国现行与排污单位自行监测相关的法律法规和管理规定

名称	颁布机关	实施时间	主要相关内容
《中华人民共和国海洋环境保护法》	全国人民代表大会常务委员会	2000 年 4 月 1 日（2017 年 11 月 4 日修正）	规定了排污单位应当依法公开排污信息
《中华人民共和国水污染防治法》	全国人民代表大会常务委员会	2008 年 6 月 1 日（2017 年 6 月 27 日修正）	规定了实行排污许可管理的企业事业单位和其他生产经营者应当对所排放的水污染物自行监测，并保存原始监测记录，排放有毒有害水污染物的还应开展周边环境监测，上述条款均设有对应罚则
《中华人民共和国环境保护法》	全国人民代表大会常务委员会	2015 年 1 月 1 日	规定了重点排污单位应当安装使用监测设备，保证监测设备正常运行，保存原始监测记录，并进行信息公开
《中华人民共和国大气污染防治法》	全国人民代表大会常务委员会	2016 年 1 月 1 日（2018 年 10 月 26 日修正）	规定了企业事业单位和其他生产经营者应当对大气污染物进行监测，并保存原始监测记录

名称	颁布机关	实施时间	主要相关内容
《中华人民共和国环境保护税法》	全国人民代表大会常务委员会	2018 年 1 月 1 日（2018 年 10 月 26 日修正）	规定了纳税人按季申报缴纳时，向税务机关报送所排放应税污染物浓度值
《中华人民共和国土壤污染防治法》	全国人民代表大会常务委员会	2019 年 1 月 1 日	规定了土壤污染重点监管单位应制定、实施自行监测方案，并将监测数据报生态环境主管部门
《中华人民共和国固体废物污染环境防治法》	全国人民代表大会常务委员会	2020 年 9 月 1 日	规定了产生、收集、贮存、运输、利用、处置固体废物的单位，应当依法及时公开固体废物污染环境防治信息，主动接受社会监督。生活垃圾处理单位应当按照国家有关规定，安装使用监测设备，实时监测污染物的排放情况，将污染排放数据实时公开。监测设备应当与所在地生态环境主管部门的监控设备联网
《中华人民共和国刑法修正案（十一）》	全国人民代表大会常务委员会	2021 年 3 月 1 日	规定了环境监测造假的法律责任
《中华人民共和国噪声污染防治法》	全国人民代表大会常务委员会	2022 年 6 月 5 日	规定了实行排污许可管理的单位应当按照规定，对工业噪声开展自行监测，保存原始监测记录，向社会公开监测结果，对监测数据的真实性和准确性负责。噪声重点排污单位应当按照国家规定，安装、使用、维护噪声自动监测设备，与生态环境主管部门的监控设备联网。
《城镇排水与污水处理条例》	国务院	2014 年 1 月 1 日	规定了排水户应按照国家有关规定建设水质、水量检测设施
《畜禽规模养殖污染防治条例》	国务院	2014 年 1 月 1 日	规定了畜禽养殖场、养殖小区应当定期将畜禽养殖废弃物排放情况报县级人民政府环境保护主管部门备案
《中华人民共和国环境保护税法实施条例》	国务院	2018 年 1 月 1 日	规定了未安装自动监测设备的纳税人，自行对污染物进行监测且所获取的监测数据符合国家有关规定和监测规范的，视同监测机构出具的监测数据，可作为计税依据
《排污许可管理条例》	国务院	2021 年 3 月 1 日	规定了持证单位自行监测责任，管理部门依证监管责任
《最高人民法院、最高人民检察院关于办理环境污染刑事案件适用法律若干问题的解释》	最高人民法院、最高人民检察院	2017 年 1 月 1 日	规定了重点排污单位篡改、伪造自动监测数据或者干扰自动监测设施的视为严重污染环境，并依据《刑法》有关规定予以处罚

名称	颁布机关	实施时间	主要相关内容
《环境监测管理办法》	原环境保护总局	2007 年 9 月 1 日	规定了排污者必须按照国家及技术规范的要求，开展排污状况自我监测；不具备环境监测能力的排污者，应当委托环境保护部门所属环境监测机构或者经省级环境保护部门认定的环境监测机构进行监测
《污染源自动监控设施现场监督检查办法》	原环境保护部	2012 年 4 月 1 日	规定了：①排污单位或运营单位应当保证自动监测设备正常运行；②污染源自动监控设施发生故障停运期间，排污单位或者运营单位应当采用手工监测等方式，对污染物排放状况进行监测，并报送监测数据
《关于加强污染源环境监管信息公开工作的通知》	原环境保护部	2013 年 7 月 12 日	规定了各级环保部门应积极鼓励引导企业进一步增强社会责任感，主动自愿公开环境信息。同时严格督促超标或者超总量的污染严重企业，以及排放有毒有害物质的企业主动公开相关信息，对不依法主动公布或不按规定公布的要依法严肃查处
《关于印发〈国家重点监控企业自行监测及信息公开办法（试行）〉和〈国家重点监控企业污染源监督性监测及信息公开办法（试行）〉的通知》	原环境保护部	2014 年 1 月 1 日	规定了企业开展自行监测及信息公开的各项要求，包括自行监测内容、自行监测方案，对手工监测和自动监测两种方式开展的自行监测分别提出了监测频次要求，自行监测记录内容，自行监测年度报告内容，自行监测信息公开的途径、内容及时间要求等
《环境保护主管部门实施限制生产、停产整治办法》	原环境保护部	2015 年 1 月 1 日	规定了被限制生产的排污者在整改期间按照环境监测技术规范进行监测或者委托有条件的环境监测机构开展监测，保存监测记录，并上报监测报告
《生态环境监测网络建设方案》	国务院办公厅	2015 年 7 月 26 日	规定了重点排污单位必须落实污染物排放自行监测及信息公开的法定责任，严格执行排放标准和相关法律法规的监测要求
《关于支持环境监测体制改革的实施意见》	财政部、原环境保护部	2015 年 11 月 2 日	规定了落实企业主体责任，企业应依法自行监测或委托社会化检测机构开展监测，及时向环保部门报告排污数据，重点企业还应定期向社会公开监测信息

名称	颁布机关	实施时间	主要相关内容
《关于加强化工企业等重点排污单位特征污染物监测工作的通知》	原环境保护部	2016年9月20日	规定了：①化工企业等排污单位应制定自行监测方案，对污染物排放及周边环境开展自行监测，并公开监测信息；②监测内容应包含排放标准的规定项目和涉及的列入污染物名录库的全部项目；③监测频次，自动监测的应全天连续监测，手工监测的，废水特征污染物每月开展一次，废气特征污染物每季度开展一次，周边环境监测按照环评及其批复执行，可根据实际情况适当增加监测频次
《控制污染物排放许可制实施方案》	国务院办公厅	2016年11月10日	规定了企事业单位应依法开展自行监测，安装或使用的监测设备应符合国家有关环境监测、计量认证规定和技术规范，建立准确完整的环境管理台账，安装在线监测设备的应与环境保护部门联网
《关于实施工业污染源全面达标排放计划的通知》	原环境保护部	2016年11月29日	规定了：①各级环保部门应督促、指导企业开展自行监测，并向社会公开排放信息；②对超标排放的企业要督促其开展自行监测，加大对超标因子的监测频次，并及时向环保部门报告；③企业应安装和运行污染源在线监控设备，并与环保部门联网
《关于深化环境监测改革 提高环境监测数据质量的意见》	中共中央办公厅、国务院办公厅	2017年9月21日	规定了环境保护部要加快完善排污单位自行监测标准规范；排污单位要开展自行监测，并按规定公开相关监测信息，对弄虚作假行为要依法处罚；重点排污单位应当建设污染源自动监测设备，并公开自动监测结果
《企业环境信息依法披露管理办法》	生态环境部	2022年2月8日	规定了企业（包括重点排污单位）应当依法披露环境信息，包括企业自行监测信息等
《关于加强排污许可执法监管的指导意见》	生态环境部	2022年3月28日	规定了排污单位应当提高自行监测质量。确保申报材料、环境管理台账记录、排污许可证执行报告、自行监测数据的真实、准确和完整，依法如实在全国排污许可证管理信息平台上公开信息，不得弄虚作假，自觉接受监督

注：截至2022年6月5日。

1.4　排污单位自行监测技术指南的定位

1.4.1　排污许可制度配套的技术支撑文件

排污许可制度是各国普遍采用的控制污染的法律制度。从美国等发达国家实施排污许可制度的经验来看，监督检查是排污许可制度实施效果的重要保障，污染源监测是监督检查的重要组成部分和基础；自行监测是污染源监测的主体形式，其管理备受重视，并作为重要的内容在排污许可证中载明。

我国当前推行的排污许可制度明确了企业应"自证守法"，其中自行监测是排污单位自证守法的重要手段和方法。只有在特定监测方案和要求下的监测数据才能够支撑排污许可"自证"的要求。因此，在排污许可制度中，自行监测要求是必不可少的一部分。

重点排污单位自行监测法律地位得到明确，自行监测制度初步建立，而自行监测的有效实施还需要有配套的技术文件作为支撑，《排污单位自行监测技术指南》是基础而重要的技术指导性文件。因此，制定《排污单位自行监测技术指南》是落实相关法律法规的需要。

1.4.2　对现有标准和管理文件中关于排污单位自行监测规定的补充

对每个排污单位来说，生产工艺产生的污染物、不同监测点位执行排放标准和控制指标、环评报告要求的内容都有不同情况及独特内容。虽然各种监测技术标准与规范已从不同角度对排污单位的监测内容作出了规定，但不够全面。

为提高监测效率，应针对不同排放源污染物排放特性确定监测要求。监测是污染排放监管必不可少的技术支撑，具有重要的意义，但是监测是需要成本的，所以应在监测效果和成本间寻找合理的平衡点。"一刀切"的监测要求必然会造成部分排放源监测要求过高，从而造成浪费；或者对部分排放源要求过低，从而达不到监管需求。因此，需要专门的技术文件，从排污单位监测要求进行系统分析和设计，使监测更精细化，从而提高监测效率。

1.4.3 对排污单位自行监测行为指导和规范的技术要求

我国自 2014 年起开始推行《国家重点监控企业自行监测及信息公开办法(试行)》，从实施情况来看存在诸多问题，需要加强对排污单位自行监测行为的指导和规范。

污染源监测与环境质量监测相比，涉及的行业较多，监测内容更复杂。我国目前仅国家污染物排放标准就有近 200 项，且数量还在持续增加；省级人民政府依法制定并报生态环境部备案的地方污染物排放标准也有 100 多项，数量也在不断增加。排放标准中的控制项目种类繁杂，水气污染物均在 100 项以上。

由于国家发布的有关规定必须有普适性和原则性的特点，因此排污单位在开展自行监测过程中如何结合企业具体情况合理确定监测点位、监测项目和监测频次等实际问题存在诸多疑问。

生态环境部在对全国各地自行监测及信息公开平台的日常监督检查及现场检查等工作中发现，部分排污单位自行监测方案的内容、监测数据的质量稍差，存在排污单位未包括全部排放口、监测点位设置不合理、监测项目仅开展主要污染物、随意设置排放标准限值、自行监测数据弄虚作假等问题。为解决排污单位自行监测过程中遇到的问题，需要进一步加强对排污单位自行监测的工作指导和行为规范，建立和完善排污单位自行监测相关规范内容，因此有必要制定自行监测技术指南，将自行监测要求进一步明确和细化。

1.5 行业技术指南在自行监测技术指南体系中的定位和制定思路

1.5.1 自行监测技术指南体系

排污单位自行监测技术指南体系以《排污单位自行监测技术指南　总则》

（HJ 819—2017）（以下简称《总则》）为统领，包括一系列重点行业的分行业排污单位自行监测技术指南，共同组成排污单位自行监测技术指南体系，具体如图 1-2 所示。

图 1-2　排污单位自行监测技术指南体系

　　《总则》在排污单位自行监测技术指南体系中属于纲领性文件，起到统一思路和要求的作用。第一，对行业技术指南总体性原则进行规定，是行业技术指南的参考性文件；第二，对于行业技术指南中必不可少但要求比较一致的内容，可以在《总则》中体现，在行业技术指南中加以引用，既保证一致性，也减少重复；第三，对于部分污染差异大、企业数量少的行业，单独制定行业技术指南意义不大，这类行业排污单位可以参照《总则》开展自行监测。技术指南未发布的行业，也应参照《总则》开展自行监测。

1.5.2　行业排污单位自行监测技术指南是对《总则》的细化

　　行业技术指南是在《总则》的统一原则要求下，考虑该行业企业所有废水、废气、噪声污染源的监测活动，在指南中进行统一规定。行业排污单位自行监测技术指南的核心内容包括以下两个方面：

①监测方案。在指南中明确行业的监测方案。首先明确行业的主要污染源、各污染源的主要污染因子，针对各污染源的各污染因子提出监测方案设置的基本要求，包括点位、监测指标、监测频次、监测技术等。

②数据记录、报告和公开要求。根据行业特点，参照各参数或指标与校核污染物排放的相关性，提出监测相关数据记录要求。

除了行业技术指南中规定的内容，还应执行《总则》的要求。

1.5.3　纺织印染工业自行监测技术指南制定原则与思路

1.5.3.1　以《总则》为指导，根据行业特点进行细化

纺织印染工业自行监测技术指南中的主体内容是以《总则》为指导，根据《总则》中确定的基本原则和方法，在对纺织印染工业产排污环节进行分析的基础上，结合纺织印染工业企业的排污特点，将纺织印染工业监测方案、信息记录的内容具体化和明确化。

1.5.3.2　以污染物排放标准为基础，全指标覆盖

污染物排放标准规定的内容是行业自行监测技术指南制定的重要基础。在污染物指标确定时，行业技术指南主要以当前实施的、适用于纺织印染工业的污染物排放标准为依据。同时，根据实地调研以及相关数据分析结果，对实际排放的或地方实际监管的污染物指标进行适当的考虑，在标准中列明，但标明为选测，或由排污单位根据实际监测结果判定是否排放，若实际生产中排放，则应进行监测。

1.5.3.3　以满足排污许可制度实施为主要目标

纺织印染工业自行监测技术指南的制定以能够满足纺织印染工业排污许可制度实施为主要目标。

　　纺织印染工业排污许可证申请与核发技术规范中作为管控要素的源尽可能纳入。

　　排污许可制度对主要污染物提出排放量许可限值，其他污染物仅有浓度限值要求。为了支撑排污许可制度实施对排放量核算的需求，有排放量许可限值的污染物，监测频次一般高于其他污染物。

第 2 章　自行监测的一般要求

按照开展自行监测活动的一般流程，排污单位应查清本单位的污染源、污染物指标及潜在的环境影响，制定监测方案，设置和维护监测设施，按照监测方案开展自行监测，做好质量保证和质量控制，记录和保存监测数据，依法向社会公开监测结果。

本章围绕排污单位自行监测流程中的关键节点，对其中的关键问题进行介绍。制定监测方案时，应重点保证监测内容、监测指标、监测频次的全面性、科学性，确保监测数据的代表性，这样才能全面反映排污单位的实际排放状况；设置和维护监测设施时，应能够满足监测要求，同时为监测的开展提供便利条件；自行监测开展过程中，应该根据本单位实际情况自行监测或者委托有资质的单位开展监测，所有监测活动要严格按照监测技术规范执行；开展监测的过程中，应做好质量保证和质量控制，确保监测数据质量；监测信息记录与公开时，应保证监测过程可溯，同时按要求报送和公开监测结果，接受管理部门和公众的监督。

2.1　制定监测方案

2.1.1　自行监测内容

排污单位自行监测不仅限于污染物排放监测，还应该围绕本单位污染物排放状况、污染治理情况、对周边环境质量影响监测状况来确定监测内容。但考虑到排污单位自行监测的实际情况，排污单位可根据管理要求，逐步开展。

2.1.1.1　污染物排放监测

污染物排放监测是排污单位自行监测的基本要求，包括废气污染物、废水污染物和噪声污染。废气污染物主要来源于有组织废气污染物排放和无组织废气污染物排放。废水污染物主要来源于直接排入环境的企业，包括直接排放企业和排入公共污水处理系统的间接排放企业。

2.1.1.2　周边环境质量影响监测

排污单位应根据自身排放对周边环境质量的影响开展周边环境质量影响状况监测，从而掌握自身排放状况对周边环境质量影响的实际情况和变化趋势。

《大气污染防治法》第七十八条规定，排放前款名录中所列有毒有害大气污染物的企业事业单位，应当按照国家有关规定建设环境风险预警体系，对排放口和周边环境定期进行监测，评估环境风险，排查环境安全隐患，并采取有效措施防范环境风险。《水污染防治法》第三十二条规定，排放前款名录中所列有毒有害水污染物的企业事业单位和其他生产经营者，应当对排污口和周边环境进行监测，评估环境风险，排查环境安全隐患，并公开有毒有害水污染物信息，采取有效措施防范环境风险。

目前我国已发布第一批有毒有害大气污染物名录和有毒有害水污染物名录。第一批有毒有害大气污染物包括二氯甲烷、甲醛、三氯甲烷、三氯乙烯、四氯乙烯、乙醛、镉及其化合物、铬及其化合物、汞及其化合物、铅及其化合物、砷及其化合物。第一批有毒有害水污染物包括二氯甲烷、三氯甲烷、三氯乙烯、四氯乙烯、甲醛、镉及其化合物、汞及其化合物、六价铬化合物、铅及其化合物、砷及其化合物。因此，排污单位可根据本单位实际情况，自行确定监测指标和内容。

对于污染物排放标准、环境影响评价文件及其批复或其他环境管理制度有明确要求的，排污单位应按照要求对其周边相应的空气、地表水、地下水、土壤等环境质量开展监测。对于相关管理制度没有明确要求的，排污单位应依据《大气污染防治法》《水污染防治法》的要求，根据实际情况确定是否开展周边环境质量影响监测。

2.1.1.3 关键工艺参数监测

污染物排放监测需要专门的仪器设备、人力物力，经济成本较高。污染物排放状况与生产工艺、设备参数等相关指标有一定的关联性，而这些工艺或设备相关参数的监测，有些是生产控制中必须监测的，有些虽然不是生产过程中必须监测的指标，但开展监测相对容易，成本较低。因此，在部分排放源或污染物指标监测成本相对较高、难以实现高频次监测的情况下，可以对与污染物产生和排放密切相关的关键工艺参数进行测试，以补充污染物排放监测数据。

2.1.1.4 污染治理设施处理效果监测

有些排放标准对污染治理设施处理效果有限值要求，这就需要通过监测结果进行处理效果的评价。另外，有些情况下，排污单位需要掌握污染处理设施的处理效果，从而可以更好地调试生产和污染治理设施。因此，若污染物排放标准等环境管理文件对污染治理设施有特别要求的，或排污单位认为有必要的，应对污染治理设施处理效果进行监测。

2.1.2 自行监测方案内容

排污单位应当对本单位污染源排放状况进行全面梳理，分析潜在的环境风险，根据自行监测方案制定能够反映本单位实际排放状况的监测方案，以此作为开展自行监测的依据。

监测方案内容包括单位基本情况、监测点位及示意图、监测指标、执行标准及其限值、监测频次、采样和样品保存方法、监测分析方法和仪器、质量保证与质量控制等。

所有按照规定开展自行监测的排污单位，在投入生产或使用并产生实际排污行为之前，应完成自行监测方案的编制及相关准备工作。一旦发生排污行为，就应按照监测方案开展监测活动。

当有以下情况发生时，应变更监测方案：执行的排放标准发生变化；排放口位置、监测点位、监测指标、监测频次、监测技术任意一项内容发生变化；污染源、生产工艺或处理设施发生变化。

2.2　监测设施设置和维护

开展监测必须有相应的监测设施，为了保证监测活动的正常开展，排污单位应按照规定设置满足监测需要的设施。

2.2.1　监测设施应符合监测规范要求

开展废水、废气污染物排放监测时，应保证监测数据不受监测环境的干扰，因此，废水排放口、废气监测断面及监测孔的设置都有相应的要求，要保证水流、气流不受干扰且混合均匀，采样点位的监测数据能够反映监测时点污染物排放的实际情况。

我国废水、废气监测相关标准规范中，对监测设施必须满足的条件有相关规定，排污单位可根据具体的监测项目，对照监测方法标准、技术规范确定监测设施的具体设置要求。但是，由于相关标准规范对监测设施的规定较为零散，不够系统，有些地方出台了专门的标准规范，对监测设施设置规范进行了全面规定，这可以作为排污单位设置监测设施的参考。例如，北京市出台了《固定污染源监测点位设置技术规范》（DB 11/1195—2015）。

2.2.2 监测平台应便于开展监测活动

开展监测活动时需要一定的空间，有时还需要可供仪器设备使用的直流供电，因此排污单位应设置方便开展监测活动的平台，包括以下要求：一是到达监测平台要方便，可以随时开展监测活动；二是监测平台的空间要足够大，能够保证各类监测设备摆放和人员活动；三是监测平台要备有需要的电源等辅助设施，确保监测活动开展所必需的各类仪器设备和辅助设备能够正常工作。

2.2.3 监测平台应能保证监测人员的安全

开展监测活动的同时，必须保证监测人员的人身安全，因此监测平台要设有必要的防护设施。一是高空监测平台，周边要有能够保障人员安全的围栏，监测平台底部的空隙不应过大；二是监测平台附近有造成人体机械伤害、灼烫、腐蚀、触电等危险源的，应在平台相应位置设置防护装置；三是监测平台上方有坠落物体隐患时，应在监测平台上方设置防护装置；四是排放剧毒、致癌物及对人体有严重危害物质的监测点位，应储备相应安全防护装备。所有围栏、底板、防护装置使用的材料要符合相关质量要求，能够承受预估的最大冲击力，从而保障人员的安全。

2.2.4 废水排放量大于 100 t/d 的，应安装自动测流设施并开展流量自动监测

废水流量监测是废水污染物监测的重要内容，从某种程度上来说，流量监测比污染物浓度监测更重要。流量监测易受环境影响、监测结果存在一定的不确定性是国际上普遍存在的技术问题。但总体来看，流量监测技术日趋成熟，能够满足各种流量监测需要，也能满足自动测流的需要。废水流量的监测方法有多种，根据废水排放形式，分为电磁流量计和明渠流量计两种。其中，电磁流量计适用于管道排放，对流量范围的适用性较广。明渠流量计中，三角堰适用于流量较小

的情况，监测范围低至 1.08 m³/h 即能够满足 30 t/d 的排放量。根据环境统计数据，废水排放量大于 30 t/d 的企业有 7.5 万家，约占企业总数的 79%；废水排放量大于 50 t/d 的企业有 6.7 万家，约占企业总数的 71%；废水排放量大于 100 t/d 的企业有 5.7 万家，约占企业总数的 60%。从监测技术稳定性和当前基础来看，建议废水排放量大于 100 t/d 的企业采取自动测流的方式。

2.3　开展自行监测

2.3.1　开展自行监测的一般要求

排污单位应依据最新的自行监测方案安排监测计划，开展相应的监测活动。对于排污状况或管理要求发生变化的，排污单位应变更监测方案，并按照新的监测方案开展监测活动。

开展监测活动的技术依据是监测技术规范。除了监测方法中的规定，我国还有一些系统性的监测技术规范对监测全过程进行规定，或者专门针对监测的某个方面进行技术规定。为了保证监测数据准确可靠，能够客观反映实际情况，无论是自行开展监测，还是委托其他社会化检测机构，都应该按照国家发布的环境监测技术规范、监测方法标准来开展。

开展监测活动的机构和人员由排污单位根据实际情况决定。排污单位可根据自身条件和能力，利用自有人员、场所和设备自行监测，排污单位自行实施监测时不需要通过国家的实验室资质认定，目前国家层面不要求检测报告必须加盖中国质量认证（CMA）印章。个别或者全部项目不具备自行监测能力时，也可委托其他有资质的社会化检测机构代其开展。

无论是排污单位自行监测，还是委托社会化检测机构开展监测，排污单位都应对自行监测数据的真实性负责。如果社会化检测机构未按照相应技术规范、监测方法的标准开展监测，或者存在造假等行为，排污单位可以依据合同追究所委托的社会化检测机构的责任。

2.3.2　监测活动开展方式分类

监测活动开展是自行监测的核心。在监测组织方式上，开展监测活动可以依托自有人员、设备、场地自行开展监测，也可以委托有资质的社会化检测机构开展监测。在监测技术手段上，无论是自行监测还是委托监测，都可以采用手工监测和自动监测的方式。排污单位自行监测活动开展方式选择流程如图2-1所示。

图 2-1　排污单位自行监测活动开展方式选择流程

排污单位首先根据自行监测方案明确监测点位、监测项目、监测频次，在此基础上根据不同监测项目的监测要求分析本单位是否具备开展自行监测的条件。具备监测条件的项目，可选择自行监测；不具备监测条件的项目，排污单位可根据自身实际情况，决定是否提升自身监测能力，以满足自行监测的条件。如果通过筹建实验室、购买仪器、聘用人员等方式可达到开展自行监测条件的，可以选择自行监测。若排污单位委托社会化检测机构开展监测，需要按照不同监测项目检查拟委托的社会化检测机构是否具备承担委托监测任务的条件。若拟委托的社会化检测机构符合条件，则可委托社会化检测机构开展监测；若不符合条件，则应更换具备条件的社会化检测机构承担相应的监测任务。由此来说，同一排污单位有 3 种可选方式：全部自行监测、全部委托监测、部分自行监测部分委托监测。同一排污单位、不同监测项目，可委托多家社会化检测机构开展监测。

　　无论是自行监测还是委托监测，都应当按照自行监测方案要求，确定各监测点位、监测项目的监测技术手段。对于明确要求开展自动监测的点位及项目，应采用自动监测的方式，其他点位和项目可根据排污单位实际情况，确定是否采用自动监测的方式。若采用自动监测的方式，应该按照相应技术规范的要求，定期采用手工监测方式进行校验；若不进行自动监测的项目，应采用手工监测方式开展监测。

2.3.3　监测活动开展应具备的条件

2.3.3.1　自行监测应具备的条件

　　自行承担监测活动的排污单位，应具备开展相应监测项目的能力，主要从以下几个方面考虑。

　　（1）人员

　　自行监测作为排污单位环境管理的关键环节和重要基础，人才是关键，高素质的环境监测人员队伍为排污单位自行监测事业提供了坚实的人才保障。

　　排污单位应有承担环境监测职责的机构，落实环境监测经费，赋予相应的工作定位和职能，配备充足的环境监测技术人员和管理人员。在人员比例上，要考虑各类技术人员的构成，如可要求高级技术人员占技术人员总数的比例不低于

20%，中级技术人员占比不低于 50%。

排污单位应与其工作人员建立固定的劳动关系，明确技术人员和管理人员的岗位职责、任职要求和工作关系，使其满足岗位要求并具有所需的权力和资源，履行建立、实施、保持和持续改进管理体系的职责。

排污单位监测机构最高管理者应组织和负责管理体系的建立和有效运行。排污单位应对操作设备、监测、签发监测报告等人员进行能力确认，由熟悉监测目的、程序、方法和结果评价的人员对监测人员进行质量监督。排污单位应制订人员培训计划，明确培训需求和实施人员培训，并评价这些培训活动的有效性。排污单位应保留技术人员的相关资质、能力确认、授权、教育、培训和监督的记录。

（2）设施与环境条件

排污单位应配备用于监测的设施，包括能源、照明和环境条件等，实验室设施应有助于监测的正确实施。

实验室宜集中布置，做到功能分区明确、布局合理、互不干扰，对于有温湿度控制要求的实验室，建筑设计应采取相应技术措施；实验室应有相应的安全消防保障措施。

实验室设计必须执行国家现行有关安全、卫生及环境保护法规和规定，对限制人员进入的实验区域应在其显眼区域设置警告装置或标志。

凡是含有对人体有害的气体、蒸汽、气味、烟雾、挥发物质的实验室，应设置通风柜，实验室需维持负压，向室外排风时必须经特殊过滤；凡是经常使用强酸、强碱、有化学品烧伤风险的实验室，应在出口就近设置应急喷淋器和应急洗眼器等装置。

实验室用房一般照明灯具的照度均匀，其最低照度与平均照度之比不宜小于 0.7，微生物实验室宜设置紫外灭菌灯，其控制开关应设在门外并与一般照明灯具的控制开关分开安装。

为了确保监测结果的准确性，排污单位应做到：对影响监测结果的设施和环境条件，应制定相应的标准文件。如果规范、方法和程序有要求，或对结果的质量有影响时，实验室应监测、控制和记录环境条件。当环境条件影响监测结果时，应停止监测。应将不相容活动的相邻区域进行有效隔离。对进入和使用影响监测质量的区域，应加以控制。应采取措施确保实验室的良好内务，必要时应制定专门的程序。

（3）仪器设备

排污单位应配备监测（包括采样、样品前处理、数据处理与分析）所需的所有设备，用于监测的设备及其软件应达到要求的准确度，并符合相应的规范要求。根据监测项目，应配备的仪器设备包括气相色谱仪、液相色谱仪、离子色谱仪、原子吸收光谱仪、原子荧光光谱仪、红外测油仪、分光光度计、万分之一天平、马弗炉、烘箱、烟气烟尘测定仪、pH 计等。对结果有重要影响的仪器的分量或值，应制订校准计划。设备在投入工作前应进行校准或核查，以保证其满足实验室的规范要求和相应的标准规范。

仪器设备应由经过授权的人员操作，大型仪器设备应配有仪器设备操作规程和仪器设备运行与保养记录；每台仪器设备及其软件应有唯一性标识；应保存对监测具有重要影响的每台仪器设备及软件的记录，并存档。

（4）实验室质量体系

排污单位应建立实验室质量体系，制定质量手册、程序说明、作业指导书等文件，采取质量保证和质量控制措施，确保自行监测数据可靠。可根据实际情况确定是否需要取得实验室计量认证和实验室认可等资质。

2.3.3.2 委托单位相关要求

排污单位委托社会化检测机构开展自行监测的，也应对自行监测数据的真实性负责，因此排污单位应重视对被委托单位的监督管理。其中，具备监测资质是被委托单位承接监测活动的前提和基本要求。

接受自行监测任务的社会化检测机构应具备监测相应项目的资质，即所出具的监测报告必须能够加盖 CMA 印章。排污单位除应对资质进行检查外，还应该加强对被委托单位的事前、事中、事后监督管理。

选择拟委托的社会化检测机构前，应对其既往业绩、实验室条件、人员条件等进行检查，重点考虑社会化检测机构是否具有开展本单位委托项目的经验，是否具备承担本单位委托任务的能力，是否存在弄虚作假的行为等。

被委托单位开展监测活动过程中，排污单位应定期或不定期抽检被委托单位的监测记录，若有存疑的地方，可现场检查。

每年报送全年监测报告前，排污单位应对被委托单位的监测数据进行全面检查，包括监测的全面性、记录的规范性、监测数据的可靠性等，确保被委托单位能够按照要求开展监测。

2.4　监测质量保证与质量控制

无论是自行开展监测还是委托社会化检测机构开展监测，都应该根据相关监测技术规范、监测方法标准等要求做好质量保证与质量控制。

自行开展监测的排污单位应根据本单位自行监测的工作需求，设置监测机构，梳理制定监测方案、样品采集、样品分析、出具监测结果、样品留存、相关记录的保存等各个环节，制定工作流程、管理措施与监督措施，建立自行监测质量体系，确保监测工作质量。质量体系应包括对以下内容的具体描述：监测机构、人员、出具监测数据所需仪器设备、监测辅助设施和实验室环境、监测方法技术能力验证、监测活动质量控制与质量保证等。

委托其他有资质的社会化检测机构代其开展自行监测的，排污单位不用建立监测质量体系，但应对社会化检测机构的资质进行确认。

2.5　监测数据记录和保存

记录监测数据与监测期间的工况信息，整理成台账资料，以备管理部门检查。手工监测时应保留全部原始记录信息，全过程留痕。自动监测时除了通过仪器全面记录监测数据外，还应记录运行维护记录。另外，为了更好地梳理污染物排放状况、了解监测数据的代表性、对监测数据进行交叉印证、形成完整证据链，还应详细记录监测期间的生产和污染治理状况。

排污单位应将自行监测数据接入全国污染源监测信息管理与共享平台，公开监测信息。此外，可以采取以下一种或者几种方式让公众更便捷地获取监测信息：公告或者公开发行的信息专刊；广播、电视等新闻媒体；信息公开服务、监督热线电话；本单位的资料索取点、信息公开栏、信息亭、电子屏幕、电子触摸屏等场所或者设施；其他便于公众及时、准确获得信息的方式。

第 3 章　行业污染排放状况

　　纺织印染工业是我国国民经济的传统支柱产业和重要的民生产业,也是国际竞争优势明显的产业,在繁荣市场、扩大出口、吸纳就业、增加农民收入、促进区域经济发展等方面发挥着重要作用。早在 20 世纪末,我国就已成为世界最大的纺织品生产国、出口国和消费国。经过改革开放 40 多年的快速发展,出口导向型发展战略使得中国纺织业出口贸易得到快速发展,贸易规模迅速成为全球第一。我国的纺织印染工业已发展成为布局基本合理,产业链完整,拥有棉、毛、麻、丝、织造、染整、服装服饰制造以及产业用纺等综合发展的行业。本章主要就纺织印染工业的工艺生产过程及其产排污情况进行分析,为排污单位自行监测方案的制定提供基础依据。

3.1　行业概况及发展趋势

3.1.1　行业分类

　　中国是世界上最早生产纺织品的国家之一,生产企业遍布全国。按照《国民经济行业分类》(GB/T 4754—2017),纺织业(国民经济行业分类代码:17)包括棉纺织及印染精加工、毛纺织及染整精加工、麻纺织及染整精加工、丝绢纺织及印染精加工、化纤织造及印染精加工、针织或钩针编织物及其制品制造、家用纺织制成品制造、产业用纺织制成品制造 8 个子行业；纺织服装、服饰业（国民经济行业分类代码：18）包括机织服装制造、针织或钩针编织服装制造、服饰制造 3 个子行业。

《固定污染源排污许可分类管理名录》将纺织业（国民经济行业分类代码：17）中棉纺织及印染精加工 171、毛纺织及染整精加工 172、麻纺织及染整精加工 173、丝绢纺织及印染精加工 174、化纤织造及印染精加工 175 和纺织服装、服饰业（国民经济行业分类代码：18）中机织服装制造 181、服饰制造 183 纳入固定污染源排污许可管理，并明确对含前处理、染色、印花、整理工序的，以及含洗毛、麻脱胶、缫丝、喷水织造等工序的以及含水洗工艺工序的，有湿法印花、染色工艺的固定污染源实行排污许可重点管理。

按照纺织业水污染物排放标准体系，纺织业包含纺织染整工业、缫丝工业、毛纺工业和麻纺工业四大类，对应的水污染物排放标准为《纺织染整工业水污染物排放标准》（GB 4287—2012）、《缫丝工业水污染物排放标准》（GB 28936—2012）、《毛纺工业水污染物排放标准》（GB 28937—2012）、《麻纺工业水污染物排放标准》（GB 28938—2012）。

《排污单位自行监测技术指南　纺织印染工业》（HJ 879—2017）制定之时以《固定污染源排污许可分类管理名录》和 4 项水污染物排放标准为基础，进行全指标覆盖，并将满足排污许可制度实施作为主要目标。因此，本书所述纺织印染工业包括从事棉、丝、毛、麻等纺前纤维加工、印染加工以及从事织造、服装与服饰加工的排污单位。

3.1.2　行业发展现状

"十三五"期间，我国纺织业在全球价值链中的位置稳步提高，产业链整体竞争力进一步增强。2020 年，纺织业总体保持持续回升，产能利用率呈现逐季提升势头。生产方面，2020 年纺织业规模以上企业工业增加值同比减少 2.6%，增速低于 2019 年 5 个百分点。根据国家统计局数据，全国 3.4 万户规模以上纺织企业实现营业收入4.52万亿元,同比减少8.8%,占全国工业的4.3%;实现利润总额2 064.7亿元,同比减少 6.4%,占全国工业的 3.2%;销售利润率为 4.6%,高于上年 0.2个百分点。

2020 年,我国纺织纤维加工总量达 5 800 万 t,占世界纤维加工总量的比重保持在 50%以上。2020 年,我国纺织品服装出口额达 2 990 亿美元,占世界的比重超过 1/3,稳居世界第一位。其中,纺织品出口额达 1 540 亿美元,达历史最大出口规模,同比增长 28.8%,占全球纺织品出口金额的比重从 2016 年的 36.6%提升到 43.5%。

3.1.2.1　棉纺织业

根据国家统计局数据,2020 年规模以上棉纺织企业完成主营业务收入 9 679.5亿元,同比降低 12%以上;实现利润总额 336.5 亿元,同比减少 76.2 亿元;出口交货值 511 亿元,同比下降 21.5%。以 260 余户棉纺织企业及全国约 15 个棉纺织产业集群(纺纱产能合计占全国棉纺织行业的比重约 60%)的生产经营为分析对象,与 2019 年同期相比,2020 年产量、产值等指标同比下降。产量方面,集群企业各类纱线产量累计同比下降 12.7%,布产量同比下降 16.2%;经济指标方面,集群企业营业收入同比下降 13.2%,利润总额同比下降 30.4%。

从 2020 年规模以上企业棉纺产品产量来看,棉纱生产主要在山东、河南、湖北以及河北等省份,棉布生产主要集中在山东、江苏、浙江、湖北以及河北等省份。根据国家统计局数据,2020 年棉纺织业完成棉纱产量 2 647.2 万 t,完成棉布产量 368.1 亿 m。

3.1.2.2　毛纺织业

2019 年毛纺织行业受到贸易不确定性、国际国内市场形势放缓以及产业结构调整的影响,整体运行依然处于调整区间,行业整体形势有所回落,2019 年中国毛纺织行业规模以上企业营业收入为 1 315 亿元,实现利润总额 24 亿元。

　　绒线和呢绒是毛纺织加工业的主要产品，其中，绒线俗称毛线，是以羊毛为原料纺制的股线；呢绒也称毛织物，是对用各类羊毛、羊绒织成的织物的泛称。

　　从生产方面来看，2019 年，毛纺纱线产量为 19.3 万 t，较 2018 年减少了 5.3 万 t；毛织物产量为 4.6 亿 m，较 2018 年增加了 0.4 亿 m。以规模以上企业毛纺产品产量来看，毛线生产主要在江苏、河北、山东及河南等省份，毛织物生产主要集中在江苏、山东等省份。

　　从出口额来看，2019 年中国毛纺原料与制品出口总额为 125.3 亿美元，较 2018 年减少了 7.9 亿美元。其中，羊毛原料及羊毛产品出口金额为 51.5 亿美元，占毛纺织行业出口金额的 41.1%；毛毯与人造毛皮出口金额为 30.4 亿美元，占毛纺织行业出口金额的 24.3%；山羊绒及山羊绒产品出口金额为 15.1 亿美元，占毛纺织行业出口金额的 12.1%。

　　从出口市场占比来看，毛纺产品的主要出口市场集中度较高，中国毛纺织产品主要出口至欧盟、美国及东盟地区；2019 年欧盟市场占比为 21%，美国市场占比为 18%，东盟市场占比为 12%。

　　2019 年中国毛针织服装出口数量为 1.03 亿件，较 2018 年减少了 0.11 亿件；中国毛机织服装出口数量为 0.40 亿件，较 2018 年减少了 0.16 亿件。

3.1.2.3　麻纺织业

　　近几年，中国规模以上麻纺织企业营业收入呈下降趋势。根据国家统计局数据，2020 年全国 243 家规模以上麻纺织企业营业收入累计 238.68 亿元，较 2019 年的 305.54 亿元同比下滑 21.88%，出现较大负增长。从规模以上麻纺织企业营业收入分布情况来看，麻纤维纺前加工行业纺纱营业收入 112.94 亿元，占 47%；麻织造加工行业营业收入 122.64 亿元，占 52%；麻染整精加工行业营业收入 3.09 亿元，仅占 1%。

　　2016—2020 年，规模以上麻纺织企业利润总额呈逐年下降，2020 年实现利润总额 4.4 亿元，较 2019 年的 14.32 亿元下滑巨大，同比下滑 69.27%。从利润总额分布来看，规模以上麻纺织企业麻纤维纺前加工纺纱行业利润总额 14 300 万元，占 32%；规模以上麻纺织企业麻织造加工行业利润总额 29 031 万元，占 66%；规模以上麻纺织企业麻染整精加工行业利润总额 708 万元，仅占 2%。

2016—2019 年，中国麻织物、麻纱线、麻制品累计出口金额呈增长态势，2020 年则稍有下降，麻织物、麻纱线、麻制品累计出口金额 10.75 亿美元，同比下降 32.73%。

以规模以上企业麻纺产品产量来看，亚麻布产量最高的是江苏省，苎麻布产量最高的是江西省，其他省份产量较小，而且出现一定程度的负增长。

3.1.2.4 丝绸纺织业

据国家统计局统计，2020 年规模以上企业主要产品产量均有不同程度下降。其中，丝产量 5.34 万 t，同比下降 16.21%，较 2016 年下降 66.29%；绸缎产量 38 350 万 m，同比下降 18.29%，较 2016 年下降 42.55%；蚕丝被产量 924 万条，同比下降 20.89%，较 2016 年下降 55.45%。但据中国丝绸协会调查，有部分原因是受统计口径等关系的影响，过去一段时间丝绸主要产品产量的虚高，放大了 2020 年产量的降幅。近两年主要产品的生产数据已基本接近行业的实际产量。

从 2020 年各省份主要产品产量情况来看，企业的开工率普遍不足，加上消费市场复苏缓慢，导致行业主要产品产量出现了较大幅度下降。广西和四川的生丝产量分别下降 14.39% 和 0.23%，下降幅度不大，作为茧丝生产大省的龙头地位仍然稳固；安徽、重庆、山西的生丝产量下降幅度不足 10%，云南、贵州、湖北三省甚至出现了正增长；重庆的绸缎产量同比增长达到 16.31%；而广东、安徽、广西、新疆、云南、江西、上海 7 个省份的蚕丝被产量更是实现了逆势正增长，其中广东、广西分别增长 105.45% 和 82.27%。

据国家统计局统计，2020 年全国规模以上丝绸企业（不含丝绸服装及制品）实现营业收入 607.9 亿元，同比下降 12.53%，比 2016 年下降 52.28%；利润总额 16.46 亿元，同比下降 37.65%，比 2016 年下降 76.31%。2020 年，缫丝加工实现利润 3.39 亿元，同比下降 62.24%；丝织加工实现利润 11.36 亿元，同比下降 24.95%；丝印染加工实现利润 1.7 亿元，同比下降 24.91%。随着生产能力的提高，行业主营业务成本有所下降，2020 年行业主营业务成本 542.52 亿元，同比下降 12.23%。

从其他经济指标来看，2020 年全行业规模以上亏损企业 235 家，亏损总额 9.25 亿元，同比增长 97.36%，较 2016 年增长 271%。亏损面达到 36.66%，高于纺织行业平均水平 13.92 个百分点。

2020 年丝绢纺织业及精加工出口交货值 38.7 亿元，比上年减少 17.92 亿元。据海关统计，2020 年全国真丝绸商品出口金额 10.71 亿美元，同比下降 50.62%。其中，丝类产品出口金额 2.44 亿美元，同比下降 36.23%；真丝绸缎出口金额 2.71 亿美元，同比下降 54.66%；真丝绸服装及制品出口金额 5.57 亿美元，同比下降 52.46%。

2020 年中国对主要出口市场的真丝绸商品出口同比均为负增长。从出口金额排名来看，欧盟和美国仍是中国真丝绸商品主要出口市场，分别出口 30 788.69 万美元和 20 733.74 万美元，分别下降了 32.38% 和 34.88%，合计出口金额占总额比重为 48.1%。

3.1.2.5 印染业

印染行业在市场竞争中逐渐转变成市场主导型产业，企业逐渐向沿海地区集中。在珠江三角洲、长江三角洲和环渤海湾地区，产业集群状况逐年增强，如浙江的绍兴、萧山，江苏的盛泽，福建的石狮，山东的昌邑等地区，均在印染行业的发展中起到重要作用。

根据国家统计局数据，2020 年规模以上印染企业印染布产量 525.03 亿 m，同比减少 3.71%，见图 3-1。

图 3-1　2020 年规模以上印染企业印染布产量及同比变化趋势

根据国家统计局数据，2020 年，规模以上印染企业主营业务收入 2 541.32 亿元，同比减少 12.15%；主营业务成本 2 189.95 亿元，同比减少 11.91%，占主营业务收入的 86.17%；实现利润总额 126.68 亿元，同比减少 19.01%；成本费用利润率 5.35%，同比下滑 0.49 个百分点；销售利润率 4.98%，同比下滑 0.43 个百分点；完成出口交货值 345.91 亿元，同比减少 16.83%。

"十二五"以来，东部沿海五省规模以上印染企业印染布产量占全国比重逐年提高，现达 95%以上，是印染布生产的集聚地区，见图 3-2。

图 3-2　主要地区印染布占比情况

3.1.3　行业污染物排放及环保现状

2010 年和 2019 年纺织业废水及水污染物排放量如表 3-1 和图 3-3 所示。2019 年，纺织业废水处理量 17.32 亿 t，占工业行业废水总处理量的 6.3%；化学需氧量（COD_{Cr}）排放量在工业行业中排名第三，占工业行业排放总量的 12.1%；氨氮排放量在工业行业中排名第四，占工业行业排放总量的 7.7%；总氮排放量在工业行业中排名第三，占工业行业排放总量的 10.7%。

表 3-1　纺织业废水及水污染物排放情况

项目	2010 年		2019 年	
	工业行业	纺织业	工业行业	纺织业
废水排放量/亿 t	237.5	27.55	274.9	17.32
化学需氧量（COD_{Cr}）/万 t	434.8	35.65	77.2	9.34
氨氮/万 t	120.3	1.94	3.5	0.27
总氮/万 t	—	—	13.4	1.43

注：1. 数据来源于《中国环境统计年报》，该数据为纺织全行业（不包括纺织服装、服饰业）废水和污染物排放量，印染工业废水和水污染物排放量小于该数据。

2. 2019 年纺织业废水排放量数据为该年行业废水处理量。

图例: ■2010年工业企业 ■2010年纺织行业 ▨2019年工业企业 □2019年纺织行业

图 3-3　纺织业废水及水污染物排放情况

"十三五"期间,我国纺织业万元产值取水量累计下降 11.9%,其中,印染行业单位产品水耗下降 17%,水重复利用率从 30%提高到 40%。"十三五"期间,纺织行业废水排放量、主要污染物排放量累计下降幅度均超过 10%。

印染业是纺织业的最主要污染源。印染工业是我国传统的支柱产业之一,在国民经济建设和出口创汇中一直发挥着非常重要的作用。

印染业量大面广,包括退浆、精炼、漂白、丝光、染色、印花、整理等多道工序,产生的废水具有水量大、浓度高、大部分呈碱性且色泽深的特点,是工业废水中较难处理的一类废水,对环境和水资源的安全构成了严重威胁。印染废水的水质与企业的生产工艺和所用染料有关,由于纺织品种类不同而有所差异,因此水质波动较大。印染业在生产环节会排放含铬废水和污泥,铬是我国重点防控和排放量控制的重金属之一,印染废水排放量居前位的浙江、江苏和广东等省份属于我国重金属污染重点防控区域。

印染业在定形、涂层等工序以及废水处理环节会产生颗粒物、挥发性有机化合物（VOCs）以及恶臭污染物。据研究，我国印染业 VOCs 排放量约占工业源 VOCs 总排放量的 1.5%。

3.2 工艺过程污染物产排污节点

本节主要介绍纺织印染工业的工艺生产过程及其污染物排放情况。

3.2.1 相关定义

（1）纺织印染工业排污单位

可以从狭义和广义两个层次理解纺织印染工业。狭义的纺织印染工业是指用天然纤维或化学纤维加工而成各种纱、丝、绳、织物及其色染制品的工业，可分为棉纺织、毛纺织、丝纺织、麻纺织、化学纤维及其印染精加行业等。其产品不仅包括服装、家纺原料，还包括产业、医疗使用的纺织成品制造。按生产工艺的不同，纺织印染工业可分为纺前纤维加工（不含化学纤维制造）、纺纱、织造、印染以及织物功能整理等行业。而广义的纺织业，除包括上述的内容外，还包括纺织服装、服饰业。本书所述纺织印染工业为广义纺织印染工业，包含了纺织加工业与服装、服饰业。

纺织印染工业排污单位是指从事对麻、丝、毛等纺前纤维进行加工，以纺织材料前处理、染色、印花、整理为主的印染加工，以及从事织造、服装与服饰加工，并有污染产生的生产单位。

（2）印染

印染是指对纺织材料（如纤维、纱、线及织物等）进行以化学处理为主的工艺过程，包括前处理、染色、印花、整理（包括一般整理与功能整理）等工序。

从社会分工上讲，印染业是纺织印染工业中的一个细分行业。严格地讲，印染与染整两者之间的定义和内涵是没有区别的。

（3）纺织纤维

根据纤维的来源和生产工艺，可将纤维分为天然纤维和化学纤维。其中，天然纤维是从自然界原有的或经人工培植的植物上、人工饲养的动物上直接取得的纺织纤维。一般包括植物纤维、动物纤维和矿物纤维。化学纤维则是用天然或人工合成的高分子化合物为原料，经过制备纺丝原液、纺丝和后处理等工序制得的具有纺织性能的纤维。

（4）原辅料

纺织印染工业主要涉及的原辅材料为纺织纤维、织物和印染业所用的化学品。印染业所用的原辅料主要包括四大类，分别是纺织纤维、染料、印染助剂及有机硅油。其中，纺织纤维直接影响印染过程中所使用染料和印染助剂，也间接影响了后整理过程中废气的成分和含量。另外，有机硅油也是后整理废气中重要的污染物来源。

（5）染料

按照染料性质和应用方法，可将染料分为直接染料、酸性染料、分散染料、活性染料（反应染料）、还原染料、阳离子染料、冰染料（不溶性偶氮染料）、缩聚染料、氧化染料、硫化染料、酞菁染料等十余种。

（6）印染助剂

印染助剂是指在纤维纺织加工过程中，纺织品前处理、染色、印花、后整理及染料后处理过程中使用的除染料和通用化学品（如无机或有机的酸、碱和盐）以外的物质的总称，主要可划分为前处理助剂、染色助剂、印花助剂和后整理助剂。其中，备受关注的高危害物质甲醛、苯、甲苯等挥发性有机物都是来源于分散剂、固色剂、交联剂、印花浆、黏合剂等印染助剂在印染过程中的热分解。

有机硅油在纺织印染过程中可做织物的柔软剂、润滑剂、防水剂、整理剂等。其是指在室温下保持液体状态的线性聚硅氧烷产品，一般为无色（或淡黄色）、无味、无毒、不易挥发的液体，常温条件下为流动状态，且不单纯使用，常作为辅助材料。按其加工状况可分为一次产品和二次产品。前者是指加工前的硅油产品，包括羟基硅油、硅官能硅油、碳官能硅油和非活性改性硅油四大类。后者是指以硅油为原料，配入增稠剂、表面活性剂、溶剂及添加剂等，并经特定工艺加工成的脂膏状物、乳液及溶液等产品，如硅脂、硅膏等。

（7）纺织印染工业废水集中处理设施

随着我国纺织印染工业的空间集聚化发展，纺织工业园区不断增加，园区污水集中处理也成为一种趋势。目前，无论是监督性监测还是自行监测，都将纺织印染工业的监测重点放在企业层面上。通过实地调研发现，纺织印染工业废水集中处理设施环境监测普遍未得到重视。我国的纺织印染工业园区类型多样，各地区纺织印染工业废水集中处理设施执行标准不一，究其根本是缺乏专门的指导性文件，无法对纺织印染工业废水集中处理设施自行监测进行有效的规范管理。因此，可通过对纺织印染工业废水集中处理设施自行监测进行规定，推动纺织印染工业企业与纺织印染工业废水集中处理设施之间责任认定清晰，促进排放标准的有效、顺利执行。

本书所述的纺织印染工业废水集中处理设施是指为两家及以上纺织印染工业排污单位提供废水处理服务，且执行《纺织染整工业水污染物排放标准》（GB 4287—2012）、《缫丝工业水污染物排放标准》（GB 28936—2012）、《毛纺工业水污染物排放标准》（GB 28937—2012）、《麻纺工业水污染物排放标准》（GB 28398—2012）中水污染物排放要求的企业或机构。

3.2.2　生产工艺流程及污染物排放状况分析

根据纺织印染工业的各生产工艺流程对其废水、废气、噪声、固体废物的排放情况进行分析。

3.2.2.1　废水污染物排放状况

（1）印染企业

典型的印染工艺流程及产污节点如图 3-4～图 3-7 所示。

图 3-4 棉、麻及混纺织物典型染整工艺流程及产污节点

注：W—废水；G—废气；S—固体废物；N—噪声（下同）

图 3-5 毛纺织物典型条染工艺流程及产污节点

图 3-6 丝机织物典型染整工艺流程及产污节点

图 3-7　化纤机织物典型染整工艺流程及产污节点

从上述工艺流程来看，可将印染生产工艺流程分为坯布准备、前处理、后整理（染色、印花、整理）及成品包装 4 个阶段。其中，前处理和后整理是污染排放源的主要来源。不同原材料纺织品的印染工序及产排污环节有所不同。前处理是去除纤维表面浆料、油剂或天然杂质的加工过程；染色是将纤维材料染上颜色的加工过程；印花是局部着色，是使纺织品获得各色花纹图案的加工过程；整理是通过化学或物理手段改善纺织品的服饰性能或赋予纺织品某些特殊功能的加工过程。

退浆、精炼、漂白、丝光、染色/印花、固色等工艺流程为湿过程，操作温度也不高，一般不会产生废气，但却是织物前处理废水的主要来源。此外，为了达到织物整理要求，还会有皂洗、水洗等过程。废水污染源及污染物指标分别见表 3-2。

表 3-2　印染企业废水污染源及污染物指标

污染源	污染物指标
退浆废水	流量、pH、色度（稀释倍数）、化学需氧量、五日生化需氧量、悬浮物、可吸附有机卤素（AOX）、二氧化氯、氨氮、苯胺类、硫化物、总氮、总磷、总锑
精炼废水	
漂白废水	
丝光废水	
整理废水	
染色、印花废水	六价铬

其中，总锑不是印染企业特征污染物。聚酯（涤纶原料）合成过程中采用三氧化二锑、醋酸锑或乙二醇锑作为催化剂，涤纶原料会含有锑，导致印染废水中产生含锑污染物。

印染企业若使用含铬染料及助剂或在印花工序采用感光制网工艺，则废水中含有六价铬。另外，毛印染工艺中可能采用重铬酸钾助剂。

印染废水是纺织印染工业废水的主要来源，其中含有纤维原料本身的夹带物以及加工过程中所用的浆料、油剂、染料和化学助剂等，总体而言，印染废水具有以下特点：①COD_{Cr}和BOD_5波动大，COD_{Cr}高时可达3 000 mg/L，BOD_5高达900 mg/L；②pH高，如硫化染料和还原染料废水pH可达10以上，丝光、碱减量废水pH可达14；③色度大，有机物含量高，含有大量的染料、助剂及浆料，废水黏性大；④水温水量变化大，由于加工品种、产量的变化，水温一般在40℃以上，影响废水的生物处理效果。

传统的印染加工过程中还会产生有毒废水，废水中一些有毒染料或加工助剂在加工过程中会附着在织物上并对人体健康产生影响。如偶氮染料、甲醛、荧光增白剂和柔软剂具致敏性，聚乙烯醇和聚丙烯类浆料不易生物降解，含氯漂白剂污染严重，一些芳香胺染料具有致癌性，部分染料中含有重金属，含甲醛的各类整理剂和印染助剂对人体具有毒害作用等。此类废水如果不经处理或经处理后未达标就排放，不仅直接危害人们的身体健康，而且严重破坏水、土环境及其生态系统。

表3-3～表3-6给出不同类型印染废水中部分污染物产生情况。

表3-3　棉及棉混纺机织物印染废水水质

产品种类	pH	色度/倍	五日生化需氧量/（mg/L）	化学需氧量/（mg/L）	悬浮物/（mg/L）
纯棉染色、印花产品	10.0～12.0	400～800	300～500	1 500～3 000	200～500
棉混纺染色、印花产品	9.5～12.0	400～800	300～500	1 500～3 000	200～500
纯棉染整产品	10.0～12.0	300～500	200～300	800～1 200	200～400
棉混纺染整产品	10.0～12.0	200～300	200～300	1 000～1500	100～400

表 3-4　毛纺及其染整废水水质

污水类型	pH	色度/倍	五日生化需氧量/（mg/L）	化学需氧量/（mg/L）	悬浮物/（mg/L）
洗毛	10.0～12.0	—	6 000～12 000	15 000～30 000	8 000～12 000
炭化	5.0～6.0	—	80～150	300～500	1 250～4 800
粗纺染色	6.0～7.0	100～200	150～300	500～1 000	200～500
精纺染色	6.0～7.0	50～80	80～180	350～600	80～300
绒线染色	6.0～7.0	100～200	70～120	300～450	100～300

表 3-5　丝织物染整废水水质

污水类型	pH	化学需氧量/（mg/L）	总氮/（mg/L）	色度/倍
炼白废水	5.0～8.0	1 500～2 500	50～120	—
染色废水	8.0～10.0	500～1 500	—	300～500
印花废水	8.0～10.0	1 200～2 000	50～300	300～500

表 3-6　化学纤维染整废水水质

污水类型	pH	色度/倍	五日生化需氧量/（mg/L）	化学需氧量/（mg/L）	悬浮物/（mg/L）	总氮/（mg/L）
涤纶（含碱减量）	10.0～13.0	100～200	350～750	1 500～3 000	100～300	—
涤纶（不含碱减量）	8.0～10.0	100～200	250～350	800～1 200	50～100	—
腈纶	5.0～6.0	—	240～260	1 000～1 200	—	140～160

（2）毛纺企业

洗毛加工是毛纺织原料加工的主要环节，指利用机械、水洗和化学等方法去除原毛上的油脂和附着沙土、干草等杂质以获得洗净毛的生产加工过程，产污环节包括洗毛、炭化和丝光防缩等工序。洗毛是利用含表面活性剂的水或溶剂清洗原毛以脱除原毛上的油脂和杂质；炭化是利用化学手段在梳毛工序前去除植物性杂质的过程；丝光防缩工艺是采用氯和树脂作为化学助剂来去除表层羊毛鳞片。洗毛工艺流程及产污节点如图 3-8 所示。

图 3-8　洗毛工艺流程及产污节点

洗毛废水是洗毛生产工艺排出的高浓度有机废水，是目前世界上较难治理的废水之一，主要成分是羊毛脂、羊汗、泥土、羊粪等，其中羊毛脂是废水中化学需氧量和五日生化需氧量的主要成分。羊毛脂在水中呈乳化状态，洗毛废水常呈棕色或浅棕色，表面覆盖一层含各种有机物、细小悬浮物以及各种溶解性有机物的含脂浮渣。洗毛废水水质与羊毛品种、洗毛工艺耗水量等因素有关。表 3-7 为国产洗毛机和进口洗毛机洗毛废水水质情况。

表 3-7　洗毛废水水质　　　　　　　　　　　　单位：mg/L

洗毛机	化学需氧量	悬浮物	五日生化需氧量	总磷	总氮	氨氮
国产	30 000～45 000	5 000～7 500	7 500～9 000	2～5	50～90	80～120
进口	25 000～35 000	10 000～12 000	7 500～8 000	2～3	70～80	80～100

炭化废水含有无机酸、植物性杂质等污染物，一般废水 COD_{Cr} 质量浓度为 200～400 mg/L，pH 为 2～3。炭化工序废水产生量为 8～10 m^3/t 产品。

丝光防缩废水污染物包括活性氯、AOX 和动物性蛋白质等污染物，一般废水 COD_{Cr} 质量浓度为 400～600 mg/L，AOX 质量浓度为 30～40 mg/L。丝光防缩工序废水产生量为 12～18 m^3/t 产品。

（3）麻纺企业

麻纺原料一般采用苎麻、亚麻、黄麻、汉麻等韧皮纤维。麻脱胶是麻类纤维纺前加工将韧皮纤维胶质去除的加工过程，生产工艺包括化学法、生物法和联合脱胶法。化学法脱胶利用碱、无机酸和氧化剂去除胶质，生物法脱胶是利用微生物代谢或酶去除胶质，联合脱胶法是两者联合使用。不同品种的麻由于纤维中含胶质不同，其脱胶具体方法也不相同。典型苎麻脱胶工艺流程及产污节点见图 3-9。

图 3-9　苎麻脱胶工艺流程及产污环节

图 3-10 为亚麻沤麻的基本过程。将原麻置于已建池中，用清水浸泡，再加入各种脱胶剂来实现。整个过程中，沤麻水按沤麻池、曝气设备、集水池、沤麻池的路线循环。碎茎是将亚麻干茎中木质部分压碎、折断，使木质与纤维脱离，从而获得可纺性的亚麻纤维。

图 3-10　亚麻沤麻工艺流程及产污节点

亚麻粗纱化学脱胶工艺是亚麻纺纱工艺的技术核心（图 3-11）。

图 3-11　亚麻粗纱化学脱胶工艺流程及产污节点

麻纺纤维为纤维素纤维，麻纺产品生产过程中产生脱胶废水，为高浓度有机废水，废水水质情况如下：化学需氧量为 2 500～10 000 mg/L、五日生化需氧量为 800～6 000 mg/L、悬浮物为 200～600 mg/L、色度（稀释倍数）为 400～600 倍，污染物产生浓度较高。各主要工序产生污水水质如表3-8。

表3-8　麻脱胶废水水质

工序	煮炼	浸酸	水洗	拷麻、漂白、酸洗
化学需氧量/（mg/L）	11 000～14 000	4 000～5 000	800～2 000	＜100

（4）缫丝企业

缫丝是将蚕茧加工成生丝的过程，包括选剥、剥茧、混茧、选茧、煮茧、缫丝、复摇、整理等工序。缫丝工艺流程及产污节点见图3-12。

图3-12　典型缫丝工艺流程及产污环节

桑蚕缫丝工业的主产品为生丝，副产品为长吐、汰头及蚕蛹等。缫丝生产过程所产生的废水中的污染物主要来源于煮茧过程所溶解的丝胶，以及缫丝、复摇过程中蚕丝从蚕茧上剥离时脱落和溶解的丝胶，混合后化学需氧量为 150～300 mg/L，五日生化需氧量为 60～200 mg/L，悬浮物为 40 mg/L，pH 为 6.5～8.5，缫丝生产用水的 90%左右消耗在这两个过程中，生产 1 t 生丝的平均耗水为 1 200 m³ 左右。

桑蚕缫丝副产品生产耗水量较少，一般占缫丝生产用水的 5%左右，但污染程度高，其化学需氧量为 7 000～10 000 mg/L，五日生化需氧量为 3 500～4 500 mg/L，悬浮物为 3 000～5 000 mg/L，pH 为 9～11.5，是缫丝工业重点水污染源。

（5）织造企业

喷水织机工艺是利用水作为引纬介质的生产工艺。除化纤织造喷水织机工艺外，其他纺织织造生产工艺一般不产生工业废水。织布工艺流程及产污节点如图 3-13 所示。

W、G、N

棉纱、色纱 → 翻纱 → 织布 → 坏布、色布

图 3-13 织布工艺流程及产污节点

喷水织机是纺织机械中近年来发展最快的无梭织机，其优点是产量高、质量好、织造费用低，但是织造过程对水质要求高且用水量大。

喷水织机废水的主要污染物为废纱头、化学浆料、纺织油类等，每台喷水织机日排放废水量为 2.0～4.0 t/d，废水水质如表 3-9 所示。

表 3-9 喷水织机废水水质

污染物	pH	化学需氧量/ （mg/L）	五日生化需氧量/ （mg/L）	氨氮/ （mg/L）	悬浮物/ （mg/L）	色度/倍
浓度	6.6～7.1	70～600	40～60	1.2～5	105～250	80～170

（6）水洗企业

水洗工艺流程及产污节点如图 3-14 所示。

成衣 → 洗水 → 甩干 → 烘干 → 烫平

洗水 ⇢ 废水 ⇠ 甩干

烫平 → 包装

图 3-14 水洗工艺流程及产污节点

水洗工艺是在水洗机中用水磨石打磨服装表面，再加入一定量的洗涤剂、柔软剂进行洗涤，然后用清水漂洗的过程。水洗废水主要含有染料、浆料、助剂、纤维屑等。

由于水洗厂生产的特殊性，其污水水质变化较大，水质、水量因排放周期、

洗涤衣物品种的不同而变化，总排放口混合废水水质如下：五日生化需氧量为70.8～350 mg/L，化学需氧量为370～950 mg/L，悬浮物为118～400 mg/L，pH为6～11，色度（稀释倍数）为160～300倍。

（7）纺织印染工业废水集中处理设施

接纳纺织印染工业企业废水的纺织印染工业废水集中处理设施，根据上游企业类型不同，其排放废水水质要求和污染物指标，相应也会有所区别（表3-10）。

表3-10　纺织印染工业废水集中处理设施废水污染源及污染物指标

污染源	污染物指标
上游纺织印染工业企业废水	流量、pH、色度（稀释倍数）、化学需氧量（COD_{Cr}）、五日生化需氧量、悬浮物、氨氮、二氧化氯、可吸附有机卤素（AOX）、苯胺类、六价铬、硫化物、总氮、总磷、总锑、动植物油

3.2.2.2　废气污染物排放状况

（1）有组织废气污染物

从印染工艺流程来看，前处理包括烧毛、精炼、漂白、丝光等过程。烧毛指将织物通过火焰或在炙热的金属表面擦过，烧去表面绒毛的工艺过程，以保证后续对织物进行染整的工艺效果。此过程会因纤维燃烧产生一定的颗粒物。精炼、漂白、丝光、染色、固色等工艺过程为湿过程，操作温度也不高，一般不会产生废气，但却是织物前处理废水和噪声的主要来源。此外，为了达到织物整理要求，还会有皂洗、水洗、烘干等过程。织物进入后整理工序，一般通过热定形机进行整理。由于定形机的高温作用（180～210℃），部分定形温度甚至高达280℃，使得吸附在织物表面的污染物受热大量挥发，造成严重的大气污染。最后的成品包装、入库过程很少有废气释放。

随着功能性面料（防水、抗菌、防紫外线等）的大量使用，涂层工艺在印染行业面料处理中被广泛应用。相较于一般传统的后整理浸轧，其只处理织物表面，不透入织物内部，可节省化工原料；且主要采用轧光、涂布、烘干等技术，可不用水洗，能节约大量用水；另外其对基布要求低，在纤维上具有不受品种限制等优势。目前，常见的家用涂层织物包括防水外套、消防员等行业工作用防护服、床垫套、阻燃装饰布、清洁桌布、窗帘衬里等；工业用涂层织物包括防水油布、救生衣、救生艇、飞机救生伞、气垫船密封裙缘、防护罩、遮阳篷、航行器油箱和柔性容器，汽车、客车和火车坐套等。常见的层压织物有衣领、腰带、贴边、车顶内衬、行李箱等。涂层与层压的主要区别在于前者是将液态的涂层剂涂抹到基布上，而后者是将预先制备好的薄膜贴合于基布上。

涂层整理过程中会使用到大量的有机溶剂，特别是溶剂型涂层，对大气污染较为严重。表 3-11 列举了不同涂层方式及其工艺流程。

表 3-11　不同涂层方式及其工艺流程

涂层方式及定义	工艺流程
直接涂层：将涂层剂通过物理和机械方法直接均匀地涂布于织物表面而后使其成膜的方法，分干法和湿法涂层	干法：基布→浸轧防水剂→烘干→轧光→涂层→烘干→烘焙→成品
	湿法：基布预处理→涂布溶剂型聚氨酯浆→水浴凝固（20~30℃）→水洗→轧光→成品
热熔涂层：将热塑性树脂加热熔融后涂布于基布，经冷却而粘着于基布表面的涂层工艺	基布→涂布→熔融树脂→冷却→轧光→成品
黏合涂层：是将树脂薄膜与涂有黏合剂的基布叠合，经压轧而使其黏合成一体，或将树脂薄膜与高温熔融辊接触，使树脂薄膜表面熔融而后与基布叠合，再通过压轧而黏合成一体，形成的涂层薄膜较厚	基布→涂布黏合剂→烘干→薄膜黏合→烘焙→轧光→成品
转移涂层：先以涂层浆涂布于经有机硅处理过的转移纸，而后与基布叠合，在低张力下经烘干、轧平和冷却，使转移纸和涂层织物分离	转移纸→涂布涂层浆→基布黏合→烘干→轧光→冷却→织物与转移纸分离→成品

图 3-15 列举了某印染企业直接涂层的工艺流程及产污节点。

图 3-15 某印染企业直接涂层的工艺流程及产污节点

涂层织物生产过程主要使用涂层剂（涂层整理剂或涂层胶）及其相关助剂和溶剂。按照使用的分散介质不同可分为溶剂型和水基型。其中，溶剂型涂层剂有成膜性好、耐水压高、烘燥快、含固量低等特性，但需要大量有机溶剂，如 DMF、丁酮等高环境危害、高毒性物质。水基型涂层剂虽耐水压低、烘燥慢，但无毒、不燃、使用安全、相对成本较低，且对环境污染小。另外，按照涂层剂化学结构分，主要有聚丙烯酸酯类（PA）、聚氨酯类（PU）、聚氯乙烯类（PVC）、有机硅类、硅酮弹性体类、合成橡胶类（如氯丁橡胶、丁腈橡胶等）、聚四氯乙烯、聚酯、聚酰胺、聚乙烯等。织物层压加工方法主要包括黏合剂法、焰熔法、热熔层压法3 种：①黏合剂层压属于湿法加工，黏合剂要制成液体，利用涂敷、印刷、喷涂等方法实现织物与织物，或织物与其他材料之间的层压；②焰熔层压是利用火焰加热把薄层聚氨酯泡沫塑料的表面熔化，生产黏性粒状含有异氰酸酯基团的物质；③热熔层压通过加热加压把织物和织物或其他材料黏合在一起，可分为两种不同形式：第一种使用黏合剂；第二种通过加热使基材黏合在一起；具体采用哪种方式取决于黏合剂的形式，包括薄膜、网、粉末或液体。目前，焰熔法由于聚氨酯燃烧产生具有潜在毒性的烟雾，在环保方面受到的压力越来越大。热熔层压相对更清洁、消耗的能量更少，健康和安全风险较小，应用日益广泛。

此外，在印花织物烘干或烘焙时，挥发性有机物质会随废气一起排出。该工序排出的废气里，欧盟国家最为关注的就是 VOCs 的情况。

表 3-12 汇总了国内外相关标准大气污染物排放因子。

表 3-12　国内外相关纺织标准大气污染物排放因子汇总

序号	污染因子	美国 HAPs 清单	EHS 纺织品制造业	德国大气污染物排放标准	国际生态纺织品标准 100	我国大气污染物综合排放标准	北京市大气污染物综合排放标准	浙江省纺织染整工业大气污染物排放标准
1	苯	√	*	√	—	√	√	√
2	甲苯	√	—	—	√	√	√	√
3	二甲苯	√	*	—	—	√	√	√
4	苯乙烯	√	—	—	—	—	√	√
5	氯乙烯	√	*	√	√	√	√	√
6	甲醛	√	—	√	√	√	√	√
7	甲醇	√	—	—	—	√	√	√
8	油烟	—	—	—	—	—	—	√
9	臭气浓度	—	—	—	—	—	—	√
10	颗粒物	—	√	√	—	√	√	√
11	二甲基甲酰胺	—	—	—	—	—	—	√

注："＊"为《EHS 指南 071 纺织品制造业》VOCs 中的规定。

颗粒物是目前印染企业定形机废气治理的重要监测指标之一。根据历年监测数据统计，其产生质量浓度为 5.41～2 821.40 mg/m^3，平均产生质量浓度约为 200 mg/m^3；经处理后排放出口的范围为 2.08～300 mg/m^3，平均排放质量浓度约为 35 mg/m^3，平均去除率约为 83%。现有企业采用常规水喷淋处理技术普遍能达到颗粒物去除率高于 80% 的要求。另外，根据现场调研监测较为先进的企业，采用静电除尘技术或"水喷淋+静电除尘技术"二级处理，废气处理设施出口颗粒物排放质量浓度为 2.03～43.20 mg/m^3，平均排放质量浓度约为 8.7 mg/m^3；湿布定形直接静电处理效果不佳，最低值也高达 53.8 mg/m^3。目前《大气污染物综合排放标准》（GB 16297—1996）对现有、新建颗粒物（其他）的要求分别为 150 mg/m^3、120 mg/m^3。因此，一般安装以上处理设施后能实现达标排放。

印染过程中会经常使用到苯、甲苯、二甲苯、苯乙烯等含单环芳香烃化合物。

苯系物由于其潜在的对环境和人体危害性，成为重要的污染控制指标项目。

涂层整理过程中常用苯系物（甲苯、二甲苯）和 DMF 等作为溶剂，用量大大超过其他后整理类工序（如定形）。考虑到涂层整理工艺与合成革、人造革生产工艺类似，所使用的涂层剂（或胶黏剂）和溶剂也基本相同。现有调研数据统计 15 家纺织涂层企业 27 个排放口，涉及 4 家水性溶剂企业，涵盖甲苯回收装置、废气处理装置、水膜喷淋 3 种类型，甲苯排放质量浓度为 0.08～66.70 mg/m³，而二甲苯浓度均较低。表 3-13 列举了调研数据中 10 家纺织涂层企业苯系物的排放情况。

表 3-13　部分纺织涂层企业苯系物排放情况

企业序号	使用溶剂	处理类型	监测点位	监测项目	排放质量浓度/（mg/m³）
1	甲苯	甲苯回收塔	涂层线废气处理装置排放口	甲苯	1.570
				二甲苯	<0.089
2	甲苯	甲苯回收机	甲苯回收装置排放口	甲苯	16.000
				二甲苯	<0.083
3	甲苯	甲苯回收机	甲苯回收装置（南侧）	甲苯	65.600
				二甲苯	<0.085
			甲苯回收装置（南侧）	甲苯	3.900
				二甲苯	<0.085
4	甲苯	甲苯回收机	涂层线废气处理装置排放口	甲苯	9.320
				二甲苯	<0.093
5	甲苯	甲苯回收机	甲苯回收装置排放口	甲苯	66.700
				二甲苯	<0.070
6	水性溶剂	—	涂层线废气排放口	甲苯	8.090
				二甲苯	<0.080
7	水性溶剂	—	涂层线废气排放口	甲苯	1.430
				二甲苯	<0.084
8	水性溶剂（PA、PU）	废气回收装置	废气净化装置排放口 1#	甲苯	0.486
				二甲苯	<0.085
			废气净化装置排放口 2#	甲苯	1.180
				二甲苯	<0.085
9	水性溶剂	废气净化装置	涂层机废气排放口	甲苯	<0.085
				二甲苯	<0.085
10	有机溶剂	水膜	涂层机废气排放口	甲苯	<0.084
				二甲苯	<0.084

综上，纺织印染工业废气排放包括：

①前处理工段产生的废气为烧毛废气，污染物主要为颗粒物。

②在印花织物烘干或烘焙时，挥发性有机物质会随废气一起排出。该工序排出的废气里，欧盟国家最为关注的就是 VOCs 的情况。湿法的印花工艺在蒸化、烘焙工序中产生含 VOCs 废气，干法的涂料印花工艺和转移印花工艺在转移、烘干工序产生含 VOCs 废气。静电植绒工艺在植绒、烘干、刷毛等工序产生含纤维尘颗粒物和 VOCs 废气。

③整理工段产生的废气污染物主要包括：磨毛、拉毛等工序产生的废气污染物主要为颗粒物；热定形工序产生的废气污染物为颗粒物和染整油烟，一般颗粒物质量浓度（标准状态下）为 50～500 mg/m³，染整油烟质量浓度（标准状态下）为 100～1 000 mg/m³；涂层、层压、复合等工序产生的废气污染物主要是有机物溶剂挥发和高分子材料高温裂解产生的 VOCs。

（2）无组织废气污染物

纺织印染工业企业的无组织废气排放主要是企业边界大气污染物无组织排放。其中的毛纺、麻纺、缫丝、织造以及水洗企业生产过程中废气排放以无组织排放形式为主（表 3-14）。

表 3-14　纺织印染工业企业无组织废气排放源

排污单位	废气排放源
印染企业	烧毛机、烘干机、定形机、涂层机等生产设备、废水处理设施
毛纺、麻纺、缫丝、织造、水洗企业	开毛机、打麻机、打棉机、烘干机、织机、喷砂机等生产设备、废水处理设施

纺织印染工业废水集中处理设施主要涉及无组织废气排放（表 3-15）。

表 3-15　纺织印染工业废水集中处理设施无组织废气排放源

单位	废气排放源
纺织印染工业废水集中处理设施	废水处理设施

3.2.2.3　噪声来源分析

纺织印染工业企业噪声源主要有两类：

（1）各类生产机械：洗毛机、炭化设施、丝光设施、脱胶设备、烘茧机、缫丝机、复摇机、制绵机、织造设施、退浆机、印花机、定形机、脱水机、水洗机等；

（2）废水/气处理产生的噪声：废水处理的风机、水泵、曝气设备，污泥脱水设备等，废气处理设施。

纺织印染工业废水集中处理设施噪声主要是污水处理厂运行机械噪声。

3.2.2.4　固体废物来源分析

纺织印染工业企业的固体废物来源如下：

（1）一般工业固体废物

①生产过程产生的固体废物：废纸类、废木材、废玻璃及其他废物（原料中的剩余废物、金属零件等）、含氮有机废物；

②废气处理产生的固体废物：工业粉尘；

③废水处理产生的固体废物：有机废水污泥等。

（2）危险废物

①生产过程产生的危险废物：废矿物油与含矿物油废物、废有机溶剂与含有机溶剂废物、染料和涂料废物、沾染染料和有机溶剂等危险废物的废弃包装物、容器；

②废气处理产生的危险废物：废活性炭等。

3.3 污染治理技术^①

3.3.1 废水污染治理技术

3.3.1.1 物化处理技术

物化处理是指通过简单的物化处理工艺去除废水中的部分污染物，包括格栅/筛网、调节、混凝、气浮和沉淀等操作单元或过程。

（1）格栅/筛网

该技术适用于含织物纤维较多的纺织废水处理。格栅宜选择栅间距离 1.5～10 mm，筛网宜选择孔径 20～100 目的设备，宜选用机械方式运行。

（2）调节

该技术适用于纺织印染工业废水的水质、水量调节，同时兼具中和、降温功能。在分质处理的情况下，需分别设置不同调节池对不同性质和浓度的废水进行独立收集。调节池的水力停留时间宜大于 8 小时，可采用穿孔管曝气、推流器或搅拌器形式改善水质混合效果。碱性废水一般使用硫酸调节 pH，后续生化工艺若采用水解酸化或厌氧工艺，宜用盐酸调节。酸性废水 pH 调节宜用氢氧化钠。

调节池废水温度宜控制小于 45℃，后续生化工艺如有脱氮工艺，应小于 38℃。废水降温可采用冷却塔、热交换或热泵。废水中含有挥发性有机溶剂的情形下，不宜采用冷却塔降温。

（3）混凝

该技术适用于纺织印染工业废水中悬浮颗粒或荷电胶粒的脱稳、聚集和凝聚，实现污染物与水的分离，适用于纺织印染工业废水中纤维、油脂、分散染料、悬浮颗粒等污染物的去除。混凝处理过程常用的混凝剂有铁盐、铝盐和聚合盐类，

---

① 《纺织工业污染防治可行技术指南》（HJ 1177—2021）。

絮凝剂常用聚丙烯酰胺。

（4）气浮

该技术适用于纺织印染工业废水中比重较小的悬浮颗粒的去除，如纤维、油脂等。气浮形式宜采用加压溶气气浮和浅层气浮，分离区表面负荷分别为 $4.0\sim$ $6.0\ m^3/\ (m^2\cdot h)$ 和 $3.0\sim5.0\ m^3/\ (m^2\cdot h)$，水力停留时间分别为 $10\sim20\ min$ 和 $12\sim$ $16\ min$。

（5）沉淀

该技术适用于纺织印染工业废水中比重较大的悬浮物的去除。生物处理系统出水的生化沉淀池表面负荷宜在 $0.5\sim1.0\ m^3/\ (m^2\cdot h)$，水力停留时间宜在 $3\sim5\ h$；物化沉淀池表面负荷宜在 $0.8\sim1.2\ m^3/\ (m^2\cdot h)$，水力停留时间宜在 $2\sim4\ h$。物化沉淀池可通过增设斜板或者斜管的方式提高沉淀效率与表面负荷，表面负荷宜小于 $8\ m^3/\ (m^2\cdot h)$。

3.3.1.2　生物处理技术

生物处理技术指通过生物降解的方式来实现有机物降解和脱氮，包括厌氧生物技术、好氧生物技术和生物脱氮技术。

（1）厌氧生物技术

①水解酸化

该技术适用于纺织印染工业中有机废水的处理，可对纤维素、浆料、染料、脂肪类、蛋白质类等有机高分子或大分子有机物进行降解，将二氧化氯等物质还原。废水可生化性较差的情况下，水解酸化的水力停留时间宜大于 24 小时，COD_{Cr} 去除率一般为 10%～20%，废水的可生化性提高 20%～40%。

②厌氧生物反应器

该技术适用于绢纺废水、洗毛废水及淀粉浆料为主的退浆废水等高浓度有机废水，利用一定结构形式的生物反应器进行含有机物废水的厌氧代谢处理。纺织印染工业中常用的厌氧反应器形式有升流式厌氧污泥反应器（UASB）、厌氧折流板反应器（ABR）和内循环厌氧反应器（IC），纺织印染工业废水厌氧反应器的水力停留时间一般宜大于 12 小时，COD_{Cr} 去除率一般为 40%～60%。

（2）好氧生物技术

该技术适用于纺织印染工业废水中有机污染物和硫化物的去除，指在有氧条件下利用微生物降解有机物和氨氮等污染物的过程，主要包括完全混合活性污泥法和生物膜法。

（3）生物脱氮技术

纺织印染工业废水脱氮宜采用缺氧与好氧结合的生物处理技术。缺氧系统脱氮设计负荷宜小于 0.25 kgTN/（$m^3 \cdot d$），pH 应控制在 7～8，废水 C/N 小于 5 的情况下需补充反硝化碳源。纺织印染工业废水生物脱氮一般采用以下技术。

①序批式活性污泥法（SBR）

该技术是按间歇曝气方式来运行的活性污泥废水处理技术，与传统完全混合式废水处理工艺不同，该技术实现了时间上的推流操作方式，具有灵活的操作空间。该工艺及其改进工艺可以通过好氧、缺氧状态的交替运行实现生物脱氮功能。

②好氧/缺氧法（A/O）

该技术在活性污泥系统的好氧段进行硝化反应，在缺氧段实现反硝化脱氮。好氧段溶解氧应维持在 2 mg/L 以上，缺氧段溶解氧应维持在 0.5 mg/L 以下，pH 应控制在 7～8。缺氧与好氧水力停留时间宜控制在 1∶3 左右，缺氧生物系统负荷宜小于 0.25 kgTN/（$m^3 \cdot d$），在 C/N 小于 5 的情况下宜补充反硝化碳源。

3.3.1.3 深度处理技术

深度处理指对生物处理出水进一步净化的处理过程，对纺织印染工业废水中的苯胺类、AOX 等行业特征污染物进一步降解，从而降低废水的生物毒性。一般宜先采用混凝工艺进行预处理，以减少深度处理过程的有机负荷。

（1）曝气生物滤池

该技术适用于好氧生物处理系统出水的深度处理，对低浓度有机物进行分离和降解。曝气生物滤池宜采用气、水联合反冲洗，反冲洗空气强度 10～15 L/（m²·s），反冲洗水强度 4～6 L/（m²·s）。曝气生物滤池的进水 COD_{Cr} 浓度应小于 200 mg/L，水力负荷 2～10 m³/（m²·h）。

（2）臭氧氧化

该技术适用于改善染整废水可生化性或者脱色，宜在弱碱性条件下（pH 为 8～9）进行。反应时间一般为 0.5～2 小时，色度去除率一般在 30%～80%。

（3）芬顿氧化

该技术适用于纺织印染工业废水中难降解有机物的处理和改善废水的可生化性。该技术利用亚铁离子作为催化剂，在酸性条件下利用羟基自由基的强氧化作用，将难生物降解有机物分解生成小分子有机物或者矿化。反应时间一般为 0.5～2 小时，pH 为 3～5，COD_{Cr} 去除效率为 40%～90%。

（4）膜分离

该技术适用于纺织印染工业废水脱盐及再生回用，通常包括微滤、超滤、纳滤和反渗透。废水进入膜系统前一般需进行砂滤和精密过滤的预处理。

3.3.2 废气污染治理技术

3.3.2.1 颗粒物治理技术

（1）过滤除尘

该技术适用于纺织织造产生的纤维颗粒物治理和染整工段烧毛产生的烟尘治理，是利用过滤材料分离气体中固体颗粒物的工艺，常用的包括袋式除尘和滤筒除尘。

纤维尘去除宜采用滤袋技术，过滤风速 0.7～1.2 m/min，过滤效率达到 99% 以上；烧毛烟气宜采用覆膜滤袋或滤筒技术，过滤风速 0.5～1.0 m/min，阻力小于 950 Pa，过滤效率达到 90% 以上。颗粒物排放浓度（标态）小于 10 mg/m³。

（2）喷淋洗涤

该技术适用于热定形废气、植绒废气预处理，常用的喷淋洗涤装置有旋流洗涤塔和填料洗涤塔。该技术通过喷淋洗涤实现废气降温，有害气体、纤维尘和油污被水雾捕集，废气中的水溶性 VOCs 通过相似相溶原理被去除。

（3）静电处理

该技术适用于定形机废气处理，是利用静电场使颗粒物形成荷电粒子，使其在电场作用下向集尘极定向移动进而被捕获实现废气净化。

热定形废气温度为 100～180℃，宜采用水/气或气/气热交换降温预处理，并回收部分热能，确保静电处理效率。静电装置极板间距宜为 200～300 mm，风速 0.3～0.7 m/s，染整油烟去除效率一般为 70%～90%。

3.3.2.2　挥发性有机物（VOCs）处理技术

（1）吸附

该技术利用颗粒活性炭、活性炭纤维或分子筛等材料吸附去除废气中的 VOCs，适用于大风量、低湿度和各种浓度有机废气的净化处理。

印花、涂层、复合等工序中产生的挥发性溶剂可采用活性炭吸附处理。吸附饱和活性炭可通过热脱附进行再生，对溶剂进行回收利用或燃烧处理。

（2）喷淋吸收

该技术适用于涂层废气处理，利用低挥发性溶剂对 VOCs 进行吸收，再根据两者物理化学性质的不同进行分离。

涂层废气中含有丁酮、二甲基甲酰胺（DMF）等水溶性溶剂，以水为溶剂进行喷淋吸收，结合精馏工艺可实现溶剂回收利用。

（3）生物处理

该技术适用于水溶性高、易生化降解的有机废气处理，利用微生物的代谢作用将 VOCs 进行分解。常用的生物处理技术有生物滤池和生物滴滤床。

3.3.3　固体废物污染治理技术

3.3.3.1　资源化利用技术

一般工业固体废物宜优先资源化利用。

（1）丝绸纺织生产中的蚕蛹可作为饲料和肥料的生产原料。

（2）洗毛生产加工过程中可提取羊毛脂，作为护肤品、医用膏药、皮革护理和机械防锈油生产原料。

（3）原料处理、织造、染整、服装加工过程产生的次废品、边角料可作为废旧纺织品回收，通过纤维再生加工实现资源循环利用。

3.3.3.2　处理与处置技术

企业产生的固体废物按照其废物属性进行合理贮存、利用和处置。《国家危险废物名录》中所列的染料和涂料废物、废酸、废碱、废矿物油和含矿物油废物、废有机溶剂与含有机溶剂废物、沾染染料和有机溶剂等危险废物的废弃包装物、容器、废气处理废活性炭等，以及被鉴定为危险废物的固体废物，应委托有资质的单位进行利用处置，并满足《危险废物收集　贮存　运输技术规范》（HJ 2025—2012）、《危险废物贮存污染控制标准》（GB 18597）和《危险废物转移联单管理办法》等文件的要求。

3.3.4　噪声污染治理技术

纺织印染工业企业产生的噪声主要分为机械噪声和空气动力性噪声。

对于由振动、破碎、摩擦和撞击等引起的机械噪声，通常采取减振、隔声措施，如对设备加装减振垫、隔声罩等，也可将某些设备传动的硬件连接改为软件连接，在设备选型上选择低噪声的纺纱设备、织机和染整设备；车间内可采取吸声和隔声等降低噪声的措施。

　　对于由空气释放等产生的空气动力性噪声，选用低噪声空压机以消除脉冲噪声，吸气口处安装组合式消声过滤器以降低吸气噪声，声源噪声级降低 10 dB（A）以上；空压机房均设隔声门窗，隔声量提高 5 dB（A）以上；机房四周墙壁及天花板选用玻璃纤维作为吸声材料，减少反射声，降噪量 4 dB（A）以上。

　　废水处理站主要噪声源包括水泵和风机等设备。泵房机组可通过金属弹簧、橡胶减振器等进行隔振、减振措施，降低噪声 3～5 dB（A）。风机应选用低噪声风机，对振动较大的风机机组采用隔振、减振措施，对中大型风机配置专用风机房。

　　对于新建企业，可在布置格局时，将噪声较大的车间放置在厂区中间位置，远离厂界和噪声敏感点。加强厂区绿化，在主车间和厂区周围种植绿化隔离带。

第4章 排污单位自行监测方案的制定

立足排污单位自行监测在我国污染源监测管理制度中的定位，根据纺织印染工业发展概况和污染排放特征，我国发布了《总则》《排污单位自行监测技术指南 火力发电及锅炉》(HJ 820—2017)、《排污单位自行监测技术指南 纺织印染工业》(HJ 879—2017)等相关标准规范，这是纺织印染工业排污单位制定自行监测方案的依据。为了让标准规范的使用者更好地理解标准中规定的内容，本章重点围绕《排污单位自行监测技术指南 纺织印染工业》(HJ 879—2017)中的具体要求，一方面对其中部分要求的来源和考虑进行说明，另一方面对使用过程中需要注意的重点事项进行说明，以期为指南使用者提供更加详细的信息。

4.1 监测方案制定的依据

根据自行监测技术指南体系设计思路，纺织印染工业排污单位主要是按照《排污单位自行监测技术指南 纺织印染工业》(HJ 879—2017)确定监测方案，其中《排污单位自行监测技术指南 纺织印染工业》(HJ 879—2017)中未规定，但《总则》中进行了明确规定的内容，应按照《总则》执行。

另外，由于锅炉广泛分布在各类工业企业中，纺织印染工业排污单位中也会有自备电厂或工业锅炉，对于纺织印染工业排污单位中的自备电厂和工业锅炉，应按照《排污单位自行监测技术指南　火力发电及锅炉》（HJ 820—2017）的规定确定监测方案。

4.2　废水排放监测

根据《国务院关于印发水污染防治行动计划的通知》（国发〔2015〕17 号）和《固定污染源排污许可分类管理名录（2017 年版）》《固定污染源排污许可分类管理名录（2019 年版）》的管理要求，纺织印染工业为水污染重点行业，有前处理、染色、印花、整理工序的，含洗毛、麻脱胶、缫丝、喷水织造工序的，以及有水洗工艺工序的，有湿法印花、染色工艺的纺织印染工业排污单位应实施排污许可重点管理。考虑到环境风险防控和重点行业的污染防治，纺织印染工业企业全部按照重点排污单位类型进行管理。排污单位在制定废水监测方案时，主要考虑排污单位废水排放方式、监测点位的设置、监测指标及监测频次等方面内容。

4.2.1　监测点位及监测指标的确定

按照《纺织染整工业水污染物排放标准》（GB 4287—2012）、《缫丝工业水污染物排放标准》（GB 28936—2012）、《毛纺工业水污染物排放标准》（GB 28937—2012）、《麻纺工业水污染物排放标准》（GB 28938—2012），纳入国家排放标准管控的废水污染物指标包括 pH、色度（稀释倍数）、COD_{Cr}、五日生化需氧量、悬浮物、氨氮、二氧化氯、可吸附有机卤素（AOX）、苯胺类、硫化物、总氮、总磷、总锑、动植物油 14 项污染物指标，车间或生产设施废水排放口主要控制六价铬 1 项污染物指标，共 15 项污染物指标。

根据我国水污染物排放标准相关规定，污染物监控位置包括企业废水总排放口、车间或生产设施废水排放口两类。对于毒性较大、环境风险较高、仅是特定工序产生的重金属等污染物，监控位置在车间或生产设施废水排放口，这样可以避免其他废水混合后造成稀释排放，在污染物未得到有效治理的情况下实现浓度达标。其他多数工序都会产生、毒性相对较小、环境风险相对较低的污染物指标，监控位置多为企业废水总排放口。由于雨水冲刷会产生较多悬浮物，因此指南规定排污单位还需监测雨水排放口。

综合考虑以上因素，将纺织印染工业排污单位的废水排放口分为 3 类：废水总排放口、车间或生产设施废水排放口及雨水排放口，具体包括纺织印染工业企业的总排放口、染色印花车间排放口、雨水排放口以及纺织印染工业废水集中处理设施总排放口。各排放口可能涉及的污染物指标见表 4-1、表 4-2。各类排污单位废水总排放口开展监测时，均须同步监测流量。

表 4-1　纺织印染工业企业废水排放监测点位及监测指标

废水排放口	污染物指标
废水总排放口	pH、色度（稀释倍数）、化学需氧量、五日生化需氧量、悬浮物、氨氮、二氧化氯、可吸附有机卤素（AOX）、苯胺类、硫化物、总氮、总磷、总锑、动植物油
车间或生产设施废水排放口	六价铬
雨水排放口	化学需氧量、悬浮物

表 4-2　纺织印染工业废水集中处理设施废水排放监测点位及监测指标

废水排放口	污染物指标
废水总排放口	pH、色度（稀释倍数）、化学需氧量、五日生化需氧量、悬浮物、氨氮、二氧化氯、可吸附有机卤素（AOX）、苯胺类、硫化物、总氮、总磷、总锑、动植物油、六价铬

4.2.2　最低监测频次的确定

4.2.2.1　监测频次的一般要求

根据《排污单位自行监测技术指南　纺织印染工业》（HJ 879—2017），纺织印染工业排污单位废水排放口各监测指标最低监测频次按表 4-3～表 4-5 执行。排污单位可根据管理要求或实际情况在此基础上提高监测频次。

表 4-3　印染行业排污单位废水排放监测点位、监测指标及最低监测频次

监测点位	监测指标	监测频次	
		直接排放	间接排放
废水总排放口	流量、pH、化学需氧量、氨氮	自动监测	
	悬浮物、色度	日	周
	五日生化需氧量、总磷[a]、总氮[a]	周	月
	苯胺类、硫化物	月	季度
	二氧化氯[b]、可吸附有机卤素（AOX）[b]	季度	半年
	总锑[c]	季度	
车间或生产设施废水排放口	六价铬[d]	月	
雨水排放口	化学需氧量[e]、悬浮物	日[e]	

注：表中所列监测指标，设区的市级及以上环保主管部门明确要求安装自动监测设备的，须采取自动监测。

[a] 总氮/总磷实施总量控制区域，总氮/总磷最低监测频次按日执行。

[b] 适用于含氯漂工艺的排污单位。监测结果超标的，应增加监测频次。

[c] 适用于原料含涤纶的排污单位。水环境质量中总锑超标的流域或沿海地区，总锑最低监测频次按月执行。

[d] 适用于使用含铬染料及助剂、有感光制网工艺进行染色印花的排污单位。

[e] 排放期间按日监测。

表4-4 毛纺、麻纺、缫丝、织造、水洗行业排污单位

废水排放监测点位、监测指标及最低监测频次

监测点位	监测指标	监测频次	
		直接排放	间接排放
废水总排放口	流量、pH、化学需氧量、氨氮	自动监测	
	悬浮物、色度 [a]	日	周
	五日生化需氧量	周	月
	总磷 [b]、总氮 [b]	日	季度
	动植物油 [c]	月	—
	可吸附有机卤素（AOX）[d]	半年	年
雨水排放口	化学需氧量、悬浮物 [e]	日	

注：表中所列监测指标，设区的市级及以上环保主管部门明确要求安装自动监测设备的，须采取自动监测。

[a] 适用于麻纺、水洗行业排污单位。

[b] 总氮/总磷实施总量控制区域，总氮/总磷最低监测频次按日执行。

[c] 适用于毛纺、缫丝行业排污单位。

[d] 适用于麻纺行业排污单位。监测结果超标的，应增加监测频次。

[e] 排放期间按日监测。

表4-5 纺织印染工业废水集中处理设施废水排放监测点位、监测指标及最低监测频次

监测点位	监测指标	监测频次
纺织印染工业废水集中处理设施总排放口	流量、pH、化学需氧量、氨氮	自动监测
	悬浮物、色度、总磷 [a]、总氮 [a]	日
	五日生化需氧量	周
	总锑 [b]、二氧化氯 [c]、可吸附有机卤素（AOX）[c]、硫化物 [c]、苯胺类 [c]、六价铬 [c]、动植物油 [c]	月

注：表中所列监测指标，设区的市级及以上环保主管部门明确要求安装自动监测设备的，须采取自动监测。

[a] 总氮/总磷实施总量控制区域，总氮/总磷最低监测频次按日执行。

[b] 水环境质量中总锑超标的流域或沿海地区，总锑按周执行。

[c] 根据接收废水排放排污单位情况确定具体监测指标。

4.2.2.2 标准中监测频次确定的主要考虑

首先，根据《总则》中 5.3.3 关于重点排污单位废水排放监测的相关要求，同时考虑到废水排放去向的不同，应按照直接排放和间接排放两种情况，分别确定排污单位废水监测指标的监测频次。

　　确定部分特征污染物指标的适用范围，包括明确二氧化氯、可吸附有机卤素（AOX）监测适用于含氯漂工艺的企业；总锑监测适用于原料含涤纶的企业；六价铬监测适用于使用含铬染料及助剂、有感光制网工艺进行染色印花的企业。

　　与废水排放监测同步开展的流量监测，其监测频次原则上应能满足排污许可管理及污染物总量核算的需要。

　　化学需氧量为我国总量减排控制主要污染物；pH 为基础但对排水安全很重要的指标，同时也是纺织废水中一项特征指标，印染废水绝大部分属碱性，但丝绸印染和毛印染因采用酸性染料使废水呈偏酸性。洗毛废水的 pH 受中性洗毛、碱性洗毛和酸性洗毛的不同工艺影响，呈中性、偏碱性或偏酸性。麻纺企业的浸酸废水和酸洗废水呈酸性，煮炼废水和拷麻废水呈碱性。缫丝废水呈偏碱性。故对上述两项指标监测频次提出较高要求，需采用自动监测。

　　除蜡染和印花等部分工序使用尿素的工艺废水含氮量较高外，大多数印染废水是缺氮的，在废水处理站调试时往往要添加尿素直至生化运行正常为止，所以印染废水处理一般不考虑脱氮问题。但鉴于氨氮已实施总量控制，且自动监测技术基本成熟，根据排放总量计算的数据要求，不区分直接排放和间接排放，监测频次统一为自动监测。

　　悬浮物和色度对于纺织印染工业企业存在一定超标比例，且容易引起公众感观反应，印染废水中的染料残留是造成印染废水色度的主要原因。再考虑到该两项指标的监测相对简单，故对这两项污染物指标在监测频次上要求较高，需每日监测。五日生化需氧量监测相对耗时，且已对化学需氧量提出较高监测要求，故对其监测频次要求相对低一些。

　　印染废水中磷主要来源于含磷洗涤剂，部分企业采用磷酸三钠，磷的浓度就会很高，达到每升几十毫克，这时必须将含磷高的废水在前处理中去除。通过不使用或少使用含磷洗涤剂，磷化物浓度可大幅降低。故对总氮、总磷这两项污染物指标监测频次要求相对低一些。但对于总氮或总磷超标的流域和沿海地区，实施总氮或总磷总量控制的区域，应提高相应指标的监测频次。

印染企业排放的苯胺类毒性比较高，且由于具有长期残留性、生物蓄积性、致癌性等特点，被美国国家环境保护局列为优先控制的 129 种污染物。硫化物是水体污染的一项重要指标，对人和动植物的健康都有负面影响。六价铬属 I 类污染物。因此，根据《总则》要求对苯胺类、硫化物、六价铬每月监测一次。六价铬要在车间或生产设施废水排放口采样，与排放去向无关，因此废水直接排放与间接排放最低监测频次相同。

考虑到污染物因子企业自行监测能力及委托监测成本，排污单位应按照主要污染物监测频次高于非主要污染物、直接排放监测频次高于间接排放监测频次的总体原则，参照《总则》，确定纺织印染工业企业各排污口不同污染物的监测频次。

根据《总则》，对于水环境质量中总锑超标的流域或沿海地区，要求提高总锑监测频次。

为加强监管，防止雨水对周围水环境造成不利影响和保证排污单位合法排污，真正做到雨污分流、清污分流，在雨水排放口设置监测点位，对化学需氧量、悬浮物进行监测，在雨水排放口有水排放期间按日监测。

纺织印染工业废水集中处理设施废水外排口监测指标包含各类纺织印染工业企业的废水监测指标，根据《总则》要求以及企业废水特点，确定流量、pH、化学需氧量、氨氮、悬浮物、色度（稀释倍数）、五日生化需氧量、总氮、总磷为必测指标，并作为主要监测指标提出高频次要求。二氧化氯、可吸附有机卤素（AOX）、硫化物、苯胺类、总锑、六价铬、动植物油 7 项指标作为选测指标，纺织印染工业废水集中处理设施应根据上游企业类型从中确定监测指标，监测频次稍低于主要监测指标。

有的地方为了改善本地区的环境质量，根据当地经济基础和科技水平制定了地方标准，或对工业废水进行集中处理，没有执行特定的行业标准，在方案制定时对照企业执行的排放标准，结合企业实际的生产状况，由设区的市级及以上环境保护主管部门确定其应增加的监测指标。污染物指标中出现超标的排污单位，应提高相应指标的监测频次。

根据当前环境管理状况，对纺织印染工业排污单位内部监测没有明确需求，标准中暂未考虑，各地或排污单位有需要的，可根据《总则》确定内部监测的监测点位、监测指标和频次。

4.3 废气排放监测

根据纺织印染工业企业以及纺织印染工业废水集中处理设施主要涉及的废气排放源，对废气排放自行监测要求进行了明确。

4.3.1 有组织废气排放监测

对于纺织印染工业企业废气，当前没有专门的行业排放标准，执行《大气污染物综合排放标准》（GB 16297—1996）。有组织废气排放监测点位主要根据生产工序上的产排污节点设置。

纺织印染工业企业的废气产排污节点包括对应的生产工序和相应排放口，产生废气的环节主要有印花、定形、涂层等工段和锅炉等公用单元，相应排放口包括上述产污环节产生废气收集处理后排放的排气筒或烟囱。因此有组织废气排放监控位置应为印花、定形、涂层车间或生产设施排气筒，以及锅炉排气筒。

自备锅炉的监测要求参照《排污单位自行监测技术指南　火力发电及锅炉》（HJ 820—2017）执行。

按照 3.2.2.2 所述生产工艺及废气污染物排放特点，结合企业调研，纺织印染工业企业的有组织废气排放源主要是印花机、定形机、涂层机等生产设施。根据《总则》，同时考虑到目前污染物排放限值等研究基础薄弱，从积累一定监测数据为出发点，考虑企业经济成本，纺织印染工业企业各类有组织废气按每季度或每半年开展监测，为日后明确管理要求奠定基础。废气有组织排放涉及的主要污染物指标及其监测要求见表 4-6。

表 4-6 有组织废气排放监测点位、监测指标及最低监测频次

污染源	监测点位	监测指标	监测频次
印花设施	印花设施排气筒或车间废气处理设施排放口	非甲烷总烃	季度
		甲苯、二甲苯	半年
定形设施	定形设施排气筒或车间废气处理设施排放口	颗粒物	半年
		非甲烷总烃	季度
涂层设施	涂层设施排气筒或车间废气处理设施排放口	非甲烷总烃	季度
		甲苯、二甲苯	半年

注：1. 排气筒废气监测要同步监测烟气参数。
   2. 监测结果超标的，应增加相应指标的监测频次。
   3. 根据环境影响评价文件及其批复，以及原料、工艺等确定是否监测其他有机废气污染物。
   4. 印花设施指蒸化、静电植绒、数码印花、转移印花等产生废气重点工段的设施。

对于印染废气中的有机酸类、醇类、酮类及酯类化合物，若存在大量使用（如乙酸、乙酸乙酯、丙酮、丁酮、异丙醇）应按相关的方法监测并计入 VOCs 排放。根据行业特征和环境管理需求，挥发性有机物可选择对主要 VOCs 物种进行定量加和的方法以测量总有机化合物，或者选用按基准物质标定，检测器对混合进样中 VOCs 综合响应的方法测量非甲烷有机化合物。但是由于现阶段国家还未出台该类 VOCs 的标准测定方法，企业大多通过监测非甲烷总烃指标在一定程度上表征 VOCs 总体排放情况。鉴于此，《排污单位自行监测技术指南 纺织印染工业》（HJ 879—2017）暂时使用非甲烷总烃作为挥发性有机物排放的综合控制指标，待相关标准方法发布后，从其规定。

纺织印染工业企业需根据环境影响评价文件及其批复，以及原料工艺等确定是否需要监测其他有机废气污染物。

4.3.2 无组织废气排放监测

无组织监测点位一般布设在下风向厂界，为充分了解废气无组织排放对周边环境的影响，必要时还应在上风向布置对照点。

对于无组织排放，主要根据纺织印染工业企业及纺织印染工业废水集中处理设施各自涉及的无组织排放源类型提出了监测指标及频次要求。臭气浓度是反映恶臭气体排放的综合性指标。在调研过程中发现，纺织印染工业企业由于定形机、废水处理等环节带来恶臭问题易对周边居民产生影响，引起公众投诉。废水处理设施是全厂综合废水的集中处理单元，且臭气浓度、硫化氢和氨是有生化处理工艺的废水处理设施的常规监测指标，因此规定上述 3 项污染物指标为废水处理设施的废气监测指标。根据《总则》要求，若周边有居民区等敏感点，应提高监测频次。具体要求见表 4-7 和表 4-8。

表 4-7　纺织印染工业排污单位无组织废气排放监测点位、监测指标及最低监测频次

排污单位	监测点位	监测指标	监测频次
印染行业排污单位	厂界	颗粒物、臭气浓度[a]、氨[b]、硫化氢[b]、非甲烷总烃	半年
毛纺、麻纺、缫丝行业排污单位	厂界	颗粒物、臭气浓度[a]、氨[b]、硫化氢[b]	半年
织造、水洗行业排污单位	厂界	颗粒物、臭气浓度[b]、氨[b]、硫化氢[b]	半年

注：若周边有敏感点，应适当增加监测频次。
[a] 根据环境影响评价文件及其批复，以及原料、工艺等确定是否监测其他臭气污染物。
[b] 有废水处理设施的排污单位监测该污染物指标。

表 4-8　纺织印染工业废水集中处理设施无组织废气排放监测点位、监测指标及最低监测频次

单位	监测点位	监测指标	监测频次
纺织印染工业废水集中处理设施	厂界	臭气浓度[a]、氨、硫化氢	季度

注：[a] 根据环境影响评价文件及其批复，以及原料、工艺等确定是否监测其他臭气污染物。

4.4　厂界环境噪声监测

噪声监测指标主要根据《工业企业厂界环境噪声排放标准》（GB 12348—2008）的相关规定，将厂界噪声等效连续 A 声级 L_{eq} 设为监测指标，夜间监测时还应关注和记录最大声级 L_{max}。

厂界环境噪声监测点位设置应遵循《总则》中的原则：根据厂内主要噪声源距厂界位置布点；根据厂界周围敏感目标布点；"厂中厂"是否需要监测根据内部和外围排污单位协商确定；面临海洋、大江、大河的厂界原则上不布点；厂界紧邻交通干线不布点；厂界紧邻另一排污单位的，在临近另一排污单位侧是否布点由排污单位协商确定。

对于纺织印染工业排污单位内的噪声源，主要考虑表 4-9 中噪声源在厂区内的分布情况，若排污单位内还存在其他噪声源，应一并考虑，同时根据不同噪声源的强度选择对周边居民影响最大的位置开展监测。厂界环境噪声每季度至少开展一次昼夜监测。监测的目的主要是促进排污单位做好降噪措施，降低噪声对周边居民的影响，因此周边有敏感点的，应提高监测频次，具体的监测频次可由周边居民、排污单位、管理部门共同协商确定。

表 4-9　厂界环境噪声监测布点应关注的主要噪声源

噪声源	主要设备
生产车间	洗毛设施、麻脱胶设施、缫丝设施、织造设施、印染生产设施、水洗设施等
废水处理设施	废水处理的风机、水泵、曝气设备，污泥脱水设备等

4.5　周边环境质量影响监测

排污单位开展周边环境质量影响监测时，主要考虑：

（1）环境影响评价文件及其批复［仅限 2015 年 1 月 1 日（含）后取得的］、相关环境管理政策有明确要求的，按要求执行；

（2）无明确要求的，若纺织印染工业企业、纺织印染工业废水集中处理设施运行单位认为有必要，可对周边地表水、海水和土壤环境开展监测。

对于废水直接排入地表水、海水的纺织印染工业企业和纺织印染工业废水集中处理设施，可按照《环境影响评价技术导则　地表水环境》（HJ 2.3—2018）、《地表水和污水监测技术规范》（HJ/T 91—2002）、《近岸海域环境监测技术规范　第八部分　直排海污染源及对近岸海域水环境影响监测》（HJ 442.8—2020）及受纳水体环境管理要求设置监测断面及点位开展监测；开展土壤监测的纺织印染工业企业和纺织印染工业废水集中处理设施，可按照《土壤环境监测技术规范》（HJ/T 166—2004）及土壤环境管理要求设置监测点位开展监测。监测指标及最低监测频次按照表 4-10 执行。

表 4-10　周边环境质量影响监测指标及最低监测频次

目标环境	监测指标	监测频次
地表水	pH、悬浮物、高锰酸盐指数、五日生化需氧量、氨氮、总磷、总氮、总锑[a]、总铬[b]、苯胺类[c]等	季度
海水	pH、高锰酸盐指数、五日生化需氧量、溶解氧、活性磷酸盐、无机氮、总锑[a]、总铬[b]、苯胺类[c]等	半年
土壤	pH、铬等	年[b]

注：[a] 适用于原料含涤纶的排污单位，以及接收此类排污单位废水的集中处理设施。
　　[b] 适用于使用含铬染料及助剂、有感光制网工艺进行染色印花的排污单位，以及接收此类排污单位废水的集中处理设施。
　　[c] 适用于印染行业排污单位，以及接收此类排污单位废水的集中处理设施。

（3）由于已经对厂界无组织废气加强了监测，这里不再考虑环境空气的监测。

除此之外，排污单位认为有必要开展其他环境要素监测，以更好地说清楚自身排放状况对周边环境质量影响状况的，也可参照《总则》、环境影响评价技术文件、环境质量监测技术规范开展监测。

4.6　其他要求

（1）《排污单位自行监测技术指南　纺织印染工业》（HJ 879—2017）中未规定的污染物指标

纺织印染工业排污单位所持的排污许可证中载明的其他污染物指标或其他环

境管理部门明确要求管控的污染物指标，也应纳入自行监测范围内。另外，对于除《排污单位自行监测技术指南　纺织印染工业》（HJ 879—2017）规定的典型工艺所涉及的污染物指标外，排污单位根据生产过程中的原辅用料、生产工艺、中间及最终产品类型、监测结果确定实际排放的，在有毒有害或优先控制污染物相关名录中的污染物指标，或其他有毒污染物指标，也应纳入自行监测范围内。这些纳入自行监测范围的污染物指标，应参照《排污单位自行监测技术指南　纺织印染工业》（HJ 879—2017）中表 1～表 6 和表 8，以及《总则》确定监测点位和监测频次。

（2）监测频次的确定

《排污单位自行监测技术指南　纺织印染工业》（HJ 879—2017）中的监测频次均为最低监测频次，排污单位在确保各指标的监测频次满足《排污单位自行监测技术指南　纺织印染工业》（HJ 879—2017）的基础上，可根据《总则》中监测频次的确定原则提高监测频次。监测频次的确定原则为：不应低于国家或地方发布的标准、规范性文件、规划、环境影响评价文件及其批复等明确规定的监测频次；主要排放口的监测频次高于非主要排放口；主要监测指标的监测频次高于其他监测指标；排向敏感地区的应适当增加监测频次；排放状况波动大的，应适当增加监测频次；历史稳定达标状况较差的需增加监测频次，达标状况良好的可以适当降低监测频次；监测成本应与排污企业自身能力相一致，尽量避免重复监测。

（3）其他要求

对于《排污单位自行监测技术指南　纺织印染工业》（HJ 879—2017）中未规定的内容，如内部监测点位设置及监测要求，采样方法、监测分析方法、监测质量保证与质量控制，监测方案的描述、变更等按照《总则》执行。

4.7　自行监测方案案例分析

本节收集了 3 个案例，通过对照《排污单位自行监测技术指南　纺织印染工业》

（HJ 879—2017），帮助排污单位进一步掌握自行监测方案的编制内容，提高自行监测方案的质量水平。

为了便于对本章中监测方案示例的正确掌握和应用，特别强调以下两点：

第一，本书附录 5 中列出了可供参考的完整的监测方案模板示例，排污单位可根据示例和本单位实际情况，进行相应的调整完善，作为本单位的监测方案使用。本节重点针对附录 5 中的监测点位、监测指标、监测频次、监测方法等内容给出示例，对于共性较大的描述性内容和质量控制等相关内容，在本节中不再进行列举，但并不意味着不重要或者不需要。

第二，本书给出的排放限值仅用于示例，可能会存在与实际要求略有差异的情况，这与各地实际管理要求有关，也与案例企业的特殊情况有关，本书对此不做深入解释和说明。

4.7.1　示例 1：某棉印染加工企业（间接排放）

（1）企业基本情况

××××纺织印染有限公司为大型中外合资企业，是一家专业从事棉机织面料染整加工的企业，具备年产 10 000 万 m 高档棉印染加工面料的生产能力。

企业排水采用雨污分流、清污分流制，屋面雨水收集后架空排放，地面雨水经雨水管道收集后，将一次降雨过程中前 15 min 的降水导入初期雨水池，并进一步将初期雨水排入污水处理设施的调节池进行后续处理。

综合废水由排水系统汇总后接入厂区内污水处理站，部分综合废水经中水回用处理系统处置达回用水要求后回用于印染生产。剩余废水由厂区污水处理站处理达标后排入污水管网，经×××水处理发展有限公司处理达标后排入×××江。

企业设置 1 套处理能力达 6 500 t/d 污水处理、3 000 t/d 中水回用系统，1 套 30 t/d 的含铬废水处理设施。

厂区配有燃气锅炉，且已安装自动监测设施。

企业 15 台定形机安装"水喷淋+间接冷却+静电+除雾"废气处理装置（带余

热回收），其中 1 套"一拖一"、3 套"一拖二"、2 套"一拖四"。印花机、蒸化机等废气采用 4 套"水喷淋+静电"废气处理装置，通过 15 m 排气筒排放。数码喷墨印花机乙醇废气通过收集率达 90%的集气罩收集并由管道汇集用"水喷淋+静电"装置处理后，通过 15 m 排气筒排放。

企业设危险固废室内暂存堆场 1 间 180 m²、一般固废室内暂存堆场 1 间 200 m²、带雨棚污泥堆场 1 座 80 m²。

（2）自行监测方案

①废水

针对企业总排放口、染色和印花制网车间废水排放口及雨水排放口制定监测方案，见表 4-11。

表 4-11　废水排放监测方案

排放口	监测指标	排放限值	技术手段	监测频次	分析方法
废水总排放口（DW001）	流量	—	自动监测	连续	—
	pH	6～9	自动监测	连续	—
	化学需氧量	200 mg/L	自动监测	连续	—
	五日生化需氧量	50 mg/L	手工	月	《水质　五日生化需氧量（BOD₅）的测定　稀释与接种法》（HJ 505—2009）
	悬浮物	100 mg/L	手工	周	《水质　悬浮物的测定　重量法》（GB 11901—1989）
	色度	80 倍	手工	周	《水质　色度的测定　稀释倍数法》（GB 11903—1989）
	氨氮	20 mg/L	自动监测	连续	—
	总氮	30 mg/L	手工	月	《水质　总氮的测定　气相分子吸收光谱法》（HJ/T 199—2005）
	总磷	1.5 mg/L	手工	月	《水质　总磷的测定　钼酸铵分光光度法》（GB 11893—1989）
	二氧化氯	0.5 mg/L	手工	半年	《水质　二氧化氯和亚氯酸盐的测定连续滴定碘量法》（HJ 551—2016）
	可吸附有机卤素（AOX）	12 mg/L	手工	半年	《水质　可吸附有机卤素（AOX）的测定　离子色谱法》（HJ/T 83—2001）

排放口	监测指标	排放限值	技术手段	监测频次	分析方法
废水总排放口（DW001）	硫化物	0.5 mg/L	手工	季度	《水质　硫化物的测定　亚甲基蓝分光光度法》（GB/T 16489—1996）
	苯胺类	1.0 mg/L	手工	季度	《水质　苯胺类化合物的测定　气相色谱-质谱法》（HJ 822—2017）
染色和印花制网车间废水排放口（DW002）	六价铬	0.5 mg/L	手工	月	《水质　六价铬的测定　流动注射-二苯碳酰二肼光度法》（HJ 908—2017）
雨水排放口（DW003）	化学需氧量	400 mg/L	手工	日 [a]	《水质　化学需氧量的测定　重铬酸盐法》（HJ 828—2017）
	悬浮物	500 mg/L	手工	日 [a]	《水质　悬浮物的测定　重量法》（GB 11901—1989）

注：[a] 在雨水排放期间按日监测。

②废气

针对燃气锅炉、印花和定形车间及污水处理设施等有组织排放源设计监测方案，见表 4-12。

表 4-12　有组织废气排放监测方案

污染源信息		监测点位	监测指标	排放限值	技术手段	监测频次	分析方法
排放口	排放源类型						
DA004	印花工序	烟道	甲苯	40 mg/m³	手工	半年	《固定污染源废气　挥发性有机物的测定　固相吸附-热脱附　气相色谱-质谱法》（HJ 734—2014）
			二甲苯	70 mg/m³	手工	半年	
			非甲烷总烃	120 mg/m³	手工	季度	《固定污染源废气总烃、甲烷和非甲烷总烃的测定　气相色谱法》（HJ/T 38—2017）

污染源信息		监测点位	监测指标	排放限值	技术手段	监测频次	分析方法
排放口	排放源类型						
DA005	定形工序	烟道	颗粒物	120 mg/m³	手工	半年	《固定污染源排气中颗粒物测定与气态污染物采样方法》(GB/T 16157—1996
			非甲烷总烃	120 mg/m³	手工	季度	《固定污染源废气总烃、甲烷和非甲烷总烃的测定 气相色谱法》(HJ/T 38—2017)
DA006	燃气锅炉	烟道	SO₂	50 mg/m³	自动监测	连续	——
			NOₓ	150 mg/m³	自动监测	连续	——
			颗粒物	20 mg/m³	自动监测	连续	
			烟气黑度	1	手工	季度	《固定污染源排放烟气黑度的测定 林格曼烟气黑度图法》(HJ/T 398—2007)

根据企业实际情况，在污水处理站、定形车间等厂界设置无组织排放监测点位，具体见表 4-13。

表 4-13   无组织废气排放监测方案

监测点位	监测指标	排放限值	技术手段	监测频次	分析方法
厂界	臭气浓度	20（无量纲）	手工	半年	《空气质量 恶臭的测定 三点比较式臭袋法》(GB/T 14675—1993)
	硫化氢	0.06 mg/m³	手工	半年	《空气质量 硫化氢、甲硫醇、甲硫醚和二甲二硫的测定 气相色谱法》(GB/T 14678—1993)
	氨	1.5 mg/m³	手工	半年	《环境空气和废气 氨的测定 纳氏试剂分光光度法》(HJ 533—2009)
	颗粒物	1.0 mg/m³	手工	半年	《环境空气 总厂界悬浮颗粒物的测定 重量法》(GB/T 15432—1995)
	非甲烷总烃	4.0 mg/m³	手工	半年	《环境空气 总烃、甲烷和非甲烷总烃的测定 直接进样-气相色谱法》(HJ 604—2017)

③厂界环境噪声

对厂区四周环境噪声开展监测，监测方案见表 4-14。

表 4-14　厂界环境噪声监测方案

监测点位	监测指标	排放限值	监测方式	监测频次	监测方法
厂界北外 1 m 处	等效 A 声级	上限：60 dB（A）（昼）；50 dB（A）（夜）	手工	季度	
厂界西外 1 m 处	等效 A 声级	上限：60 dB（A）（昼）；50 dB（A）（夜）	手工	季度	《工业企业厂界环境噪声排放标准》（GB 12348—2008）
厂界南外 1 m 处	等效 A 声级	上限：60 dB（A）（昼）；50 dB（A）（夜）	手工	季度	
厂界东外 1 m 处	等效 A 声级	上限：60 dB（A）（昼）；50 dB（A）（夜）	手工	季度	

4.7.2　示例 2：某苎麻生物脱胶企业（直接排放）

（1）企业基本情况

××××麻业股份有限公司为中型企业，是集苎麻基地、苎麻微生物脱胶精干麻于一体的农业产业化企业，已形成年产能 8 000 t 麻类生物脱胶精干麻的生产规模。

厂内自建污水处理站，采用"物化预处理（格栅井、调节池、初沉池、气浮池）+ABR 厌氧反应池+兼氧反应池+接触氧化反应池+物化处理（二沉池）"工艺，生产废水经处理后直接排入××河。此外，企业建有 1 座事故应急池、1 座消防水池。

厂区配有燃生物质锅炉，燃料主要为谷壳，经"双管+水膜除尘器"处理后通过 45 m 高排气筒排放，未安装自动监测设施。

（2）自行监测方案

①废水

麻纺行业直接排放企业按照《排污单位自行监测技术指南　纺织印染工业》

（HJ 879—2017）中表 2 执行，监测指标、频次、分析方法见表 4-15。

表 4-15 废水排放监测方案

排放口	监测指标	排放限值	技术手段	监测频次	分析方法
废水总排放口（DW001）	流量	—	自动监测	连续	—
	pH	6～9	自动监测	连续	—
	化学需氧量	100 mg/L	自动监测	连续	—
	五日生化需氧量	30 mg/L	手工	周	《水质 五日生化需氧量（BOD$_5$）的测定 稀释与接种法》（HJ 505—2009）
	悬浮物	50 mg/L	手工	日	《水质 悬浮物的测定 重量法》（GB 11901—1989）
	色度	50 倍	手工	日	《水质 色度的测定 稀释倍数法》（GB 11903—1989）
	氨氮	10 mg/L	自动监测	连续	—
	总氮	15 mg/L	手工	月	《水质 总氮的测定 气相分子吸收光谱法》（HJ/T 199—2005）
	总磷	0.5 mg/L	手工	月	《水质 总磷的测定 钼酸铵分光光度法》（GB 11893—1989）
	可吸附有机卤素（AOX）	10 mg/L	手工	半年	《水质 可吸附有机卤素（AOX）的测定 离子色谱法》（HJ/T 83—2001
雨水排放口（DW002）	化学需氧量	400 mg/L	手工	日 [a]	《水质 化学需氧量的测定 重铬酸盐法》（HJ 828—2017）
	悬浮物	500 mg/L	手工	日 [a]	《水质 悬浮物的测定 重量法》（GB 11901—1989）

注：[a] 在雨水排放期间按日监测。

②废气

燃生物质锅炉的监测方案见表 4-16，废气厂界无组织监测方案见表 4-17。

表 4-16　有组织废气排放监测方案

污染源信息		监测点位	监测指标	排放限值	技术手段	监测频次	分析方法
排放口	排放源类型						
DA003	燃气锅炉	烟道	SO_2	50 mg/m³	手工	月	《固定污染源废气　二氧化硫的测定　非分散红外吸收法》(HJ 629—2011)
			NO_x	150 mg/m³	手工	月	《固定污染源废气　氮氧化物的测定　非分散红外吸收法》(HJ 692—2014)
			颗粒物	20 mg/m³	手工	月	《固定污染源废气　低浓度颗粒物测定　重量法》(HJ 836—2017)
			烟气黑度	1	手工	月	《固定污染源排放烟气黑度的测定　林格曼烟气黑度图法》(HJ/T 398—2007)

表 4-17　无组织废气排放监测方案

监测点位	监测指标	排放限值	技术手段	监测频次	分析方法
厂界	臭气浓度	20 (无量纲)	手工	半年	《空气质量　恶臭的测定　三点比较式臭袋法》(GB/T 14675—1993)
	硫化氢	0.06 mg/m³	手工	半年	《空气质量　硫化氢、甲硫醇、甲硫醚和二甲二硫的测定　气相色谱法》(GB/T 14678—1993)
	氨	1.5 mg/m³	手工	半年	《环境空气和废气　氨的测定　纳氏试剂分光光度法》(HJ 533—2009)
	颗粒物	1.0 mg/m³	手工	季度	《环境空气　总厂界悬浮颗粒物的测定　重量法》(GB/T 15432—1995)

③厂界环境噪声

对厂区四周环境噪声开展监测，监测方案见表 4-18。

表 4-18　厂界环境噪声监测方案

监测点位	监测指标	排放限值	监测方式	监测频次	监测方法
厂界外 1 m 处（6 个点）	等效 A 声级	昼间：65 dB（A）；夜间：55 dB（A）	手工	季度	《工业企业厂界环境噪声排放标准》（GB 12348—2008）

④周边环境质量影响

在直接排入的××河上游、下游、海水断面设置监测点位，对周边环境质量影响状况开展监测，见表 4-19。

表 4-19　周边环境质量影响监测方案

监测点位	监测指标	监测方式	监测频次	监测方法
污水入××河至下游 100 m	pH	手工	季度	《水质　pH 的测定　电极法》（HJ 1147—2020）
	悬浮物	手工	季度	《水质　悬浮物的测定　重量法》（GB 11901—1989）
	高锰酸盐指数	手工	季度	《水质　高锰酸盐指数的测定》（GB/T 11892—1989）
	五日生化需氧量	手工	季度	《水质　五日生化需氧量（BOD_5）的测定　稀释与接种法》（HJ 505—2009）
	氨氮（NH_3-N）	手工	季度	《水质　氨氮的测定　纳氏试剂分光光度法》（HJ 535—2009）
	总氮（以 N 计）	手工	季度	《水质　总氮的测定　碱性过硫酸钾消解紫外分光光度法》（HJ 636—2012）
	总磷（以 P 计）	手工	季度	《水质　总磷的测定　钼酸铵分光光度法》（GB/T 11893—1989）
污水入××河至上游 50 m	pH	手工	季度	《水质　pH 的测定　电极法》（HJ 1147—2020）
	悬浮物	手工	季度	《水质　悬浮物的测定　重量法》（GB 11 901—1989）
	高锰酸盐指数	手工	季度	《水质　高锰酸盐指数的测定》（GB/T 11892—1989）
	五日生化需氧量	手工	季度	《水质　五日生化需氧量（BOD_5）的测定　稀释与接种法》（HJ 505—2009）

监测点位	监测指标	监测方式	监测频次	监测方法
污水入××河至上游 50 m	氨氮（NH₃-N）	手工	季度	《水质　氨氮的测定　纳氏试剂分光光度法》（HJ 535—2009）
	总氮（以 N 计）	手工	季度	《水质　总氮的测定　碱性过硫酸钾消解紫外分光光度法》（HJ 636—2012）
	总磷（以 P 计）	手工	季度	《水质　总磷的测定　钼酸铵分光光度法》（GB/T 11893—1989）
污水入××海河流监测断面下游 50 m	pH	手工	半年	《海洋监测规范　第 4 部分：海水分析》（pH 计法）（GB 17378.4—2007）
	高锰酸盐指数	手工	半年	《海洋监测规范　第 4 部分：海水分析》（碱性高锰酸钾法）（GB 17378.4—2007）
	五日生化需氧量	手工	半年	《海洋监测规范　第 4 部分：海水分析》（五日培养法）（GB 17378.4—2007）
	溶解氧	手工	半年	《海洋监测规范　第 4 部分：海水分析》（碘量法）（GB 17378.4—2007）
	活性磷酸盐（以 P 计）	手工	半年	《海洋监测规范　第 4 部分：海水分析》（磷钼蓝萃取分光光度法）（GB 17378.4—2007）
	无机氮	手工	半年	《海洋监测规范　第 4 部分：海水分析》（连续流动比色法）（GB 17378.4—2007）

4.7.3　示例 3：某纺织印染工业废水集中处理设施（直接排放）

某环保城是专门的纺织园区，主要容纳毛纺企业、水洗企业和少部分印染企业，园区建有污水集中处理厂接纳园区内企业排放的工业废水。根据水质收费，综合考虑化学需氧量、氨氮、悬浮物和 pH 等污染因子浓度和水量。印染企业废水中的苯胺类、硫化物、六价铬等不作为计费指标，但要求进水达到《纺织染整工业水污染物排放标准》（GB 4287—2012）表 2 间接排放限值要求，由污水处理厂抽样检测。园区内有大概 1/3 水洗企业，这些企业的进水浓度较低，因此一般情况下，污水处理厂整体进水浓度也不高。

园区污水集中处理厂废水监测方案见表 4-20。

表 4-20　废水排放监测方案

排放口	监测指标	排放限值	技术手段	监测频次	分析方法
废水总排放口（DW001）	流量	—	自动监测	连续	—
	pH	6～9	自动监测	连续	—
	化学需氧量	80 mg/L	自动监测	连续	—
	氨氮	10 mg/L	自动监测	连续	—
	悬浮物	50 mg/L	手工	日	《水质　悬浮物的测定　重量法》（GB 11901—1989）
	色度	50 倍	手工	日	《水质　色度的测定　稀释倍数法》（GB 11903—1989）
	五日生化需氧量	20 mg/L	手工	周	《水质　五日生化需氧量（BOD_5）的测定　稀释与接种法》（HJ 505—2009）
	总氮	15 mg/L	手工	日	《水质　总氮的测定　气相分子吸收光谱法》（HJ/T 199—2005）
	总磷	0.5 mg/L	手工	日	《水质　总磷的测定　钼酸铵分光光度法》（GB 11893—1989）
	硫化物	0.5 mg/L	手工	月	《水质　硫化物的测定　亚甲基蓝分光光度法》（GB/T 16489—1996）
	苯胺类	1.0 mg/L	手工	月	《水质　苯胺类化合物的测定　气相色谱-质谱法》（HJ 822—2017）
	六价铬	0.5 mg/L	手工	月	《水质　六价铬的测定　流动注射-二苯碳酰二肼光度法》（HJ 908—2017）
	动植物油	10 mg/L	手工	月	《水质　石油类和动植物油类的测定　红外分光光度法》（HJ 637—2018）

无组织废气排放监测方案见表 4-21。

表 4-21　无组织废气排放监测方案

监测点位	监测指标	排放限值	技术手段	监测频次	分析方法
厂界	臭气浓度	20（无量纲）	手工	季度	《空气质量　恶臭的测定　三点比较式臭袋法》(GB/T 14675—1993)
	硫化氢	0.06 mg/m^3	手工	季度	《空气质量　硫化氢、甲硫醇、甲硫醚和二甲二硫的测定　气相色谱法》(GB/T 14678—1993)
	氨	1.5 mg/m^3	手工	季度	《环境空气和废气　氨的测定　纳氏试剂分光光度法》(HJ 533—2009)

厂界环境噪声监测方案见表 4-22。

表 4-22　厂界环境噪声监测方案

监测点位	监测指标	排放限值	监测频次	监测方法
厂界（4 个点）	等效 A 声级	55 dB（A）（夜）；65 dB（A）（昼）	季度	《工业企业厂界环境噪声排放标准》(GB 12348—2008)

纺织印染工业排污单位的生产类型较为复杂，涉及的国家行业排放标准就有 4 个，还有地方排放标准和综合排放标准，各省（自治区、直辖市）对排污单位自行监测方案制定的要求又各不相同，这里给出自行监测方案编制的大致框架内容作为参考，见表 4-23。附录 5 为自行监测方案的参考模板，排污单位可根据实际情况进行调整完善，制定内容完整、切实可行的监测方案。

表 4-23　自行监测方案内容框架

框架序号	框架名称	具体内容
一	企业概况	排污单位地理位置、生产规模、产品生产情况等基本情况及工艺流程和产排污节点分析等排污情况
二	企业自行监测开展情况说明	对排污单位废水、废气、噪声等开展监测的项目、采取的监测方式进行总体的概括介绍
三	监测方案	按照废水、废气、噪声等不同污染类型，以不同监测点位分别列出各监测指标的监测频次、监测方法、监测方式、执行标准等监测要求
四	监测点位示意图	按照废水、废气、噪声等不同污染类型，分别给出各监测点位的位置示意图，因点位较多，可以用列表的形式进行对应说明
五	质量控制措施	从内部、外部加以双重控制，从监测人员、实验室能力、监测技术规范、仪器设备、记录要求等环境管理体系加强质控管理
六	信息记录和报告	从监测记录、自动监测设备运维记录、生产和污染治理设施运行状况记录等方面提出要求，并对信息报告和应急报告做出具体规定
七	自行监测信息公布	明确自行监测信息公布的方式、公布的内容和公布的时限

第 5 章　监测设施设置与维护要求

监测设施是监测活动开展的重要基础，监测设施的规范性直接影响监测数据质量。我国涉及监测设施设置与维护要求的标准规范有很多，但相对零散，且存在一定的衔接不够紧密的地方。本章立足现有的标准规范，结合污染源监测实际开展情况，对监测设施设置与维护要求进行全面梳理和总结，供开展污染源监测的排污单位参考。

5.1　基本原则和依据

5.1.1　基本原则

排污单位应当依据国家污染源监测相关标准规范、污染物排放标准、自行监测相关技术指南和其他相关规定等进行监测点位的确定和排污口规范化设置；地方颁布执行的污染源监测标准规范、污染物排放标准等对监测点位的确定和排污口规范化设置有要求时，可按照地方规范、标准从严执行。

5.1.2　相关依据

排污单位的排污口主要包括废水排放口和废气排放口。

目前，国家有关废水监测点位确定及排污口规范化设置的标准规范主要包括

《污水监测技术规范》（HJ 91.1—2019）、《水污染物排放总量监测技术规范》（HJ/T 92—2002）、《固定污染源监测质量保证与质量控制技术规范（试行）》（HJ/T 373—2007）、《水污染源在线监测系统（COD$_{Cr}$、NH$_3$-N 等）安装技术规范》（HJ 353—2019）等。

废气监测点位确定及规范化设置的标准规范主要包括《固定污染源排气中颗粒物测定与气态污染物采样方法》（GB/T 16157—1996）、《固定源废气监测技术规范》（HJ/T 397—2007）、《固定污染源监测质量保证与质量控制技术规范（试行）》（HJ/T 373—2007）、《固定污染源烟气（SO$_2$、NO$_x$、颗粒物）排放连续监测技术规范》（HJ 75—2017）、《固定污染源烟气（SO$_2$、NO$_x$、颗粒物）排放连续监测系统技术要求及检测方法》（HJ 76—2017）等。

对于各类污染物排放口监测点位标志牌的规范化设置，主要依据国家环境保护总局发布的《排放口标志牌技术规格》（2003 年 10 月 15 日，环办〔2003〕95号），以及《环境保护图形标志——排放口（源）》（GB 15562.1—1995）等执行。

此外，国家环境保护局发布的《排污口规范化整治技术要求（试行）》（环监〔1996〕470 号）对排污口规范化整治技术提出了总体要求，部分省、自治区、直辖市、地级市也对本辖区排污口的规范化管理发布了技术规定和标准；各行业污染物排放标准以及各重点行业的排污单位自行监测的相关技术指南则对废水、废气排放口监测点位进行了进一步明确。

5.2 废水监测点位的确定及排污口规范化设置

5.2.1 废水排放口的类型及监测点位确定

排污单位的废水排放口一般包括废水总排口、车间废水排放口、雨水排放口、生活污水排放口等。

废水总排口排放的废水一般应包括排污单位的生产废水、生活污水、初期雨水、事故废水等，开展自行监测的排污单位均须在废水总排口设置监测点位。

对于排放一类污染物的排污单位，即排放环境中难以降解或能在动植物体内蓄积，对人体健康和生态环境产生长远不良影响，具有致癌、致畸、致突变污染物的排污单位，必须在车间废水排放口设置监测点位，对一类污染物进行监测。

考虑到排污单位生产过程中可能会有部分污染物通过雨水外排水系统排入外环境，因此排污单位还应在雨水排放口设置监测点位，并在雨水排放口有水期间开展监测。

部分排污单位的生产废水和生活污水分别设置排放口，对于此类排污单位，除在生产废水排放口设置监测点位外，还应在生活污水排放口设置监测点位。

此外，排污单位还应根据行业自行监测技术指南的相关要求设置监测点位。

5.2.2　废水排放口的规范化设置

废水排放口的设置，应达到如下要求：

（1）废水排放口可以是矩形、圆管形或梯形，一般使用混凝土、钢板或钢管等原料。

（2）废水排放口应设置规范的、便于测量流量和流速的测流段，测流段水流应平直、稳定、集中，无下游水流顶托影响，上游顺直长度应大于 5 倍测流段最大水面宽度，同时测流段水深应大于 0.1 m 且不超过 1 m。

（3）废水排放口应能够方便安装三角堰、矩形堰、测流槽等测流装置或其他计量装置。

（4）有废水自动监测设施的排放口，还应能够满足安装污水水量自动计量装置（如超声波明渠流量计、管道式电磁流量计等）、采样取水系统、水质自动采样器等设备、设施的要求。

（5）排污单位应单独设置各类废水排放口，避免多家不同排污单位共用一个废水排放口。

5.2.3 采样点及监测平台的规范化设置

各类废水排放口监测点位的实际具体采样位置即采样点,一般应设在厂界内或厂界外不超过 10 m 的范围内。压力管道式排放口应安装取样阀门;废水直接从暗渠排入市政管道的,应在企业界内或排入市政管道前设置取样口。有条件的排污单位应尽量设置一段能满足采样条件的明渠,以方便采样。

污水面在地下或距地面超过 1 m,应建取样台阶或梯架。

废水监测平台面积应不小于 1 m²,平台应设置高度不低于 1.2 m 的防护栏、高度不低于 10 cm 的脚部挡板。监测平台、梯架通道及防护栏的相关设计载荷及制造安装应符合《固定式钢梯及平台安全要求 第 3 部分:工业防护栏杆及钢平台》(GB 4053.3—2009)的要求。

应保证污水监测点位场所通风、照明正常,还应在有毒有害气体的监测场所设置强制通风系统,并安装相应的气体浓度报警装置。

5.2.4 废水自动监测设施的规范化设置

5.2.4.1 监测站房的设置

废水自动监测站房的设置,应达到如下要求:

(1)应建有专用监测站房,新建监测站房面积应满足不同监控站房的功能需要并保证水污染源在线监测系统的摆放、运转和维护,使用面积应不小于 15 m²,站房高度不低于 2.8 m。监测站房应尽量靠近采样点,与采样点的距离不宜大于 50 m。监测站房应做到专室专用。

(2)监测站房应尽量靠近采样点,与采样点的距离应小于 50 m。

(3)监测站房应安装空调和冬季采暖设备,空调具有来电自启动功能,具备温湿度计,保证室内清洁,环境温度、相对湿度和大气压等应符合《工业过程测量和控制装置工作条件 第 1 部分:气候条件》(GB/T 17214.1—1998) 的要求。

（4）监测站房内应有安全合格的配电设备，能提供足够的电力负荷，功率≥5 kW，站房内应配置稳压电源。

（5）监测站房内应有合格的给排水设施，使用符合实验要求的用水清洗仪器及有关装置。

（6）监测站房应配置完善规范的接地装置和避雷措施、防盗和防止人为破坏的设施，接地装置安装工程的施工应满足《电气装置安装工程接地装置施工及验收规范》（GB 50169—2016）的相关要求，建筑物的防雷设计应满足《建筑物防雷设计规范》（GB 50057—2010）的相关要求。

（7）监测站房内应配备灭火器箱、手提式二氧化碳灭火器、干粉灭火器或沙桶等，而且要按消防相关要求布置。

（8）监测站房不能位于通信盲区，应能够实现数据传输。

（9）监测站房的设置应避免对企业安全生产和环境造成影响。

（10）监测站房内、采样口等区域应安装视频监控设备。

5.2.4.2　水质自动采样单元的设置

废水自动监测设备的自动采样单元的设置，应达到如下要求：

（1）水质自动采样单元具有采集瞬时水样及混合水样，混匀及暂存水样、自动润洗及排空混匀桶，以及留样功能。

（2）pH 水质自动分析仪和温度计应原位测量或测量瞬时水样。

（3）COD_{Cr}、TOC、NH_3-N、TP、TN 水质自动分析仪应测量混合水样。

（4）水质自动采样单元的构造应保证将水样不变质地输送到各水质分析仪，应有必要的防冻和防腐设施。

（5）水质自动采样单元应设置混合水样的人工比对采样口。

（6）水质自动采样单元的管路宜设置为明管，并标注水流方向。

（7）水质自动采样单元的管材应采用优质的聚氯乙烯（PVC）、三丙聚丙烯（PPR）等不影响分析结果的硬管。

（8）采用明渠流量计测量流量时，水质自动采样单元的采水口应设置在堰槽前方，合流后充分混合的场所，并尽量设在流量监测单元标准化计量堰（槽）取水口头部的流路中央，采水口朝向与水流的方向一致，减少采水部前端的堵塞。采水装置宜设置成可随水面的涨落而上下移动的形式。

（9）采样泵应根据采样流量、水质自动采样单元的水头损失及水位差合理选择。应使用寿命长、易维护的，并且对水质参数没有影响的采样泵，安装位置应便于采样泵的维护。

5.2.4.3　水污染源在线监测仪器安装要求

水污染源在线监测仪器的安装，应达到如下要求：

（1）水污染源在线监测仪器的各种电缆和管路应加保护管，保护管应在地下铺设或空中架设，空中架设的电缆应附着在牢固的桥架上，并在电缆、管路以及电缆和管路的两端设立明显标识。电缆线路的施工应满足《电气装置安装工程电缆线路施工及验收标准》（GB 50168—2018）的相关要求。

（2）各仪器应落地或壁挂式安装，有必要的防震措施，保证设备安装牢固稳定。在仪器周围应留有足够空间，方便仪器维护。其他要求参照仪器说明书的相关内容，还应满足《自动化仪表工程施工及质量验收规范》（GB 50093—2013）的相关要求。

（3）必要时（如南方的雷电多发区），仪器和电源也应设置防雷设施。

5.2.4.4　流量计的安装要求

流量计的安装，应达到如下要求：

（1）采用明渠流量计测定流量时，应按照《明渠堰槽流量计试行检定规程》（JJG 711—1990）、《城市排水流量堰槽测量标准　三角形薄壁堰》（CJ/T 3008.1—1993）、《城市排水流量堰槽测量标准　矩形薄壁堰》（CJ/T 3008.2—1993）、《城市排水流量堰槽测量标准　巴歇尔量水槽》（CJ/T 3008.3—1993）等技术要求修建或安装标准化计量堰（槽），并通过计量部门检定。主要流量堰槽的安装规范见 HJ 353—2019 附录 D。

（2）应根据测量流量范围选择合适的标准化计量堰（槽），根据计量堰（槽）的类型确定明渠流量计的安装点位，具体要求如表 5-1 所示。

表 5-1　计量堰（槽）的类型及流量计安装点位

序号	堰槽类型	测量流量范围/（m³/s）	流量计安装位置
1	巴歇尔槽	$0.1×10^{-3}$～93	应位于堰槽入口段（收缩段）1/3 处
2	三角形薄壁堰	$0.2×10^{-3}$～1.8	应位于堰板上游 3～4 倍最大液位处
3	矩形薄壁堰	$1.4×10^{-3}$～49	应位于堰板上游 3～4 倍最大液位处

（3）采用管道电磁流量计测定流量，应按照《环境保护产品技术要求　电磁管道流量计》（HJ/T 367—2007）等技术要求进行选型、设计和安装，并通过计量部门检定。

（4）电磁流量计在垂直管道上安装时，被测流体的流向应自下而上，在水平管道上安装时，两个测量电极不应在管道的正上方和正下方位置。流量计上游直管段长度和安装支撑方式应符合设计文件要求。管道设计应保证流量计测量部分管道水流时刻满管。

（5）流量计应安装牢固稳定，有必要的防震措施。仪器周围应留有足够空间，方便仪器维护与比对。

5.3　废气监测点位的确定及规范化设置

5.3.1　废气排放口类型及监测点位的确定

排污单位的废气排放口一般包括生产设施工艺废气排放口、自备火力发电机组（厂）或配套动力锅炉废气排放口、污染处理设施排放口（如自备危险废物焚烧炉废气排放口、污水处理设施废气排放口）等。

　　排气筒（烟道）是目前排污单位有组织排放废气的主要排放口，因此，有组织废气的监测点位通常设置在排气筒（烟道）的横截断面（监测断面）上，并通过监测断面上的监测孔完成废气污染物的采样监测及流速、流量等废气参数的测量。

　　废气排放口监测点位的确定包括监测断面的设置及监测孔的设置两部分。排污单位应按照相关技术规范与标准的规定，根据所监测的污染物类别、监测技术手段的不同要求，先确定具体的废气排放口监测断面位置，再确定监测断面上监测孔的位置和数量。

5.3.2　监测断面规范化设置

5.3.2.1　基本要求

　　废气排放口监测断面包括手工监测断面和自动监测断面，监测断面设置应满足以下基本要求：

　　（1）监测断面应避开对测试人员操作有危险的场所，并在满足相关监测技术规范、标准规定的前提下，尽量选择方便监测人员操作、设备运输、安装的位置进行设置。

　　（2）若一个固定污染源排放的废气先通过多个烟道或管道后进入该固定污染源的总排气管时，应尽可能将废气监测断面设置在总排气管上，不得只在其中的一个烟道或管道上设置监测断面开展监测，并将测定值作为该源的排放结果；但允许在每个烟道或管道上均设置监测断面并同步开展废气污染物排放监测。

　　（3）监测断面一般优先选择设置在烟道垂直管段和负压区域，应避开烟道弯头和断面急剧变化的部位，确保所采集的样品有代表性。

5.3.2.2　手工监测断面设置的具体要求

对于废气手工监测断面，在满足 5.3.2.1 中基本要求的同时，还应按照以下具体规定进行设置：

（1）颗粒态污染物及流速、流量监测断面

①监测断面的流速应不小于 5 m/s。

②监测断面位置应在距弯头、阀门、变径管下游方向不小于 6 倍直径（当量直径）和距上述部件上游方向不小于 3 倍直径（当量直径）处。

对矩形烟道，其当量直径按下式计算。

$$D = \frac{2AB}{A+B} \tag{5-1}$$

式中，A、B——边长。

③现场空间位置有限，很难满足②中的要求时，可选择比较适宜的管段采样。手工监测位置与弯头、阀门、变径管等的距离至少是烟道直径的 1.5 倍，并应适当增加测点的数量和采样频次。

（2）气态污染物监测断面

手工监测时若需要同步监测颗粒态污染物及流速、流量，则监测断面应按照式（5-1）相关要求设置；否则，可不按上述要求设置，但要避开涡流区。

5.3.2.3　自动监测断面设置的具体要求

对于废气自动监测断面，在满足 5.3.2.1 中基本要求的同时，还应按照以下具体规定进行设置。

（1）一般要求

①应位于固定污染源排放控制设备的下游和比对监测断面、比对采样监测孔的上游，且便于用参比方法进行校验。

②不受环境光线和电磁辐射的影响。

③烟道振动幅度应尽可能小。

④安装位置应尽量避开烟气中水滴和水雾的干扰，如不能避开，应选用能够适用的检测探头及仪器。

⑤安装位置不漏风。

⑥当固定污染源烟气净化设备设置有旁路烟道时，应在旁路烟道内安装自动监测设备采样和分析探头。

（2）颗粒态污染物及流速、流量监测断面

①监测断面的流速应不小于 5 m/s。

②用于颗粒物及流速自动监测设备采样和分析探头安装的监测断面位置，应设置在距弯头、阀门、变径管下游方向不小于 4 倍烟道直径，以及距上述部件上游方向不小于 2 倍烟道直径处。矩形烟道当量直径可按照式（5-1）计算。

③当无法满足②中的要求时，颗粒物及流速自动监测设备采样和分析探头安装位置应尽可能选择在气流稳定的断面，并采取相应措施保证监测断面烟气分布相对均匀，断面无紊流。对烟气分布均匀程度的判定采用相对均方根σ_r法，当$\sigma_r \leqslant 0.15$时视为烟气分布均匀，σ_r按下式计算。

$$\sigma_r = \sqrt{\frac{\sum_{i=1}^{n}(v_i - \bar{v})^2}{(n-1) \times \bar{v}^2}} \quad\quad (5\text{-}2)$$

式中，v_i——测点烟气流速，m/s；

$\bar{v}$——截面烟气平均流速，m/s；

n——截面上的速度测点数目，测点的选择按照《固定污染源排气中颗粒物测定与气态污染物采样方法》（GB/T 16157—1996）执行。

（3）气态污染物监测断面

①用于气态污染物自动监测设备采样和分析探头的安装位置，应设置在距弯头、阀门、变径管下游方向不小于 2 倍烟道直径，以及距上述部件上游方向不小于 0.5 倍烟道直径处。矩形烟道当量直径可按照式（5-1）计算。

②当无法满足①中的要求时，应按照 5.3.2.3（2）③中的相关要求及式（5-2）设置监测断面。

③同步进行颗粒态污染物及流速、流量监测的，应优先满足颗粒态污染物及流速、流量监测断面的设置条件，监测断面的流速应不小于 5 m/s。

5.3.3　监测孔的规范化设置

5.3.3.1　监测孔规范化设置的基本要求

监测孔一般包括用于废气污染物排放监测的手工监测孔和用于废气自动监测设备校验的参比方法采样监测孔。

监测孔的设置应满足以下基本要求：

（1）监测孔位置应便于人员开展监测工作，应设置在规则的圆形或矩形烟道上，不宜设置在烟道的顶层。

（2）对于输送高温或有毒有害气体的烟道，监测孔应开在烟道的负压段；若负压段下满足不了开孔需求，对正压下输送高温或有毒气体的烟道，应安装带有闸板阀的密封监测孔，见图 5-1。

1—闸板阀手轮；2—闸板阀阀杆；3—闸板阀阀体；4—烟道；5—监测孔管；6—采样枪。

图 5-1　带有闸板阀的密封监测孔

（3）监测孔的内径一般不小于 80 mm，新建或改建污染源废气排放口监测孔的内径应不小于 90 mm；监测孔管长不大于 50 mm（安装闸板阀的监测孔管除外）。监测孔在不使用时用盖板或管帽封闭，在监测使用时应易开合。

5.3.3.2　手工监测开孔的具体要求

在确定的监测断面上设置手工监测的监测孔时，应在满足 5.3.3.1 中基本要求的同时，按照以下具体规定设置。

（1）若监测断面为圆形的烟道，监测孔应设在包括各测点在内的互相垂直的直径线上，其中，断面直径小于 3 m 时，应设置相互垂直的两个监测孔；断面直径大于 3 m 时，应尽量设置相互垂直的 4 个监测孔，见图 5-2。

1—测点；2—监测孔。

图 5-2　圆形断面测点与监测孔示意图

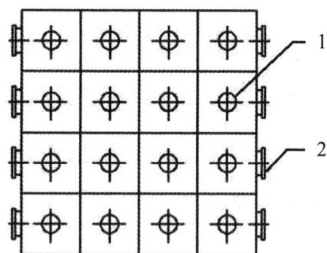

1—测点；2—监测孔。

图 5-3　矩形断面测点与监测孔示意图

（2）若监测断面为矩形烟道，监测孔应设在包括各测点在内的延长线上，其中，监测断面宽度大于 3 m 时，应尽量在烟道两侧对开监测孔，具体监测孔数量按照《固定污染源排气中颗粒物测定与气态污染物采样方法》（GB/T 16157—1996）的要求确定，见图 5-3。

5.3.3.3　自动监测设备参比方法采样监测开孔的具体要求

废气自动监测设备参比方法采样监测孔的设置，在满足 5.3.3.1 中基本要求的同时，还应按照以下具体规定设置。

（1）应在自动监测断面下游预留参比方法采样监测孔，在互不影响测量的前提下，参比方法采样监测孔应尽可能靠近废气自动监测断面，距离约 0.5 m 为宜。

（2）对于监测断面为圆形的烟道，参比方法采样监测孔应设在包括各测点在内的互相垂直的直径线上，其中，断面直径小于 4 m 时，应设置相互垂直的 2 个监测孔；断面直径大于 4 m 时，应尽量设置相互垂直的 4 个监测孔。

（3）若监测断面为矩形烟道，参比方法采样监测孔应设在包括各测点在内的延长线上，监测断面宽度大于 4 m 时，应尽量在烟道两侧对开监测孔，具体监测孔的数量按照《固定污染源排气中颗粒物测定与气态污染物采样方法》（GB/T 16157—1996）的要求确定。

5.3.4　监测平台的规范化设置

监测平台应设置在监测孔的正下方 1.2～1.3 m 处，应安全且便于开展监测活动，必要时应设置多层平台以满足与监测孔距离的要求。

仅用于手工监测的平台可操作面积至少应大于 1.5 m² （长度、宽度均不小 1.2 m），最好应在 2 m² 以上。用于安装废气自动监测设备和进行参比方法采样监测的平台面积至少在 4 m² 以上（长度、宽度均不小于 2 m），或不小于采样枪长度外延 1 m。

监测平台应易于人员和监测仪器到达。应根据平台高度，按照《固定式钢梯及平台安全要求　第 1 部分：钢直梯》（GB 4053.1—2009）、《固定式钢梯及平台安全要求　第 2 部分：钢斜梯》（GB 4053.2—2009）的要求，设置直梯或斜梯。当监测平台与地面或其他坠落面的距离超过 2 m 时，不应设置直梯，应设有通往平台的斜梯、旋梯或可通过升降梯、电梯到达，斜梯、旋梯的宽度应不小于 0.9 m，梯子倾角不超过 45°，其他具体指标详见 GB 4053.1—2009、GB 4053.2—2009。当监测平台与地面或其他坠落面的距离超过 20 m 时，应设置通往平台的升降梯，见图 5-4。

1—踏板；2—梯梁；3—中间栏杆；4—立柱；5—扶手；H—梯高；L—梯跨；
h₁—栏杆高；h₂—扶手高；α—梯子倾角；i—踏步高；g—踏步宽。

图 5-4 固定式钢斜梯

监测平台、通道的防护栏杆的高度应不低于 1.2 m，脚部挡板不低于 10 cm，见图 5-5。监测平台、通道、防护栏的设计载荷、制造安装、材料、结构及防护要求应符合《固定式钢梯及平台安全要求 第 3 部分：工业防护栏杆及钢平台》（GB 4053.3—2009）的要求。

1—扶手（顶部栏杆）；2—中间栏杆；3—立柱；4—踢脚板；H—栏杆高度。

图 5-5 防护栏杆

监测平台应设置一个防水低压配电箱，内设漏电保护器、不少于 2 个 16A 插座及 2 个 10A 插座，用来保证监测设备所需电力。

监测平台附近存在造成人体机械伤害、灼烫、腐蚀、触电等危险源的，应在平台相应位置设置防护装置。监测平台上方存在坠落物体隐患时，应在监测平台上方高处设置防护装置。防护装置的设计与制造应符合《机械安全防护装置固定式和活动式防护装置设计与制造一般要求》（GB/T 8196—2003）的要求。

排放剧毒、致癌物及对人体有严重危害物质的监测点位应储备相应安全防护装备。

5.3.5 废气自动监测设施的规范化设置

5.3.5.1 监测站房的设置

废气自动监测站房的设置，应达到如下要求。

（1）应为室外的烟气自动监测系统（CEMS）提供独立站房，监测站房与采样点之间的距离应尽可能地近，原则上不超过 70 m。

（2）监测站房的基础荷载强度应≥2 000 kg/m²。若站房内仅放置单台机柜，面积应≥2.5×2.5 m²。若同一站房放置多套分析仪表，每增加一台机柜，站房面积应至少增加 3 m²，以便开展运维操作。站房空间高度应≥2.8 m，站房建在标高≥0 m 处。

（3）监测站房内应安装空调和采暖设备，室内温度应保持在 15～30℃，相对湿度应≤60%，空调应具有来电自动重启功能，站房内应安装排风扇或其他通风设施。

（4）监测站房内的配电功率能够满足仪表实际要求，功率不少于 8 kW，至少预留 5 个三孔插座、1 个稳压电源、1 个 UPS 电源。

（5）监测站房内应配备不同浓度的有证标准气体，且在有效期内。标准气体应当包含零气（含二氧化硫、氮氧化物的浓度均≤0.1 μmol/mol 的标准气体，一般为高纯氮气，纯度≥99.999%；当测量烟气中的二氧化碳时，零气中的二氧化碳≤400 μmol/mol，含有其他气体的浓度不得干扰仪器的读数）和 CEMS 测量的各种气体（如 SO_2、NO_x、O_2）的量程标气，以满足日常零点、量程校准、校验的需要。低浓度标准气体可由高浓度标准气体通过经校准合格的等比例稀释设备获得（精密度≤1%），也可单独配备。

（6）监测站房应有必要的防水、防潮、隔热、保温措施，在特定场合还应具备防爆功能。

（7）监测站房应具有能够满足废气自动监测系统数据传输要求的通信条件。

5.3.5.2　自动监测设备的安装施工要求

（1）废气自动监测系统安装施工应符合《自动化仪表工程施工及质量验收规范》（GB 50093—2013）、《电气装置安装工程　电缆线路施工及验收标准》（GB 50168—2018）的规定。

（2）施工单位应熟悉废气自动监测系统的原理、结构、性能，编制施工方案、施工技术流程图、设备技术文件、设计图样、监测设备及配件货物清单交接明细表、施工安全细则等有关文件。

（3）设备技术文件应包括资料清单、产品合格证、机械结构、电气、仪表安装的技术说明书、装箱清单、配套件、外购件检验合格证和使用说明书等。

（4）设计图样应符合技术制图、机械制图、电气制图、建筑结构制图等标准的规定。

（5）设备安装前的清理、检查及保养应符合以下要求。

①按交货清单和安装图样明细表清点检查设备及零部件，缺损件应及时处理，更换补齐。

②运转部件如取样泵、压缩机、监测仪器等，滑动部位均需清洗、注油润滑防护。

③因运输造成变形的仪器、设备的结构件应校正，并重新涂刷防锈漆及表面油漆，保养完毕后应恢复原标记。

（6）现场端连接材料（如垫片、螺母、螺栓、短管、法兰等）为焊件组对成焊时，壁（板）的错边量应符合以下要求：

①管子或管件对口、内壁齐平，最大错边量≤1 mm；

②采样孔的法兰与连接法兰几何尺寸极限偏差不超过±5 mm，法兰端面的垂直度极限偏差≤0.2%；

③采用透射法原理颗粒物监测仪器发射单元和颗粒物监测仪反射单元，测量光束从发射孔的中心出射到对面中心线相叠合的极限偏差≤0.2%。

（7）从探头到分析仪的整条采样管线的铺设应采用桥架或穿管等方式，保证整条管线具有良好的支撑。管线倾斜度≥5°，防止管线内积水，在每隔4～5 m 处装线卡箍。当使用伴热管线时，应具备稳定、均匀加热和保温的功能；其设置加热温度≥120℃，且应高于烟气露点温度 10℃以上，其实际温度值应能够在机柜或系统软件中显示查询。

（8）电缆桥架安装应满足最大直径电缆的最小弯曲半径要求。电缆桥架的连接应采用连接片。配电套管应采用钢管和 PVC 管材质配线管，其弯曲半径应满足最小弯曲半径要求。

（9）应将动力与信号电缆分开敷设，保证电缆通路及电缆保护管的密封，自控电缆应符合输入和输出分开、数字信号和模拟信号分开的配线和敷设的要求。

（10）安装精度和连接部件坐标尺寸应符合技术文件和图样规定。监测站房仪器应排列整齐，监测仪器顶平直度和平面度应不大于 5 mm，监测仪器牢固固定，可靠接地。二次接线正确、牢固可靠，配导线的端部应标明回路编号。配线工艺整齐，绑扎牢固，绝缘性好。

（11）各连接管路、法兰、阀门封口垫圈应牢固完整，均不得有漏气、漏水现象。保持所有管路畅通，保证气路阀门、排水系统安装后应畅通和启闭灵活。自动监测系统空载运行 24 小时后，管路不得出现脱落、渗漏、振动的强烈现象。

（12）反吹气应为干燥清洁气体，反吹系统应进行耐压强度试验，试验压力为常用工作压力的 1.5 倍。

（13）电气控制和电气负载设备的外壳防护应符合《外壳防护等级》（GB 4208—2017）的技术要求，户内应达到的防护等级为 IP24 级，户外应达到的防护等级为 IP54 级。

（14）防雷、绝缘要求：

①系统仪器设备的工作电源应有良好的接地措施，接地电缆应采用＞4 mm² 的独芯护套电缆，接地电阻＜4 Ω，且不能和避雷接地线共用。

②平台、监测站房、交流电源设备、机柜、仪表和设备金属外壳、管缆屏蔽层和套管的防雷接地，可利用厂内区域保护接地网，采用多点接地方式。厂区内不能提供接地线或提供的接地线达不到要求的，应在子站附近重做接地装置。

③监测站房的防雷系统应符合《建筑物防雷设计规范》（GB 50057—2016）的规定，电源线和信号线设防雷装置。

④电源线、信号线与避雷线的平行净距离≥1 m，交叉净距离≥0.3 m（图 5-6）。

图 5-6　电源线、信号线与避雷线距离示意图

⑤由烟囱或主烟道上数据柜引出的数据信号线要经过避雷器引入监测站房，应将避雷器接地端同站房保护地线可靠连接。

⑥信号线为屏蔽电缆线，屏蔽层应有良好的绝缘性，不可与机架、柜体发生摩擦、打火，屏蔽层两端及中间均需做接地连接，见图 5-7。

图 5-7　信号线接地示意图

5.4　排污口标志牌的规范化设置

5.4.1　标志牌设置的基本要求

排污单位应在排污口及监测点位设置标志牌，标志牌分为提示性标志牌和警告性标志牌两种。提示性标志牌用于向人们提供某种环境信息，警告性标志牌用于提醒人们注意污染物排放可能会造成危害。

一般性污染物排放口及监测点位应设置提示性标志牌。排放剧毒、致癌物及对人体有严重危害物质的排放口及监测点位应设置警告性标志牌，警告标志图案应设置于警告性标志牌的下方。

标志牌应设置在距污染物排放口及监测点位较近且醒目处，并能长久保留。

排污单位可根据监测点位情况，设置立式或平面固定式标志牌。

5.4.2　标志牌技术规格

5.4.2.1　环保图形标志

（1）环保图形标志必须符合原国家环境保护局和国家技术监督局发布的中华

人民共和国国家标准《环境保护图形标志——排放口（源）》（GB 15562.1—1995）。

（2）图形颜色及装置颜色：

①提示标志：底和立柱为绿色，图案、边框、支架和文字为白色；

②警告标志：底和立柱为黄色，图案、边框、支架和文字为黑色。

（3）辅助标志内容：

①排放口标志名称；

②单位名称；

③排放口编号；

④污染物种类；

⑤××生态环境局监制；

⑥排放口经纬度坐标、排放去向、执行的污染物排放标准、标志牌设置依据的技术标准等。

（4）辅助标志字型为黑体字。

（5）标志牌尺寸：

①平面固定式标志牌外形尺寸：提示性标志牌为 480 mm×300 mm；警告性标志牌为边长 420 mm。

②立式固定式标志牌外形尺寸：提示性标志牌为 420 mm×420 mm；警告性标志牌为边长 560 mm；高度为标志牌最上端距地面的高度为 2 m，最下端距地面 0.3 m。

5.4.2.2 其他要求

（1）标志牌材料

①标志牌采用 1.5～2 mm 冷轧钢板；

②立柱采用 Φ38×4 无缝钢管；

③表面采用搪瓷或者反光贴膜。

（2）标志牌的表面处理

①搪瓷处理或贴膜处理；

②标志牌的端面及立柱要经过防腐处理。

（3）标志牌的外观质量要求

①标志牌、立柱无明显变形；

②标志牌表面无气泡，膜或搪瓷无脱落；

③图案清晰，色泽一致，不得有明显缺损；

④标志牌的表面不应有开裂、脱落及其他破损。

5.5　排污口规范化的日常管理与档案记录

排污单位应将排污口规范化建设纳入企业生产运行的管理体系中，制定相应的管理办法和规章制度，选派专职人员对排污口及监测点位进行日常管理和维护，并保存相关管理记录。

排污单位应建立排污口及监测点位档案。档案内容除包括排污口及监测点位的位置、编号、污染物种类、排放去向、排放规律、执行的排放标准等基本信息外，还应包括相关日常管理的记录，如标志牌的内容是否清晰完整，监测平台、各类梯架、监测孔、自动监测设施等是否能够正常使用，废水排放口是否损坏、排气筒有无漏风、破损现象等方面的检查记录，以及相应的维护、维修记录。

排污口及监测点位一经确认，排污单位不得随意变动。监测点位位置、排污口排放的污染物发生变化的，或排污口须拆除、增加、调整、改造或更新的，应按照相关要求及时向生态环境主管部门报备，并及时设立新的标志牌或更换标志牌的相应内容。

第6章 废水手工监测技术要点

废水手工监测是一项全面性、系统性的工作。为了规范手工监测活动的开展，我国发布了一系列监测技术规范和方法标准。总体来说，废水手工监测要按照相关的技术规范和方法标准开展。为了便于理解和应用，本章立足现有的技术规范和标准，结合日常工作经验，分别对流量监测、现场手工监测、实验室分析三个方面归纳总结了常见的方法和操作要求，以及方法使用过程中的重点注意事项。对于一些虽然适用，但不够便捷，目前实际应用很少的方法，本书中未进行列举，若排污单位根据实际情况，确实需要采用这类方法的，应严格按照方法的适用条件和要求开展相关监测活动。

《排污单位自行监测技术指南 纺织印染工业》（HJ 879—2017）所涉及的废水监测指标有流量、pH、化学需氧量、氨氮、悬浮物、色度、总磷、总氮、五日生化需氧量、苯胺类、硫化物、二氧化氯、可吸附有机卤化物（AOX）、动植物油、六价铬、总锑等。

6.1 流量

流量是排污单位排污总量核算的重要指标，在废水排放监测和管理中有着重要的地位。流量测量最初始于水文水利领域对天然河流、人工运河、引水渠道等的流量监测。对于工业废水的流量监测，目前常用的方法有自动测量和手工测量两种方式。

6.1.1　自动测量

自动测量是采用污水流量计进行测量，通常包括明渠流量计和管道流量计。通过污水流量计来测量渠道内和管道内废水（或污水）的体积流量。

6.1.1.1　明渠流量计

利用明渠流量计进行自动测量时，采用超声波液位计和巴歇尔量水槽（以下简称巴氏槽）配合使用进行流量测定，并根据不同尺寸巴氏槽的经验公式计算出流量。需要注意的事项如下。

①巴氏槽安装前，应测算废水排放量并充分考虑污水处理设施的远期扩容，确保巴氏槽能满足最大流量下的测量。巴氏槽的材质要根据污水性质考虑防腐蚀性。

②巴氏槽应安装于顺直平坦的渠道段，该段渠道长度不小于槽宽的 10 倍，下游渠道应无阻塞、不壅水，确保巴氏槽的水流处于自由出流状态。渠道应保持清洁，底部无障碍物，水槽应保持牢固可靠、不受损坏，凡有漏水部位应及时修补，每年应校验 1 次液位计的精度和水头零点。详细的安装和维护要求见《城市排水流量堰槽测量标准　巴歇尔量水槽》（CJ/T 3008.3—1993）。

③与巴氏槽配合使用的超声波液位计应注意日常维护，确保稳定运行，出现故障应及时更换。

6.1.1.2　管道流量计

利用管道流量计测量时，可选择电磁流量计或超声流量计，宜优先选择电磁流量计。需要注意的事项如下。

①电磁流量计的选型应充分考虑测量精度、污水性质、流量范围、排水规律等。流量计的口径通常与管道相同，也可以根据设计流量、流速范围来选择流量计和配套管道，管道中的流速通常以 2～4 m/s 为宜。

②电磁流量计选型时，应充分考虑废水的电导率、最大流量、常用流量、最

小流量、工艺管径、管内温度、压力，以及是否有负压存在等信息。

③电磁流量计一定要安装在管路的最低点或者管路的垂直段且务必保证管内满流，若安装在垂直管线，要求水流自下而上，尽量不要自上而下，否则容易出现非满流，使读数波动变化较大。流量计前后应避免有阀门、弯头、三通等结构存在，以防产生涡流或气泡，影响测流。

④电磁流量计安装的外部环境应避免安装在温度变化很大或受到设备高温辐射的场所，若必须安装时，须有隔热、通风的措施；电磁流量计最好安装在室内，若必须安装于室外，应避免雨水淋浇、积水受淹及太阳暴晒，须有防潮和防晒措施；避免安装在含有腐蚀性气体的环境中，必须安装时，须有通风措施；为了安装、维护、保养方便，在电磁流量计周围需有充裕的足够空间；避免有磁场及强振动源，如管道振动大，在电磁流量计两边应有固定管道的支座。

⑤应对电磁流量计进行周期性检查，定期扫除尘垢确保无沾污，检查接线是否良好。

6.1.2 手工监测

手工测流方法是相对于自动测流方法而言的，这种方法操作复杂、准确度较低，仅建议在不满足自动测流条件或自动测流设施损坏时作为临时补救措施，不建议用作长期自行监测手段。常用的测流方法有明渠流速仪、便携式超声波管道测流仪和容积法。

6.1.2.1 明渠流速仪

明渠流速仪适用于明渠排水流量的测量，它是通过流速仪测量过水断面不同位置的流速，计算平均流速，再乘以断面面积即得测量时刻的瞬时流量。

用这种方法测量流量时，排污截面底部需硬质平滑，截面形状为规则的几何形，排污口处有不小于 3 m 的平直过流水段，且水位高度不小于 0.1 m。在明渠流量计自动测量断电或损坏时，可用此法临时测量排水流量。明渠流速仪见图 6-1。

便携式超声波流速仪

便携式旋桨流速仪

便携式旋杯流速仪

图 6-1　明渠流速仪示意图

6.1.2.2   便携式超声波管道测流仪

便携式超声波管道测流仪的使用条件与电磁式自动测流仪一致,适用于顺直管道的满流测量。测量时,沿着管道的流向,将两个传感器分别贴合于管道,错开一定距离,通过两个传感器的时差测量流速,再乘以管道截面积,最终得出流量。测量的管壁应为能传导超声波的实密介质,如铸铁、碳钢、不锈钢、玻璃钢、PVC 等。测点应避开弯头、阀门等,确保流态稳定,无气泡和涡流。测点应避开大功率变频器和强磁场设备,以免产生干扰。在电磁流量计断电或损坏时,可用此法临时测量排水流量。便携式测流仪见图 6-2。

图 6-2   便携式超声波管道测流仪示意图

6.1.2.3   容积法

容积法是将废水纳入已知容量的容器中,测定其充满容器所需要的时间,从而计算水量的方法。该方法简单易行,适用于计量污水量较小的连续或间歇排放的污水。用此方法测量流量时,溢流口与受纳水体应有适当的落差或能用导水管形成落差。

用手工测量时,一般遵循如下原则:

①如果排放污水的"流量-时间"排放曲线波动较小,即用瞬时流量代表平均

流量所引起的误差小于 10%，则在某一时段内的任意时间测得的瞬时流量乘以该时间即为该时段的流量。

②如果排放污水的"流量-时间"排放曲线虽有明显波动，但其波动有固定的规律，可以用该时段中几个等时间间隔的瞬时流量来计算出平均流量，然后乘以时间得到流量。

③如果排放污水的"流量-时间"排放曲线既有明显波动又无规律可循，则必须连续测定流量，流量对时间的积分即为总量。

6.2　现场采样

采样前要根据采样任务确定监测点位、各监测点位的监测指标、各监测指标需要使用的采样容器、采样要求和保存运输要求等。

6.2.1　采样点位

《排污单位自行监测技术指南　纺织印染工业》（HJ 879—2017）对每个监测点位的监测指标进行了明确规定，对于第一类污染物六价铬的采样点位设在车间或专门处理此类污染物设施的排放口。对于 pH、化学需氧量、氨氮、悬浮物、五日生化需氧量、总磷、总氮、苯胺类、硫化物、二氧化氯、可吸附有机卤素（AOX）、总锑、动植物油等监测指标则在相应的废水总排放口和雨水排放口进行采样。对于纺织印染工业废水集中处理设施，根据处理废水来源的实际情况，对以上污染物在处理设施总排放口进行采样。

当排污单位设置内部监测点位时，可根据实际情况在便于采样的地方进行布点采样。

当排污单位需要考核污水处理设施的处理效率时，采样点位的布设如下。

①对整体污水处理设施的处理效率进行监测时，在各污水处理设施的污水入口和污水设施的总排放口设置采样点。

②对各污水处理单元的处理效率进行监测时，在各处理设施单元的污水入口和设施单元的排放口设置采样点。

6.2.2 采样方法

废水的监测项目根据行业类型有不同的要求，排污单位根据自行监测技术指南的要求设置。采集样品时应设在废水混合均匀处，避免引入其他干扰。

在分时间单元采集样品时，测定pH、化学需氧量、五日生化需氧量、硫化物、动植物油、悬浮物等项目的样品，不能混合，只能单独采样。

根据监测项目选择不同的采样器，主要包括聚乙烯塑料桶、不锈钢采水器、有机玻璃水质采样器、泵式采水器、油类采样器及用采样容器直接灌装。当水深很浅，以上采样器均不适用时，可考虑使用不锈钢或塑料水瓢采集水样，人员距水面较远时可使用长柄瓢。废水排放口有较大落差的，可使用上方开口的容器，如吊桶、提桶等采集水样。

有条件的排污单位可配备水质自动采样装置进行时间比例采样和流量比例采样，以满足连续采样加密监测的需求。当污水排放量较稳定时可采用时间比例采样，否则必须采用流量比例采样。所用自动采样器必须符合生态环境部颁布的《水质自动采样器技术要求及检测方法》（HJ/T 372）的要求。油类、pH、硫化物等指标不宜用自动采样装置进行采样。不同的采样器见图6-3。

不锈钢采水器　　　　　　　　　　有机玻璃水质采样器

油类采样器

塑料水瓢

长柄瓢

水质自动采样装置

提桶

水质自动采样装置

图 6-3　常见废水采样器示意图

样品采集时应针对具体的监测项目注意以下事项：

①采样时不可搅动水底的沉积物。

②确保采样准时，点位准确，操作安全。

③采样结束前，应核对采样计划、记录与水样，如有错误或遗漏，应立即补采或重采。

④如果采样现场水体很不均匀，无法采到具有代表性的样品，则应详细记录不均匀的情况和实际采样情况，供使用该数据者参考。

⑤测定动植物油的水样时，应使用油类采样器在水面至水面下 300 mm 采集柱状水样。

⑥测定五日生化需氧量时，水样必须注满容器，上部不留空间，并有水封口。

⑦如果水样中含有沉降性固体（如泥沙等），则应分离除去。即将所采水样摇匀后倒入沉降桶（如 1～2 L 量筒），静置 30 min，将不含沉降性固体但含有悬浮性固体的水样移入盛样容器并加入保存剂。测定 pH、悬浮物和油类等的水样除外。

⑧用样品容器直接采样时，必须用水样冲洗 3 次之后再进行采样。采油类的容器不能冲洗。

⑨采样时应注意除去水面的杂物、垃圾等漂浮物。

⑩用于测定悬浮物、五日生化需氧量、硫化物、动植物油的水样，必须单独定容采样，并全部用于测定。

⑪动植物油采样时，采样前应先破坏可能存在的油膜，用直立式采水器把玻璃材质容器安装在采水器的支架中，将其放到水面下 300 mm 深度，边采水边向上提升，在达到水面时剩余适当空间。

⑫采样时应认真填写"污水采样记录表"，表中应包含以下内容：污染源名称、监测项目、采样点位、采样时间、样品编号、污水性质、污水流量、采样人姓名及其他有关事项。具体格式可由各排污单位制定，可参考表 6-1。

⑬对于 pH 和流量等需现场监测的项目，应进行现场监测。

表 6-1　污水采样记录表

企业名称	行业名称	监测项目	样品编号	采样时间	采样口	采样口位置（车间或出厂口）	样品类别	样品表观	采样口流量/（m³/s）	采样人

6.2.3　采样容器

当前市面上常见的采样容器按材质主要分为硬质玻璃瓶和聚乙烯瓶，在表 6-2 中分别用 G、P 表示，硬质玻璃瓶有透明和棕色两种。硬质玻璃瓶适用于化学需氧量、总有机碳、氨氮、总氮、总磷、硫化物、动植物油、硫化物等监测项目的样品采集。棕色玻璃瓶能够降低光敏作用，适用于硫化物等监测项目的样品采集。五日生化需氧量应用专门的溶氧瓶采集。聚乙烯瓶则适用于总锑等金属元素的样品采集。氨氮、总磷、总氮等项目则是两种材质的瓶子均可使用。具体适用情况见表 6-2。

表 6-2　样品保存和容器洗涤

项目	采样容器	保存剂及用量	保存期	采样量/mL	容器洗涤
pH*	G 或 P	—	12 h	1 000	I
色度*	G 或 P	—	12 h	250	I
悬浮物**	G 或 P	—	14 h	500	I
五日生化需氧量**	溶解氧瓶	—	12 h	250	I
化学需氧量	G	H_2SO_4，pH≤2	2 d	500	I
氨氮	G 或 P	H_2SO_4，pH≤2	24 h	250	I
总氮	G 或 P	H_2SO_4，pH≤2	7 d	250	I
总磷	G 或 P	HCl，H_2SO_4，pH≤2	24 h	250	IV

项目	采样容器	保存剂及用量	保存期	采样量/mL	容器洗涤
动植物油	G	HCl，pH≤2	7 d	500	II
硫化物	G 或 P	1 L 水样加 NaOH 至 pH 约为 9，加入 5% 抗坏血酸 5 mL，饱和 EDTA 3 mL，滴加饱和 Zn(AC)₂ 至胶体产生，常温避光	24 h	250	I
六价铬	G 或 P	NaOH，pH=8～9	14 d	250	III
苯胺类	G	NaOH 或 H₂SO₄，pH=6～8，冷藏	7 d	1 000	—
二氧化氯	G 或 P	避光	5 min	500	—
可吸附有机卤素**	G	水样充满采样瓶，HNO₃，pH=1～2	5 d	1 000	—
总锑	G 或 P	HCl，0.2%（氢化物法），如用原子荧光法测定，1 L 水样中加 10 mL 浓 HCl	14 d	250	—

注：（1）*表示应尽量做现场测定，**表示低温（0～4℃）避光保存。

（2）G 为硬质玻璃瓶，P 为聚乙烯瓶。

（3）I、II、III、IV表示四种洗涤方法，如下：

I：洗涤剂洗 1 次，自来水洗 3 次；

II：洗涤剂洗 1 次，自来水洗 2 次，1+3（硝酸和水的体积比为 1：3）HNO₃ 荡洗 1 次，自来水洗 3 次；

III：洗涤剂洗 1 次，自来水洗 2 次，1+3HNO₃ 荡洗 1 次，自来水洗 3 次；

IV：铬酸洗液洗 1 次，自来水洗 3 次。

在采样之前，采样容器应经过相应的清洗和处理，采样之后要对容器进行适当的封存。排污单位可根据监测项目自行选择采样容器并按照合适的方法进行清洗和处理。常用的采样容器见图 6-4。

图 6-4　采样容器（透明硬质玻璃瓶、棕色硬质玻璃瓶和聚乙烯瓶）

采样容器选择时，应遵守以下一般原则：

（1）最大限度地防止容器及瓶塞对样品的污染。由于一般的玻璃在贮存水样时可溶出钠、钙、镁、硅、硼等元素，在测定这些项目时应避免使用玻璃容器，以防止新的污染。一些有色瓶塞含有大量的重金属，因此采集金属项目时最好选用聚乙烯瓶。

（2）容器壁应易于清洗和处理，以减少如重金属或放射性核类的微量元素对容器的表面污染。

（3）容器或容器塞的化学和生物性质应该是惰性的，以防止容器与样品组分发生反应。

（4）防止容器吸收或吸附待测组分，引起待测组分浓度的变化。微量金属易于受这些因素的影响，其他如清洁剂、杀虫剂、磷酸盐等同样也受到影响。

（5）选用深色玻璃能降低光敏作用。

采样容器准备时，应遵循以下原则：

（1）所有的采样容器准备都应确保不发生正负干扰。

（2）尽可能使用专用容器。如不能使用专用容器，那么最好准备一套容器进行特定污染物的测定，以减少交叉污染。同时应注意防止以前用来采集高浓度分析物的容器因洗涤不彻底而污染随后采集的低浓度污染物的样品。

（3）对于新容器，一般应先用洗涤剂清洗，再用纯水彻底清洗。但是，用于清洁的清洁剂和溶剂可能引起干扰，所用的洗涤剂类型和选用的容器材质要随待测组分来确定。测定硅、硼和表面活性剂，不能使用洗涤剂；测磷酸盐不能使用含磷洗涤剂；测硫酸盐或铬则不能使用铬酸-硫酸洗液。测重金属的玻璃容器及聚乙烯容器通常用盐酸或硝酸（$c=1 \text{ mol/L}$）洗净并浸泡 1～2 天后用蒸馏水或去离子水冲洗。

采样容器清洗时，应注意：

①用清洁剂清洗塑料或玻璃容器时，用水和清洗剂的混合稀释溶液清洗容器和容器帽；用实验室用水清洗两次；控干水并盖好容器帽。

②用溶剂洗涤玻璃容器时,用水和清洗剂的混合稀释溶液清洗容器和容器帽;用自来水彻底清洗;用实验室用水清洗两次;用丙酮清洗并干燥;用与分析方法匹配的溶剂清洗并立即盖好容器帽。

③用酸洗玻璃或塑料容器时,用自来水和清洗剂的混合稀释溶液清洗容器和容器帽;用自来水彻底清洗;用 10%硝酸溶液清洗;控干后,注满 10%硝酸溶液;密封,贮存至少 24 小时;用实验室用水清洗,并立即盖好容器帽。

6.2.4　样品保存与运输

6.2.4.1　样品保存

水样采集后应尽快送到实验室进行分析,如果样品长时间放置,受生物、化学、物理等因素影响,某些组分的浓度可能会发生变化。一般可通过冷藏、冷冻、过滤、离心、添加保存剂等方式对样品进行保存。

(1)样品的冷藏、冷冻

在大多数情况下,从采集样品到运输最后到实验室期间,样品在 0～5℃冷藏并暗处保存就足够了,−20℃的冷冻温度一般能延长贮存期,但分析挥发性物质、包含细胞、细菌或微藻类的样品不适用冷冻程序。冷冻需要掌握冷冻和融化技术,以使样品在融化时能迅速、均匀地恢复其原始状态,用干冰快速冷冻是令人满意的方法。一般选用聚氯乙烯或聚乙烯等塑料容器。

(2)过滤和离心

采样时或采样后,用滤器(滤纸、聚四氟乙烯滤器、玻璃滤器)等过滤样品或将样品离心分离都可以除去其中的悬浮物、沉淀物、藻类及其他微生物。滤器的选择要注意与分析方法相匹配、用前清洗及避免吸附、吸收损失。各种重金属化合物、有机物容易吸附在滤器表面,滤器中的溶解性化合物如表面活性剂会滤到样品中。一般测有机项目时选用砂芯漏斗和玻璃纤维漏斗,而在测定无机项目时常用 0.45 μm 的滤膜过滤。过滤样品的目的就是为了区分被分析物的可溶性和不可溶性的比例（如可溶和不可溶金属部分）。过滤器见图 6-5、图 6-6。

图 6-5　玻璃滤器及聚四氟乙烯滤器

图 6-6　砂芯漏斗和滤膜

（3）添加保存剂

添加的保存剂一般包括酸、碱、抑制剂、氧化剂和还原剂，样品保存剂（如酸、碱或其他试剂）在采样前应进行空白试验，其纯度和等级必须达到分析的要求。

1）加入酸和碱：控制溶液 pH，测定金属离子的水样常用硝酸酸化至 pH 为 1～2，这样既可以防止重金属的水解沉淀，又可以防止金属在器壁表面上的吸附，同时在 pH 为 1～2 的酸性介质中还能抑制生物的活动。用此方法保存，大多数金属可稳定数周或数月。测定六价铬的水样应加入氢氧化钠并调至 pH 为 8，因在酸性介质中，六价铬的氧化电位高，易被还原。

2）加入抑制剂：为了抑制生物作用，可在样品中加入抑制剂。如在测氨氮、硝酸盐氮和 COD_{Cr} 的水样中，加入氯化汞或三氯甲烷、甲苯作防护剂以抑制生物对亚硝酸盐、硝酸盐、铵盐的氧化还原作用。在测酚水样中用磷酸调溶液的 pH，加入硫酸铜以控制苯酚分解菌的活动。

3）加入氧化剂：水样中痕量汞易被还原，引起汞的挥发性损失，加入硝酸-重铬酸钾溶液可使汞维持在高氧化态，汞的稳定性大为改善。

4）加入还原剂：测定硫化物的水样，加入抗坏血酸对保存有利。含余氯水样，能氧化氰离子，可使酚类、烃类、苯系物氯化生成相应的衍生物，为此在采样时加入适量的硫代硫酸钠予以还原，除去余氯干扰。

加入一些化学试剂可固定水样中的某些待测组分，保存剂可事先加入空瓶中，也可在采样后立即加入水样中。所加入的保存剂不能干扰待测成分的测定，如有疑义应先做必要的试验。

加入保存剂的样品经过稀释后，在分析计算结果时要充分考虑。但如果加入足够浓的保存剂，因加入体积很小，则可以忽略其稀释影响。固体保存剂因会引起局部过热，反而影响样品，应该避免使用。

所加入的保存剂有可能改变水中组分的化学或物理性质，因此选用保存剂时一定要考虑到对测定项目的影响。如待测项目是溶解态物质，酸化会引起胶体组分和固体的溶解，则必须在过滤后酸化保存。

必须要做保存剂空白试验，特别是对微量元素的检测。要充分考虑加入保存剂所引起的待测元素数量的变化。例如，酸类会增加砷、铅、汞的含量。因此，样品中加入保存剂后，应保留做空白试验。

针对技术指南中涉及的不同的监测项目，应选用的容器材质、保存剂及其加入量、保存期、采样体积和容器洗涤方法可参考表 6-2。

6.2.4.2　样品运输

水样采集后必须立即送回实验室。若采样地点与实验室距离较远,应根据采样点的地理位置和每个项目分析前最长可保存的时间,选用适当的运输方式,在现场工作开始之前,就要安排好水样的运输工作,以防延误。

水样运输前应将容器的外(内)盖盖紧。装箱时应用泡沫塑料等分隔,以防破损。同一采样点的样品应装在同一包装箱内,如需分装在两个或几个箱子中时,则需在每个箱内放入相同的现场采样记录表。运输前应检查现场记录上的所有水样是否全部装箱。要用醒目色彩在包装箱顶部和侧面标注"切勿倒置"的标记。每个水样瓶均需贴上标签,内容包括采样点位编号、采样日期和时间、测定项目、保存方法,并写明是何种保存剂。

装有水样的容器必须加以妥善保存和密封,并装在包装箱内固定,以防在运输途中破损。除防震、避免日光照射和低温运输外,还要防止新的污染物进入容器和沾污瓶口使水样变质。

在水样运送过程中,应有押运人员,每个水样都要附有一张样品交接单。在转交水样时,转交人和接收人都必须清点和检查水样并在样品交接单上签字,注明日期和时间。样品交接单是水样在运输过程中使用的文件,应防止差错并妥善保管以备查。尤其是通过第三者把水样从采样地点转移到实验室分析人员手中时,这张样品交接单就显得更为重要了。

在运输途中如果水样超过了保质期,管理员应对水样进行检查。如果决定仍然进行分析,那么在出报告时,应明确标出采样时间和分析时间。

6.2.5　留样

若有污染物排放异常等特殊情况,要留样分析时,应针对具体项目的分析用量同时采集留样样品,并填写"留样记录表",表中应涵盖以下内容:污染源名称、监测项目、采样点位、采样时间、样品编号、污水性质、污水流量、采样人姓名、留样时间、留样人姓名、固定剂添加情况、保存时间、保存条件及其他有关事项。

6.2.6 现场监测项目

废水现场监测项目主要涉及温度和 pH 两项。

6.2.6.1 温度

仪器设备：水温计是安装于金属半圆槽壳内的水银温度表，下端连接一金属贮水杯，温度表球部悬于杯中，温度表顶端的槽壳带一圆环，拴一一定长度的绳子（图 6-7）。通常测量范围为 –6～40℃，分度为 0.2℃。

图 6-7 水银温度表

测定步骤：将水温计插入一定深度的水中，放置 5 min 后，迅速提出水面并读取温度值。

注意事项：

①当气温与水温相差较大时，尤应注意立即读数，避免受气温的影响，必要时，重复插入水中，再一次读数。

②当现场气温高于 35℃或低于 –30℃时，水温计在水中的停留时间要适当延长，以达到温度平衡。

③在冬季的东北地区读数应在 3 s 内完成，否则水温计表面形成一层薄冰，影响读数的准确性。

6.2.6.2　pH

见第 6 章 6.3.2.1。

6.3　监测指标测试

6.3.1　测试方法概述

　　纺织印染工业排污单位自行监测项目包括理化指标（如 pH、色度、悬浮物等）、无机阴离子（如硫化物等）、有机污染综合指标（如化学需氧量、五日生化需氧量等）、金属及其化合物（如总锑、六价铬等）以及有机污染物（如苯胺类等）等几大类。这些监测项目所涉及的分析方法主要包括重量法、分光光度法、容量分析法、原子吸收分光光度法、电感耦合等离子体发射光谱法、电感耦合等离子体质谱法、离子色谱法、原子荧光法、气相色谱法和气相色谱—质谱法等。

6.3.1.1　重量法

　　重量法是将被测组分从试样中分离出来，经过精确称量来确定待测组分含量的分析方法。它是分析方法中最直接的测定方法，可以直接称量得到分析结果，不需与标准试样或基准物质进行比较，具有精确度高等特点。图 6-8 为重量法所用的分析电子天平。

6.3.1.2　分光光度法

　　分光光度法测定样品的基本原理是利用朗伯—比尔定律，根据不同浓度样品溶液对光信号具有不同的吸光度，对待测组分进行定量测定。分光光度法是环境监测中常用的方法，具有灵敏度高、准确度高、适用范围广、操作简便和快速及价格低廉等特点。图 6-9 为分光光度法所用的分光光度计。

图 6-8　分析电子天平

图 6-9　分光光度计

6.3.1.3　容量分析法

容量分析法是将一种已知准确浓度的标准溶液滴加到被测物质的溶液中，直到所加的标准溶液与被测物质按化学计量定量反应为止，然后根据标准溶液的浓度和用量计算被测物质的含量。按反应的性质，容量分析法可分为酸碱滴定法、氧化还原滴定法、络合滴定法和沉淀滴定法。容量分析法具有操作简便、快速、比较准确和仪器普通易得等特点。图 6-10 为滴定时所使用的套件。

图 6-10　滴定套件

适合容量分析的化学反应应该具备的条件有以下几种：

①反应必须定量进行而且进行完全；

②反应速度要快；

③有比较简便可靠的方法确定理论终点（或滴定终点）；

④共存物质不干扰滴定反应，或采用掩蔽剂等方法能予以消除。

6.3.1.4　原子吸收分光光度法

原子吸收分光光度法的测量对象是呈原子状态的金属元素和部分非金属元素，是由待测元素灯发出的特征谱线通过供试品经原子化产生的原子蒸气时，被蒸气中待测元素的基态原子所吸收，通过测定辐射光强度减弱的程度，求出供试品中待测元素的含量，并能够灵敏可靠地测定微量或痕量元素。它由光源、原子化器（分为火焰原子化器、石墨炉原子化器、氢化物发生原子化器及冷蒸气发生原子化器 4 种）、单色器、背景校正系统、自动进样系统和检测系统等组成。根据原子化器的不同，其又可分为火焰原子吸收分光光度法、石墨炉原子吸收分光光度法、氢化物发生原子吸收分光光度法、冷原子吸收分光光度法。图 6-11 为原子吸收分光光度法所用的一种仪器设备。

图 6-11　原子吸收分光光度法所用的火焰原子吸收光谱仪

①火焰原子吸收分光光度法是最常用的技术，非常适合含有目标分析物的液体或溶解样品，以及 mg/L 级的痕量元素检测。缺点是原子化效率低，灵敏度不够高，一般不能直接分析固体样品。

②石墨炉原子吸收分光光度法能够分析低体积的液体样品，适用于实验室处理日常工作中的复杂基质，可高效去除干扰，敏感度高于火焰原子吸收分光光度法分析数个数量级，可以检测低至μg/L级的痕量元素。缺点是试样组成不均匀性的影响较大，共存化合物的干扰比火焰原子分光光度法大，干扰背景比较严重，一般都需要校正背景。

③冷原子吸收分光光度法由汞蒸气发生器和原子吸收池组成，专门用于汞的测定。

6.3.1.5　电感耦合等离子体发射光谱法

电感耦合等离子体发射光谱法是指以电感耦合等离子体作为激发光源，根据处于激发态的待测元素原子回到基态时发射的特征谱线对待测元素进行分析的仪器。具有检出限低、准确度及精密度高、分析速度快等优点。图6-12为电感耦合等离子体光谱仪。

6.3.1.6　电感耦合等离子体质谱法

电感耦合等离子体质谱法是以独特的接口技术将电感耦合等离子体的高温电离特性与质谱检测器的灵敏、快速扫描的优点相结合而形成一种高灵敏度的分析技术。水样经预处理后，采用电感耦合等离子体质谱法进行检测，根据元素的质谱图或特征离子进行定性，内标法定量。其具有灵敏度高、速度快，可在几分钟内完成几十个元素的定量测定的优点，常用于测定地下水中微量、痕量和超痕量的金属元素，以及某些卤素元素、非金属元素。图6-13为电感耦合等离子体质谱仪。

图6-12　电感耦合等离子体光谱仪　　　图6-13　电感耦合等离子体质谱仪

6.3.1.7　离子色谱法

离子色谱法是以低交换容量的离子交换树脂为固定相对离子性物质进行分离，用电导检测器连续检测流出物电导变化的一种色谱方法。其主要用于环境样品的分析，包括地表水、饮用水、雨水、生活污水、工业废水、酸沉降物和大气颗粒物等样品中的阴、阳离子，与微电子工业有关的水和试剂中痕量杂质的分析。图 6-14 为离子色谱仪。

6.3.1.8　原子荧光法

原子荧光法根据测量待测元素的原子蒸气在一定波长的辐射能激发下发射的荧光强度进行定量分析的方法，是测定微量砷、锑、铋、汞、硒、碲、锗等元素最成功的分析方法之一。图 6-15 为原子荧光光谱仪。

| 图 6-14　离子色谱仪 | 图 6-15　原子荧光光谱仪 |

6.3.1.9　气相色谱法

气相色谱法的原理主要是利用物质的沸点、极性及吸附性质的差异实现混合物的分离，然后利用检测器依次检测已分离出来的组分。其具有快速、有效、灵敏度高等优点，能直接用于气相色谱分析的样品必须是气体或液体，常用的前处理方法有索氏提取法、超声提取法、振荡提取法、微波提取法等。图 6-16 为气相色谱仪。

图 6-16　气相色谱仪　　　　　图 6-17　气相色谱—质谱联用仪

6.3.1.10　气相色谱—质谱法

气相色谱—质谱法中气相色谱对有机化合物具有有效的分离、分辨能力，而质谱则是准确鉴定化合物的有效手段。由两者结合构成的色谱—质谱联用技术，是分离和检测复杂化合物的最有力工具之一，可实现复杂体系中有机物的定性及定量测定。气相色谱—质谱法分析虽然结果准确可靠，但相较于光谱分析等方法，其预处理、分析步骤较为复杂。图 6-17 为气相色谱—质谱联用仪。

6.3.2　指标测定

通过对纺织印染工业自行监测技术指南废水监测项目的梳理，除现场测量的流量在前面已经介绍外，对其余主要监测指标的常用监测分析方法和注意事项也会分别进行介绍，排污单位根据排放污染物的特征及实验室实际情况选择适宜的监测方法开展自行监测。若有其他适用的方法，经过相关验证也可以使用。

纺织印染工业涉及的废水监测指标分析方法见附录 4。

6.3.2.1　pH

（1）常用方法

pH 是水中氢离子活度的负对数，$pH = -\lg a_{H^+}$。pH 是环境监测中常用和重要的检验项目之一，可间接表示水的酸碱程度，测量常用的监测分析方法有《水质 pH 的测定　电极法》（HJ 1147—2020）和便携式 pH 计法［《水和废水监测分析方法》（第四版）］。

（2）注意事项

①最好能够现场测定，否则样品采集后，应保持在 0～4℃，并在 6 小时内进行测定。当 pH 大于 12 或小于 2 时，不宜使用便携式 pH 计法，以免损伤电极。

②便携式 pH 计由不同的复合电极构成，其浸泡方式会有所不同，有些电极要用蒸馏水浸泡，有些则严禁用蒸馏水浸泡，应当严格遵守操作手册，以免损伤电极。

③电极在使用前先放入蒸馏水中浸泡 24 h 以上。用完后冲洗干净，浸泡在纯水中。

④测定 pH 时，电极的球泡应全部浸入溶液中，并使其稍高于甘汞电极的陶瓷芯端，以免搅拌时碰坏。

⑤必须注意电极的内电极与球泡之间、甘汞电极的内电极和陶瓷芯之间不得有气泡，以防短路。

⑥测定 pH 时，为减少空气和水样中二氧化碳的溶入或挥发，在测定水样之前，不应提前打开水样瓶。

⑦当电极表面受到污染时，需进行处理。如果吸附着无机盐结垢，可用温稀盐酸溶解；对钙、镁等难溶性结垢，可用 EDTA 二钠溶液溶解；沾有油污时，可用丙酮清洗。电极按上述方法处理后，应在蒸馏水中浸泡一昼夜再使用。注意忌用无水乙醇、脱水性洗涤剂处理电极。

6.3.2.2　色度

（1）常用方法

有色废水常给人以不愉快感，排入环境后不仅会使天然水着色，减弱水体的透光性，还会影响水生生物的生长。水的色度单位是度，其常用的测定方法为《水质　色度的测定》（GB 11903—1989）。

（2）注意事项

①pH 对颜色有较大影响，在测定颜色时应同时测定 pH。

②所用与样品接触的玻璃器皿都要用盐酸或表面活性剂溶液加以清洗，最后用蒸馏水或去离子水洗净、沥干。

③样品采集在容积至少为 1 L 的玻璃瓶内，并尽快分析。如果需要贮存，则将样品贮存于暗处，同时还要避免与空气接触，避免温度的变化。

6.3.2.3　悬浮物

（1）常用方法

水质中的悬浮物是指水样通过孔径为 0.45 μm 的滤膜，截留在滤膜上并于 103～105℃烘干至恒重的物质。悬浮物的测定常用方法为《水质　悬浮物的测定　重量法》（GB 11901—1989）。

（2）注意事项

①所用聚乙烯瓶或硬质玻璃瓶要用洗涤剂清洗，再依次用自来水和蒸馏水冲洗干净。采样前用即将采集的水样清洗 3 次。采集 500～1 000 mL 样品，盖严瓶塞。

②采样时漂浮或浸没的不均匀固体物质不属于悬浮物，应从水样中除去。

③样品应尽快分析，如需放置，应贮存在冷藏箱中，但最长不得超过 7 天。采样时不能加任何保存剂，以防破坏物质在固、液间的分配平衡。

④滤膜上截留过多的悬浮物可能夹带过多的水分，除延长干燥时间外，还可能造成过滤困难，如遇此情况，可酌情少取试样。

⑤滤膜上的悬浮物过少，则会增大称量误差，影响测定精度，必要时可增大试样体积，一般以 5～100 mg 悬浮物量作为量取试样体积的实用范围。

6.3.2.4　化学需氧量

（1）常用方法

化学需氧量（COD_{Cr}）是指在强酸并加热条件下，用重铬酸钾作为氧化剂处理水样时所消耗氧化剂的量。常用的分析方法有《水质　化学需氧量的测定　重铬酸盐法》（HJ 828—2017）、《水质　化学需氧量的测定　快速消解分光光度法》（HJ/T 399—2007）和《高氯废水　化学需氧量的测定　氯气校正法》（HJ/T 70—2001）。

（2）注意事项

①实验所用试剂硫酸汞有剧毒，实验人员应避免与其直接接触。样品前处理过程应在通风橱中进行。该方法的主要干扰物为氯化物，可加入硫酸汞溶液去除。经回流后，氯离子可与硫酸汞结合成可溶性的氯汞配合物。硫酸汞溶液的用量可根据水样中氯离子的含量，按质量比 $m[HgSO_4]：m[Cl^-] \geqslant 20：1$ 的比例加入，最大加入量为 2 mL（按照氯离子最大允许浓度 1 000 mg/L 计）。水样中氯离子的含量可采用《水质　氯化物的测定　硝酸银滴定法》（GB 11896—1989）或《水质　化学需氧量的测定　重铬酸盐法》（HJ 828—2017）附录 A 进行测定或粗略判定。

②采集水样的体积不得少于 100 mL，采集的水样应置于玻璃瓶中，并尽快分析。如不能立即分析时，应加入硫酸至 pH<2，置于 4℃ 以下保存，保存时间不能超过 5 天。

③对于污染严重的水样，可选取所需体积的 1/10 的水样放入硬质玻璃管，加入 1/10 的试剂，摇匀后加热沸腾数分钟，观察溶液是否变成蓝绿色。若呈蓝绿色，应再适当少取水样，直至溶液不变蓝绿色为止，从而可以确定待测水样的稀释倍数。

④消解时应使溶液缓慢沸腾，不宜爆沸。如出现爆沸，说明溶液中出现局部过热，会导致测定结果有误。爆沸的原因可能是加热过于激烈，或是防爆沸玻璃珠的效果不好。

6.3.2.5　五日生化需氧量

（1）常用方法

水体中所含的有机物成分复杂，难以一一测定其成分。人们常常利用水中有机物在一定条件下所消耗的氧来间接表示水体中有机物的含量，生化需氧量即属于这类的重要指标之一。常用的分析方法是《水质　五日生化需氧量（BOD$_5$）的

测定 稀释与接种法》（HJ 505—2009）。

（2）注意事项

①丙烯基硫脲属于有毒化合物，操作时应按规定要求佩戴防护器具，避免接触皮肤和衣物；标准溶液的配制应在通风橱内进行操作；检测后的残渣废液应做好妥善的安全处理。

②采集的样品应充满并密封于棕色玻璃瓶中，样品量不小于 1 000 mL，在 0～4℃的暗处运输保存，并于 24 小时内尽快分析。24 小时内不能分析的，可冷冻保存（冷冻保存时避免样品瓶破裂），冷冻样品分析前须解冻、均质化和接种。

③若样品中的有机物含量较多，BOD_5 的质量浓度大于 6 mg/L，样品需适当稀释后测定。

④对不含或含微生物少的工业废水，如酸性废水、碱性废水、高温废水、冷冻保存的废水或经过氯化处理等的废水，在测定 BOD_5 时应进行接种，以引进能分解废水中有机物的微生物。

⑤当废水中存在难以被一般生活污水中的微生物以正常的速度降解的有机物或含有剧毒物质时，应将驯化后的微生物引入水样中进行接种。

⑥每一批样品做两个分析空白试样，稀释接种法空白试样的测定结果不能超过 0.5 mg/L，非稀释接种法和稀释接种法空白试样的测定结果不能超过 1.5 mg/L，否则应检查可能的污染来源。

6.3.2.6 氨氮

（1）常用方法

氨氮（NH_3-N）以游离氨（NH_3）或铵盐（NH_4^+）的形式存在于水中。氨氮常用的测定方法有《水质 氨氮的测定 蒸馏—中和滴定法》（HJ 537—2009）、《水质 氨氮的测定 气相分子吸收光谱法》（HJ/T 195—2005）、《水质 氨氮的测定 纳氏试剂分光光度法》（HJ 535—2009）、《水质 氨氮的测定 水杨酸分光光度法》（HJ 536—2009）、《水质 氨氮的测定 连续流动—水杨酸分光光度法》

（HJ 665—2013）和《水质　氨氮的测定　流动注射—水杨酸分光光度法》（HJ 666—2013）。

（2）注意事项

①水样采集在聚乙烯或玻璃瓶内，要尽快分析。如需保存，应加硫酸使水样酸化至 pH<2，2～5℃下可保存 7 天。

②水样中含有悬浮物、余氯、钙和镁等金属离子、硫化物和有机物时会产生干扰，含有此类物质时要做适当处理，以消除对测定的影响。

③如果水样的颜色过深、含盐量过多，酒石酸钾盐对水样中的金属离子掩蔽能力不够，或水样中存在高浓度的钙、镁和氯化物时，需要预蒸馏。

④试剂和环境温度会影响分析结果，冰箱贮存的试剂需放置到室温后再分析，分析过程中室温波动不超过±5℃。

⑤当同批分析的样品浓度波动较大时，可在样品与样品之间插入空白当试样分析，以减小高浓度样品对低浓度样品的影响。

⑥标定盐酸标准滴定溶液时，至少平行滴定 3 次，平行滴定的最大允许偏差不大于 0.05 mL。

⑦分析过程中发现检测峰峰型异常，一般情况下平峰为超量程，双峰为基体干扰，不出峰为泵管堵塞或试剂失效。

⑧每天分析完毕后，用纯水对分析管路进行清洗，并及时将流动检测池中的滤光片取下放入干燥器中，防尘防湿。

6.3.2.7　总氮

（1）常用方法

总氮指能测定的样品中溶解态氮及悬浮物中氮的总和，包括亚硝酸盐氮、硝酸盐氮、无机铵盐、溶解态氮及大部分有机含氮化合物中的氮。常用测定方法有《水质　总氮的测定　碱性过硫酸钾消解紫外分光光度法》（HJ 636—2012）、《水质　总氮的测定　连续流动—盐酸萘乙二胺分光光度法》（HJ 667—2013）、《水质

总氮的测定　流动注射—盐酸萘乙二胺分光光度法》（HJ 668—2013）和《水质　总氮的测定　气相分子吸收光谱法》（HJ/T 199—2005）。

（2）注意事项

①将采集好的样品贮存在聚乙烯瓶或硬质玻璃瓶中，用浓硫酸调节 pH 至 1～2，常温下可保存 7 天。贮存在聚乙烯瓶中，−20℃冷冻，可保存 1 个月。

②某些含氮有机物在标准规定的测定条件下不能完全转化为硝酸盐。

③测定应在无氨的实验室环境中进行，避免环境交叉污染对测定结果产生影响。

④实验所用的器皿和高压蒸汽灭菌器等均应无氨污染。实验中所用的玻璃器皿应用盐酸溶液或硫酸溶液浸泡，用自来水冲洗后再用无氨水冲洗数次，洗净后立即使用。高压蒸汽灭菌器应每周清洗。

⑤在碱性过硫酸钾溶液配制过程中，温度过高会导致过硫酸钾分解失效，因此要控制水浴温度在 60℃以下，而且应待氢氧化钠溶液温度冷却至室温后，再将其与过硫酸钾溶液混合、定容。

⑥使用高压蒸汽灭菌器时，应定期检定压力表，并检查橡胶密封圈的密封情况，避免因漏气而减压。

⑦当同批分析的样品浓度波动大时，可在样品与样品之间插入空白当试样分析，以减小高浓度样品对低浓度样品的影响。

6.3.2.8　总磷

（1）常用方法

总磷的常用测定方法有《水质　总磷的测定　钼酸铵分光光度法》（GB 11893—1989）、《水质　磷酸盐和总磷的测定　连续流动—钼酸铵分光光度法》（HJ 670—2013）和《水质　总磷的测定　流动注射—钼酸铵分光光度法》（HJ 671—2013）。

（2）注意事项

①用硝酸—高氯酸消解需要在通风橱中进行。高氯酸和有机物的混合物经加热易发生危险，需将试样先用硝酸消解，然后再加入高氯酸进行消解。

②在采样前，用水冲洗所有接触样品的器皿，样品采集于清洗过的聚乙烯或玻璃瓶中。用于测定磷酸盐的水样，取样后于 0～4℃暗处保存，可稳定 24 小时。用于测定总磷的水样，采集后应立即加入硫酸至 pH≤2，常温可保存 24 小时；于 −20℃冷冻，可保存 1 个月。

③对于磷酸含量较少的样品（磷酸盐或总磷浓度≤0.1 mg/L），不可用聚乙烯瓶保存，冷冻保存状态除外。

④绝不可把消解的试样蒸干。

⑤如消解后有残渣时，用滤纸过滤于具塞比色管中。

⑥水样中的有机物用过硫酸钾氧化不能完全破坏时，可用此法消解。

⑦当同批分析的样品浓度波动大时，可在样品与样品之间插入空白当试样分析，以减小高浓度样品对低浓度样品的影响。

⑧每次分析完毕后，须用纯水对分析管路进行清洗，并及时将流动检测池中的滤光片取下放入干燥器中，防尘防湿。

6.3.2.9　动植物油类

（1）常用方法

水质中动植物油类是指在 pH≤2 的条件下，能够被四氯乙烯萃取且被硅酸镁吸收的物质。常用的测定方法为《水质　石油类和动植物油类的测定　红外分光光度法》（HJ 637—2018）。

（2）注意事项

①用采样瓶采集约 500 mL 水样后，加入盐酸溶液酸化至 pH≤2。

②如样品不能在 24 小时内测定，应冷藏保存，3 天内测定。

③试验中使用的四氯乙烯须符合品质的相关要求，避光保存。

④同一批样品测定所使用的四氯乙烯应来自同一瓶，如样品数量多，可将多瓶四氯乙烯混合均匀后使用。

⑤所有使用完的器皿置于通风橱内挥发完后清洗。

⑥四氯乙烯废液应集中存放于密闭容器中，并做好相应标识，委托有资质的单位处理。

6.3.2.10　硫化物

（1）常用方法

硫化物是指水中溶解性无机硫化物和酸溶性金属硫化物的总和。包括溶解性的 H_2S、HS^-、S^{2-}，以及存在于悬浮物中的可溶性硫化物和酸溶性金属硫化物。常用方法有《水质　硫化物的测定　亚甲基蓝分光光度法》（GB/T 16489—1996）、《水质　硫化物的测定　直接显色分光光度法》（GB/T 17133—1997）、《水质　硫化物的测定　流动注射—亚甲基蓝分光光度法》（HJ 824—2017）、《水质　硫化物的测定　碘量法》（HJ/T 60—2000）和《水质　硫化物的测定　气相分子吸收光谱法》（HJ/T 200—2005）。

（2）注意事项

①硫离子很容易被氧化，硫化氢易从水样中溢出，在采样时应防止曝气，并加适量的氢氧化钠溶液和乙酸锌—乙酸钠溶液，使水样呈碱性并形成硫化锌沉淀。水样应充满瓶，瓶塞下不留空气。

②对于无色、透明、不含悬浮物的清洁水样，采用沉淀分离法测定。

③对于含悬浮物、浑浊度较高、有色、不透明的水样，采用酸化—吹气—吸收法测定。

④采样时，先在采样瓶中加入一定量的乙酸锌溶液，再加水样，然后滴加适量的氢氧化钠溶液，使之呈碱性并生成硫化锌沉淀。

⑤硫化物含量过高时，在采样时可多加固定剂，直至完全沉淀。水样充满采样容器后立即密封保存。

⑥每批次样品须至少测定两个实验室空白，空白值不得超过方法检出限。否则应查明原因，重新分析直至合格之后才能测定样品。

6.3.2.11　六价铬

（1）常用方法

地面水和工业废水中六价铬的测定常用方法为《水质　六价铬的测定　二苯碳酰二肼分光光度法》（GB/T 7467—1987）。

（2）注意事项

①所有玻璃仪器不能使用重铬酸钾洗液洗涤，可用硝酸、硫酸混合液或洗涤剂洗涤。玻璃器皿内壁应保持光洁，防止铬被吸附。

②实验室样品应当使用玻璃瓶采集，采集后应加入氢氧化钠，调节样品 pH 约为 8，尽快测定，如需放置，不宜超过 24 小时。

③样品经锌盐沉淀分离法前处理后，仍含有机物干扰测定时，可用酸性高锰酸钾氧化法破坏有机物后再测定。

6.3.2.12　苯胺类

（1）常用方法

水质中苯胺类化合物的测定常用方法主要有《水质　苯胺类化合物的测定　气相色谱—质谱法》（HJ 822—2017）、《水质　苯胺类化合物的测定　N-（1-萘基）乙二胺偶氮分光光度法》（GB 11889—1989）和《水质　17 种苯胺类化合物的测定法　液相色谱—三重四极杆质谱法》（HJ 1048—2019）。

（2）注意事项

①注意不同方法的适用范围。气相色谱—质谱法规定了 19 种苯胺类化合物及验证后其他苯胺类化合物的测定；分光光度法适用于染料、制药等废水中芳香族伯胺类化合物的测定。

②相关溶液配制应在通风橱中进行，操作时应按规定佩戴防护器具，避免吸入或接触皮肤和衣物。

③样品应用玻璃瓶采集，水样充满样品瓶，不留空隙。

④样品应冷藏保存。气相色谱—质谱法规定样品必须在采集后 7 天内萃取，萃取液在 40 天内完成分析；分光光度法则规定保存不超过两周。

⑤实验中产生的废液应集中收集，并清楚地做好标记贴上标签，应委托有资质的单位处理。

6.3.2.13　二氧化氯

（1）常用方法

水质中二氧化氯的常用测定方法主要有《水质　二氧化氯和亚氯酸盐的测定　连续滴定碘量法》（HJ 551—2016），该标准规定了测定纺织染整工业废水中二氧化氯和亚氯酸盐的连续滴定碘量法，当取样量为 150 mL 时，二氧化氯的方法检出限为 0.09 mg/L，测定下限为 0.36 mg/L。该方法的原理是二氧化氯在 pH 中性条件下，能氧化碘离子而析出碘。

（2）注意事项

①二氧化氯在水中不稳定，易挥发和被还原性物质分解。用硬质玻璃瓶或聚乙烯瓶采集样品，水样应充满采样瓶，勿留空间和气泡，避免受热、光照和剧烈振动。

②样品不易运输和保存，应在采样后 30 min 内进行分析。

③色度对滴定终点会产生干扰。水样有色度时，应取相同水样作为滴定终点判断的参比样品。

④二氧化氯有腐蚀性，采集高浓度废水时，须注意防护，避免废水与皮肤接触，并在上风向采样。

⑤实验中产生的废液应按有关要求安全处理。

6.3.2.14　可吸附有机卤素（AOX）

（1）常用方法

水中可吸附有机卤素常用的分析方法有《水质　可吸附有机卤素（AOX）的

测定　微库仑法》（GB/T 15959—1995）、《水质　可吸附有机卤素（AOX）的测定　离子色谱法》（HJ/T 83—2001）。

（2）注意事项

①活性炭容易吸附化合物，它暴露在空气中 5 天后就失去活性。为了减少炭的空白值，取 1.5～2 g 合格的活性炭置于封闭的玻璃瓶中备用（当天用量）。密封瓶中的活性炭，一经打开必须当天使用，剩余的不能再用。

②购买的活性炭具有适当的吸附能力和低的无机氯化物含量，或色谱纯的活性炭可以作测定 AOX 用。

③纯化后的活性炭开封后，仅限当日使用，否则必须再次做纯化处理。

④普通氧气和医用氧气中含有微量杂质，干扰测定，必须通过净化装置净化过后方可使用。

⑤每批样品至少需做两个全程序空白实验和分析步骤的验证实验。

⑥使用过的气泡式吸收管，须用（1+2）硝酸浸泡过夜，用水冲洗，再用去离子水清洗干净后方可使用。

6.3.2.15　总锑

（1）常用方法

水质中锑的测定常用方法主要有《水质　锑的测定　火焰原子吸收分光光度法》（HJ 1046—2019）和《水质　锑的测定　石墨炉原子吸收分光光度法》（HJ 1047—2019）。

（2）注意事项

①实验中使用的锑及其化合物毒性较强，盐酸具有强腐蚀性和强挥发性，硝酸具有强腐蚀性和强氧化性，试剂配制和样品前处理过程应在通风橱内进行，操作时应按要求佩戴防护器具，避免接触皮肤和衣物。

②注意不同方法的适用范围。火焰原子吸收分光光度法适用于高浓度生活污水、工业废水和受较严重污染的地表水中锑的测定；石墨炉原子吸收分光光度法

适用于生活污水、工业废水、受一定污染的地表水和地下水中锑的测定。两者对于总锑的方法检出限、测定下限有所不同。

③样品采集后，每 100 mL 样品加入 1 mL 硝酸酸化，14 天内测定。

④实验中产生的废液应分类收集，集中保管，并做好相应标识，委托有资质的单位进行处理。

第 7 章　废水自动监测系统技术要点

近年来，为加强地区排污的监控力度和满足排污许可的要求，全国各级生态环境部门大力推进废水自动监测系统的建设。废水自动监测系统也称为水污染源在线监测系统，通常是由水污染源在线监测设备和水污染源在线监测站房组成。随着全国废水自动监测系统业务量的逐年攀升，做好系统的建设、验收及运行维护管理工作成为影响数据质量的关键环节。本章基于《水污染源在线监测系统（COD_{Cr}、HN_3-N 等）安装技术规范》（HJ 353—2019）、《水污染源在线监测系统（COD_{Cr}、HN_3-N 等）验收技术规范》（HJ 354—2019）、《水污染源在线监测系统（COD_{Cr}、HN_3-N 等）运行技术规范》（HJ 355—2019）、《水污染源在线监测系统（COD_{Cr}、HN_3-N 等）数据有效性判别技术规范》（HJ 356—2019）标准，对废水自动监测系统的建设、验收、运行维护应注意的技术要点进行了梳理。

7.1　水污染源在线监测系统组成

水污染源在线监测系统通常由流量监测单元、水质自动采样单元、水污染源在线监测仪器、数据控制单元以及相应的建筑设施等组成。

①流量监测单元通常包括明渠流量计和管道流量计。采用超声波明渠流量计测定流量，应按技术规范要求修建堰槽；管道流量计可选择电磁流量计。

②水质自动采样单元通常是指采样管路、采样泵以及水质自动采样器。采样

管路应根据废水水质选择优质的聚氯乙烯（PVC）、三丙聚丙烯（PPR）等不影响分析结果的硬管，并配有必要的防冻和防腐设施。采样泵应根据水样流量、废水水质、水质自动采样器的水头损失及水位差合理选择采样泵。采样管路宜设置为明管，并标注水流方向。根据 HJ 353—2019 的最新要求，水质自动采样单元应具有采集瞬时水样和混合水样，混匀及暂存水样、自动润洗及排空混匀桶，以及留样等功能。

③水污染源在线监测仪器是指在现场用于监控、监测污染物排放的化学需氧量（COD_{Cr}）在线自动监测仪、pH 水质自动分析仪、氨氮水质自动分析仪、总磷水质自动分析仪、污水流量计、水质自动采样器和数据采集传输仪等仪器、仪表。

化学需氧量（COD_{Cr}）在线自动监测仪的测定方法多采用重铬酸钾法测定，对于高氯废水也可考虑采用总有机碳（TOC）分析仪检测，但必须与重铬酸钾法做对照实验，做出相关系数，换算成重铬酸钾法监测数据输出。

pH 水质自动分析仪采用玻璃电极法测定。

氨氮水质自动分析仪的测定方法有纳氏试剂光度法、氨气敏电极法、水杨酸一次氯酸盐比色法等。

总磷在线自动监测仪的测定多采用钼锑抗分光光度法。

总氮在线自动监测仪的测定多采用连续流动—盐酸萘乙二胺分光光度法和碱性过硫酸钾消解紫外分光光度法。

数据采集设备主要是对各种监测设备测量的数据进行采集、存储及处理，并将有关的数据存储和输出。

数据传输设备对采集的各种监测数据传输至生态环境主管部门。目前，数据的传输有多种方式，包括 GPRS 方式、GSM 短消息方式、局域网方式等。

④数据控制单元指实现控制整个水污染源在线监测系统内部仪器设备联动，自动完成水污染源在线监测仪器的数据采集、整理、输出及上传至监控中心平台，接受监控中心平台命令控制水污染源在线监测仪器运行等功能的单元。根据 HJ 353—2019 的最新要求，数据控制单元可控制水质自动采样单元采样、送样及

留样等操作。

⑤总体要求。排污单位在安装自动监测设备时，应当根据国家对每个监测设备的具体技术要求进行选型安装。选型安装在线监测仪器时，应根据污染物浓度和排放标准，选择检测范围与之匹配的在线监测仪器，监测仪器满足国家对应仪器的技术要求。如《化学需氧量（COD$_{Cr}$）水质在线自动监测仪技术要求及检测方法》（HJ 377—2019）、《氨氮水质在线自动监测仪技术要求及检测方法》（HJ 101—2019）、《总氮水质自动分析仪技术要求》（HJ/T 102—2003）、《总磷水质自动分析仪技术要求》（HJ/T 103—2003）、《pH 水质自动分析仪技术要求》（HJ/T 96—2018）等。选型安装数据传输设备时，应按照《污染物在线监控（监测）系统数据传输标准》（HJ 212—2017）和《污染源在线自动监控（监测）数据采集传输仪技术要求》（HJ 477—2009）规范要求设置，不得添加其他可能干扰监测数据存储、处理、传输的软件或设备。

在污染源自动监测设备建设、联网和管理过程中，如果当地管理部门有相关规定的，应同时参考地方的规定要求。如上海市环保局于 2017 年发布了《上海市固定污染源自动监测建设、联网、运维和管理有关规定》。

7.2　现场安装要求

废水自动监测系统现场安装主要涉及现场监测站房建设、排放口规范化整治、采样点位选取等内容，其中监测站房的建筑设计应作为在线监控的专室专用，远离腐蚀性气体的地点，并满足所处位置的气候、生态、地质、安全等要求，站房内应安装空调和冬季采暖设备，空调应具有来电自启动功能，具备温湿度计；排放口应满足生态环境主管部门规定的排放口规范化设置要求；监测站房内、采样口等区域应安装视频监控设备；采样点位应避开有腐蚀性气体、较强的电磁干扰和振动的地方，应易于到达，且保证采样管路不超过 50 m，同时应有足够的工作空间和安全措施，便于采样和维护操作。具体要求详见第 5 章 5.2.4 节。

7.3 调试检测

废水污染源在线监测设备现场安装完成后，需对其进行调试、试运行及联网检测，以验证设备是否符合连续稳定运行的技术要求。

7.3.1 调试

调试是指在流量计、水质自动采样器、水质自动分析仪运行初期进行校准、校验的初期检查，并按照标准规范要求编制调试报告。具体要求如下：

①明渠流量计应进行流量比对误差和液位比对误差测试。

②水质自动采样器应进行采样量误差和温度控制误差测试。

③水质自动分析仪应根据排污企业排放浓度选择量程，并在该量程下 24 小时漂移、重复性、示值误差以及实际水样比对测试。

④各水污染源在线监测仪器指标符合相关技术要求的调试效果，TOC 水质自动分析仪参照 COD_{Cr} 水质自动分析仪执行。

7.3.2 试运行

设备调试完成后，进入试运行阶段，应根据实际水污染源排放特点及建设情况，编制水污染源在线监测系统运行与维护方案以及相应的记录表格，最终编制试运行报告。具体要求如下：

①试运行期间应保持对水污染源在线监测系统连续供电，保证系统连续正常运行 30 天。

②可设定任一时间（时间间隔不小于 24 小时），由水污染源在线系统自动调节零点和校准量程值。

③因排放源故障或在线监测系统故障造成试运行中断，在排放源或在线监测系统恢复正常后，重新开始试运行。

④试运行期间数据传输率应不小于 90%。

⑤数据控制系统已经与水污染源在线监测仪器正确连接，并开始向监控中心平台发送数据。

7.4　验收要求

自动监测设备完成安装、调试及试运行并与生态环境主管部门联网后，同时符合下列要求，建设方即可组织仪器供应商、管理部门等相关方实施技术验收工作，并编制在线验收报告。验收主要内容应包括进行建设验收、仪器设备验收、联网验收及运行与维护方案验收。验收前自动监测设备应满足如下条件：

①提供水污染源在线监测系统的选型、工程设计、施工、安装调试及性能等相关技术资料。

②水污染源在线监测系统已完成调试与试运行，并提交运行调试报告与试运行报告。

③提供流量计、标准计量堰（槽）的检定证书，水污染源在线监测仪器符合 HJ 353—2019 表 1 中技术要求的证明材料。

④水污染源在线监测系统所采用基础通信网络和基础通信协议应符合 HJ 212—2017 的相关要求，对通信规范的各项内容作出响应，并提供相关的自检报告。同时提供生态环境主管部门出具的联网证明。

⑤水质自动采样单元已稳定运行一个月，可采集瞬时水样和具有代表性的混合水样供水污染源在线监测仪器分析使用，可进行留样并报警。

⑥验收过程供电不间断。

⑦数据控制单元已稳定运行一个月，向监控中心平台及时发送数据，期间设备运转率应大于 90%；数据传输率应大于 90%。

7.4.1　建设验收要求

建设验收主要是对污染源排放口、流量监测单元、监测站房、水质自动采样单元、数据控制单元进行验收，主要内容如下：

①污染源排放口应符合相关技术规范要求，具备符合水质自动采样单元和流量监测单元安装条件的采样口，并设置人工采样口。

②流量计安装处设置有对超声波探头检修和比对的工作平台，可方便实现对流量计的检修和比对工作。

③监测站房专室专用，新建监测站房面积应不小于15 m²，站房高度不低于2.8 m。

④水质自动采样单元应实现采集瞬时水样和混合水样，混匀及暂存水样，自动润洗及排空混匀桶的功能；实现混合水样和瞬时水样的留样功能；实现 pH 水质自动分析仪、温度计原位测量或测量瞬时水样功能；COD_{Cr}、TOC、NH_3-N、TP、TN 水质自动分析仪测量混合水样功能。

⑤数据控制单元可协调统一运行水污染源在线监测系统，采集、储存、显示监测数据及运行日志，向监控中心平台上传污染源监测数据。

7.4.2　在线监测仪器验收要求

7.4.2.1　基本验收要求

①水污染源在线监测仪器验收包括对 COD_{Cr} 在线自动监测仪、TOC 水质自动分析仪、pH 水质自动分析仪、氨氮水质自动分析仪、总磷水质自动分析仪、总氮水质自动分析仪、超声波明渠污水流量计、水质自动采样器等技术指标验收。

②性能验收内容包括液位比对误差、流量比对误差、采样量误差、温度控制误差、24 小时漂移、准确度以及实际水样比对测试。

7.4.2.2　性能验收

①COD_{Cr}在线自动监测仪、TOC 水质自动分析仪、pH 水质自动分析仪、氨氮水质自动分析仪和总磷水质自动分析仪、总氮水质自动分析仪验收应包括 24 小时漂移、准确度、实际水样比对。验收指标要求见《水污染源在线监测系统（COD_{Cr}、$HN_3\text{-}N$ 等）验收技术规范》（HJ 354—2019）表 2。

②超声波流量计验收应包括液位比对误差、流量比对误差。验收指标要求见《水污染源在线监测系统（COD_{Cr}、$HN_3\text{-}N$ 等）验收技术规范》（HJ 354—2019）表 2。

③水质自动采样器验收应包括采样量误差、温度控制误差。验收指标要求见《水污染源在线监测系统（COD_{Cr}、$HN_3\text{-}N$ 等）验收技术规范》（HJ 354—2019）表 2。

7.4.3　联网验收

联网验收由通信验收、数据传输正确性验收、联网稳定性验收、现场故障模拟恢复试验、生成统计报表等内容组成。

7.4.3.1　通信验收

通信验收包括通信稳定性、数据传输安全性、通信协议正确性三部分内容。

①通信稳定性：数据控制单元和监控中心平台之间通信稳定，不应出现经常性的通信连接中断、数据丢失、数据不完整等通信问题。数据控制单元在线率为 90% 以上，正常情况下，掉线后应在 5 min 之内重新上线。数据采集传输仪每日掉线次数在 5 次以内。数据传输稳定性在 99% 以上，当出现数据错误或丢失时，启动纠错逻辑，要求数据采集传输仪重新发送数据。

②数据传输安全性：数据采集传输仪在需要时可按照 HJ 212—2017 中规定的加密方法进行加密处理后传输，以保证数据传输的安全性。

③通信协议正确性：采用的通信协议应完全符合 HJ 212—2017 的相关要求。

7.4.3.2 数据传输正确性验收

①系统稳定运行一个月后，任取其中不少于连续 7 天的数据进行检查，要求监控中心平台接收的数据和数据控制单元采集和存储的数据完全一致。

②同时检查水污染源在线连续自动分析仪器存储的测定值、数据控制单元所采集并存储的数据和监控中心平台接收的数据，这 3 个环节的实时数据误差均小于 1%。

7.4.3.3 联网稳定性验收

在连续一个月内，系统能稳定运行，不出现除通信稳定性、通信协议正确性、数据传输正确性以外的其他联网问题。

7.4.3.4 其他要求

①验收过程中应进行现场故障模拟恢复试验，人为模拟现场断电、断水和断气等故障，在恢复供电等外部条件后，水污染源在线连续自动监测系统应能正常自启动和远程控制启动。在数据控制单元中保存故障前完整分析的分析结果，并在故障过程中不被丢失。数据控制系统完整记录所有故障信息。

②在线监测系统能够按照规定要求自动生成日统计表、月统计表和年统计表。

7.4.4 运行与维护方案验收

运行与维护方案应包含水污染源在线监测系统情况说明、运行与维护作业指导书及记录表格，并形成书面文件进行有效管理。

①水污染源在线监测系统情况说明应至少包含如下内容：排污单位基本情况，水污染源在线监测系统构成图，水质自动采样系统流路图，数据控制系统构成图，所安装的水污染源在线监测仪器方法原理、选定量程、主要参数、所用试剂，以及按照 HJ 355—2019 中规定建立的各组成部分的维护要点及维护程序。

②运行与维护作业指导书应至少包含如下内容：水污染源在线监测系统各组成部分的维护方法，所安装的水污染源在线监测仪器的操作方法、试剂配制方法、维护方法，流量监测单元、水样自动采集单元及数据控制单元维护方法。

③记录表格应满足运行与维护作业指导书中的设定要求。

7.4.5　验收报告要求

依据上述验收内容，编制验收报告（格式详见《水污染源在线监测系统（COD_{Cr}、HN_3-N 等）验收技术规范》（HJ 354—2019）附录 A）。验收报告后应附验收比对监测报告、联网证明和安装调试报告。验收报告内容全部合格或符合后，方可通过验收。

7.5　运行管理要求

污染源自动监测设备通过验收后，即被认定为已处于正常运行状态，设备运行维护单位应按照相关技术规范的要求做好日常运行管理工作。

7.5.1　总体要求

水污染源在线监测设备运维单位应根据相关技术规范及仪器使用说明书进行运行管理工作，并制定完善的水污染源自动监测设备运行维护管理制度，确定系统运行操作人员和管理维护人员的工作职责。运维人员应按照国家相关规定，经培训合格，持证上岗，并熟练掌握水污染源在线监测设备的原理、使用和维护方法。

设备验收完成后应对设备相关参数进行备案，备案参数应与设备参数保持一致，如需修改相关参数，应提交情况说明，重新进行备案。

7.5.2　运维单位

运维单位应在所服务省（区、市）无不良运行维护记录，未出现过故意干扰在线监测仪器，在线监测数据弄虚作假的案例。运维单位应严格按照技术规范开展日常运行维护工作，建立完善的运行维护管理制度及档案资料备查制度，应备有所运行在线监测仪器的备用仪器，同时应配备相应仪器参比方法实际水样比对试验装置。能够提供驻地运行维护服务，设备出现故障 12 小时内到达现场及时处理，能与在线监测仪器建设单位保持良好沟通，确保在最短时间内修复故障。

7.5.3 管理制度

运维单位应建立水污染源自动监测设备运行维护管理制度，主要包括仪器设备运行与维护的作业指导书；日常巡检制度及巡检内容；定期维护制度及定期维护内容；定期校验和校准制度及内容；易损、易耗品的定期检查和更换制度；废药剂的收集处置制度；设备故障及应急处理制度；运行维护记录内容等一系列管理制度。

7.5.4 日常维护总体要求

运维单位应按照相关技术规范及仪器使用说明书建立日常巡检制度，开展日常巡检工作并做好记录。日常巡检内容主要包括每日通过远程检查或现场察看的方式检查仪器运行状态、数据传输系统以及视频监控系统是否正常，设备出现故障时应第一时间处理解决；除日常维护工作外，应按照相关要求和设备说明书完成每周、每月、每季度检查维护内容。每日数据传输情况、定期的设备检查及保养情况应记录并归档。每次进行备件或材料更换时，更换的备件或材料的品名、规格、数量等应记录并归档。如更换标准物质或标准样品，还需记录标准物质或标准样品的浓度、配置时间、更换时间、有效期等信息。对日常巡检或维护保养中发现的故障或问题，系统管理维护人员应及时处理并记录。

7.5.5 运行技术总体要求

运维单位应按照相关技术规范要求定期进行自动标样核查和自动校准，同时定期进行实际水样比对试验。

7.6　质量保证要求

7.6.1　总体要求

　　水污染源自动监测设备日常运行质量保证是保障设备正常稳定运行、持续提供有质量保证监测数据的必要手段。操作维护人员每日远程检查或现场察看检测设备运行状态，如发现异常应立即前往；操作维护人员每周至少一次对设备进行现场维护，包括试剂添加、设备状态检查、采样系统维护、供电系统检查等；操作维护人员每月一次对现场设备进行保养，包括检查和保养易损耗件、对测量部件和设备外壳进行清洗；每季度检查及更换易损耗件，用专用容器回收仪器设备产生的废液；操作维护人员每月至少进行一次实际水样比对试验，定期对设备进行自动标样核查和自动校准。当设备出现因故障或维护原因不能正常运行时，应在 24 小时内向当地生态环境主管部门报告。以月为周期，每月设备有效数据率不得小于 90%，以保证监测数据的数量要求。

　　有效数据率=仪器实际获得的有效数据个数/应获得的有效数据个数×100%

7.6.2　日常检查维护

7.6.2.1　运行和日常维护

　　①每日远程检查或现场察看仪器运行状态，检查数据传输系统以及视频监控系统是否正常，如发现数据有持续异常情况，应立即前往站点进行检查。

　　②每周至少一次对监测系统进行现场维护，现场维护内容包括：

　　检查自来水供应、泵取水情况，检查内部管路是否通畅，仪器自动清洗装置是否运行正常，检查各自动分析仪的进样水管和排水管是否清洁，必要时进行清洗；定期清洗水泵和过滤网。

检查站房内电路系统、通信系统是否正常。

对于用电极法测量的仪器，检查标准溶液和电极填充液，进行电极探头的清洗。

若部分站点使用气体钢瓶，应检查载气气路系统是否密封，气压是否满足使用要求。

检查各仪器标准溶液和试剂是否在有效使用期内，按相关要求定期更换标准溶液和分析试剂。

观察数据采集传输仪的运行情况，并检查连接处有无损坏，对数据进行抽样检查，对比自动分析仪、数据采集传输仪及监控中心平台接收到的数据是否一致。

检查水质自动采样系统管路是否清洁，采样泵、采样桶和留样系统是否正常工作，留样保存温度是否正常。

③每月现场维护内容包括：

水质自动采样系统：根据情况更换蠕动泵管、清洗混合采样瓶等。

TOC 水质自动分析仪：检查 TOC-COD_{Cr} 转换系数是否适用，必要时进行修正。检查 TOC 水质自动分析仪的泵、管、加热炉温度等，检查试剂余量（必要时添加或更换），检查卤素洗涤器、冷凝器水封容器、增湿器，必要时加蒸馏水。

COD_{Cr} 水质在线自动监测仪：检查内部试管是否污染，必要时进行清洗。

氨氮水质自动分析仪：检查气敏电极表面是否清洁，对仪器管路进行保养、清洁。

流量计：检查超声波流量计液位传感器高度是否发生变化，检查超声波探头与水面之间是否有干扰测量的物体，对堰体内影响流量计测定的干扰物进行清理；检查管道电磁流量计的检定证书是否在有效期内。

pH 水质自动分析仪：用酸液清洗一次电极，检查 pH 电极是否钝化，必要时进行校准或更换。

温度计：每月至少进行一次现场水温比对试验，必要时进行校准或更换。

每月的现场维护应包括对水污染源在线监测仪器进行一次保养，对仪器分析系统进行维护；对数据存储或控制系统工作状态进行一次检查；检查监测仪器接地情况，检查监测站房防雷措施。检查和保养仪器易损耗件，必要时进行更换；检查及清洗取样单元、消解单元、检测单元、计量单元等。

④每季度现场维护内容包括：

检查及更换仪器易损耗件，检查关键零部件可靠性，如计量单元准确性、反应室密封性等，必要时进行更换。对于水污染源在线监测仪器所产生的废液应以专用容器回收，交由有危险废物处理资质的单位处理，不得随意排放或回流入污水排放口。

⑤其他预防性维护：

保证监测站房的安全性，进出监测站房应进行登记，包括出入时间、人员、出入原因等，应设置视频监控系统。

保持监测站房的清洁，保持设备的清洁，保证监测站房内的温度、湿度满足仪器正常运行的需求。

保持各仪器管路通畅，出水正常，无漏液。

对电源控制器、空调、排风扇、供暖、消防设备等辅助设备要进行经常性检查。

此处未提及的维护内容，按相关仪器说明书的要求进行仪器维护保养及易耗品的定期更换工作。

7.6.2.2　维护记录

操作人员应详细了解水污染源在线监测系统的基本情况，填写相关记录表格。在对系统进行日常维护时，应做好巡检维护记录，巡检维护记录应包含日志检查、耗材检查、辅助设备检查、采样系统检查、水污染源在线监测仪器检查、数据采集传输系统检查等必检项目和记录，以及仪器使用说明书中规定的其他检查项目和仪器参数设置记录、标样核查及校准结果记录、检修记录、易耗品更换记录、标准样品更换记录、实际水样比对试验结果记录。

7.6.3 运行技术要求

运行技术要求包括自动标样核查和自动校准、实际水样比对试验。

7.6.3.1 自动标样核查和自动校准

选用浓度约为现场工作量程上限值 0.5 倍的标准样品定期进行自动标样核查。如果自动标样核查结果不满足《水污染源在线监测系统（COD_{Cr}、$HN_3\text{-}N$ 等）运行技术规范》（HJ 355—2019）表 1（以下简称表 1）的规定，则应对仪器进行自动校准。仪器自动校准完成后应使用标准溶液进行验证（可使用自动标样核查代替该操作），验证结果应符合表 1 的规定，如不符合则应重新进行一次校准和验证，如 6 小时内仍不符合表 1 的规定，则应进入人工维护状态。

在线监测仪器自动校准及验证时间如果超过 6 小时，则应采取人工监测的方法向相应生态环境主管部门报送数据，数据报送每天不少于 4 次，间隔不得超过 6 小时。

自动标样核查周期最长间隔不得超过 24 小时，校准周期最长间隔不得超过 168 小时。

7.6.3.2 实际水样比对试验

除流量外，运行维护人员每月应对每个站点所有自动分析仪至少进行 1 次实际水样比对试验；对于超声波明渠流量计每季度至少用便携式明渠流量计比对装置进行一次比对试验，试验结果均应满足表 1 规定的要求。

（1）COD_{Cr}、TOC、$NH_3\text{-}N$、TP、TN 水质自动分析仪

每月至少进行一次实际水样比对试验，采用水质自动分析仪与国家环境监测分析方法标准分别对相同的水样进行分析，两者测量结果组成一个测定数据对，至少获得 3 个测定数据对，以计算实际水样比对试验的绝对误差或相对误差。

当实际水样比对试验的结果不满足标准规定的性能指标要求时，应对仪器进行校准和标准溶液验证后再次进行实际水样比对试验。如第二次实际水样比对试

验结果仍不符合性能指标要求时，仪器应进入维护状态，同时此次实际水样比对试验至上次仪器自动校准或自动标样核查期间所有的数据均判断为无效数据。

仪器维护时间超过 6 小时时，应采取人工监测的方法向相应生态环境主管部门报送数据，数据报送每天不少于 4 次，间隔不得超过 6 小时。

（2）pH 水质自动分析仪和温度计

每月至少进行一次实际水样比对试验，采用 pH 水质自动分析仪和温度计分别与国家环境监测分析方法标准对相同的水样进行分析，计算仪器测量值与国家环境监测分析方法标准测定值的绝对误差。

如果比对结果不符合标准规定的性能指标要求时，应对 pH 水质自动分析仪和温度计进行校准，校准完成后需再次进行比对，直至合格。

（3）超声波明渠流量计

每季度至少用便携式明渠流量计比对装置对现场安装使用的超声波明渠流量计进行一次比对试验（比对前应对便携式明渠流量计进行校准），如比对结果不符合标准规定的性能指标要求时，应对超声波明渠流量计进行校准，校准完成后需再次进行比对，直至合格。

①液位比对：分别用便携式明渠流量计比对装置（液位测量精度≤1 mm）和超声波明渠流量计测量同一水位观测断面处的液位值，进行比对试验，每 2 min 读取一次数据，连续读取 6 次，计算每一组数据的误差值，选取最大的一组误差值作为流量计的液位误差。

②流量比对：分别用便携式明渠流量计比对装置和超声波明渠流量计测量同一水位观测断面处的瞬时流量，进行比对试验，待数据稳定后，开始计时，计时 10 min，分别读取明渠流量比对装置和超声波明渠流量计该时段内的累积流量，最终计算出流量比对误差。

7.6.3.3　有效数据率

以月为周期，每个周期内水污染源在线监测仪实际获得的有效数据的个数占应获得的有效数据的个数的百分比不得小于90%，有效数据的判定参见HJ 356—2019的相关规定。

7.6.4　检修和故障处理要求

污染源自动监测设备发生故障后，应该严格按照相关技术规范及管理要求进行设备检修，具体情况如下：

①水污染源在线监测系统需维修的，应在维修前报相应生态环境管理部门备案；需停运、拆除、更换、重新运行的，应经相应生态环境管理部门批准同意。

②因不可抗力和突发性原因致使水污染源在线监测系统停止运行或不能正常运行时，应当在24小时内报告相应生态环境管理部门并书面报告停运原因和设备情况。

③运行单位发现故障或接到故障通知，应在规定的时间内赶到现场处理并排除故障，无法及时处理的应安装备用仪器。

④水污染源在线监测仪器经过维修后，在正常使用和运行之前应确保其维修全部完成并通过校准和比对试验。若在线监测仪器进行了更换，在正常使用和运行之前，应确保其性能指标满足表1的要求。维修和更换的仪器，可由第三方或运行单位自行出具比对检测报告。

⑤数据采集传输仪发生故障，应在相应生态环境管理部门规定的时间内修复或更换，并能保证已采集的数据不丢失。

⑥运行单位应备有足够的备品备件及备用仪器，对其使用情况进行定期清点，并根据实际需要进行增购。

⑦水污染源在线监测仪器因故障或维护等原因不能正常工作时，应及时向相应生态环境主管部门报告，必要时采取人工监测，监测周期间隔不大于6小时，数据报送每天不少于 4 次，监测技术要求参照《污水监测技术规范》（HJ 91.1—2019）执行。

7.6.5　运行比对监测要求

7.6.5.1　在线监测系统采样管理

比对监测时，应记录水污染源在线监测系统是否按照 HJ 353—2019 进行采样并在报告中说明有关情况。比对监测应及时正确地做好原始记录，并及时正确地粘贴样品标签，以免混淆。

7.6.5.2　仪器质量控制要求

比对监测时，应核查水污染源在线监测仪器的参数设置情况，必要时进行标准溶液抽查，核查标准溶液是否符合相关规定要求，在记录和报告中说明有关情况；比对监测所使用的标准样品和实际水样应符合现场安装仪器的量程；比对监测期间，不允许对在线监测仪器进行任何调试。

7.6.5.3　比对监测仪器性能要求

比对监测期间应对水污染源在线监测仪器进行比对试验，并符合表 1 的要求。

7.6.6　运行档案与记录

①水污染源在线监测系统运行的技术档案包括仪器的说明书、HJ 353—2019 要求的系统安装记录和 HJ 354—2019 要求的验收记录、仪器的检测报告以及各类运行记录表格。

②运行记录应清晰、完整，现场记录应在现场及时填写。可从记录中查阅和了解仪器设备的使用、维修和性能检验等全部历史资料，以对运行的各台仪器设备做出正确评价。与仪器相关的记录可放置在现场并妥善保存。

③运行记录表格主要包括水污染源在线监测系统基本情况、巡检维护记录表、水污染源在线监测仪器参数设置记录表、标样核查及校准结果记录表、检修记录

表、易耗品更换记录表、标准样品更换记录表、实际水样比对试验结果记录表、水污染源在线监测系统运行比对监测报告、运行工作检查表等（表格样式详见 HJ 355—2019），运行单位可根据实际需求及管理需要调整及增加不同的表格。

7.6.7 数据有效性判别流程

水污染源在线监测系统的运行状态分为正常采样监测时段和非正常采样监测时段。数据有效性判别流程见图 7-1。

图 7-1 水污染源在线监测系统数据有效性判别流程

7.6.7.1 数据有效性判别指标

（1）实际水样比对试验误差

①COD_{Cr}、TOC、$NH_3\text{-}N$、TP、TN 水质自动分析仪

对每个站点安装的 COD_{Cr}、TOC、$NH_3\text{-}N$、TP、TN 水质自动分析仪进行自动监测方法与表 1 中规定的国家环境监测分析方法标准的比对试验，两者测量结

果组成一个测定数据对，至少获得 3 个测定数据对。比对过程中应尽可能保证比对样品均匀一致，实际水样比对试验结果应满足表 1 的要求。

②pH 水质自动分析仪与温度计

对每个站点安装的 pH 水质自动分析仪、温度计进行自动监测方法与表 1 中规定的国家环境监测分析方法标准的比对试验，两者测量结果组成一个测定数据对，比对过程中应尽可能保证比对样品均匀一致，实际水样比对试验结果应满足表 1 的要求。

（2）标准样品试验误差

标准样品试验包括自动标样核查、标准溶液验证。

对每个站点安装的 COD_{Cr}、TOC、NH_3-N、TP、TN 水质自动分析仪，采用有证标准样品作为质控考核样品，用浓度约为现场工作量程上限值 0.5 倍的标准样品进行自动标样核查试验，试验结果应满足表 1 的要求，否则应对仪器进行自动校准，仪器自动校准完成后应使用标准溶液进行验证（可使用自动标样核查代替该操作），验证结果应满足表 1 的要求。

（3）超声波明渠流量计比对试验误差

对每个站点安装的超声波明渠流量计进行自动监测方法与手工监测方法的比对试验，比对试验的方法按照 7.6.3.2 的相关规定进行，比对试验结果应满足表 1 的要求。

7.6.7.2　数据有效性判别方法

（1）有效数据判别

①正常采样监测时段获取的监测数据，满足 7.6.7.1 的数据有效性判别标准，可判别为有效数据。

②监测值为零值、零点漂移限值范围内的负值或低于仪器检出限时，需要通过现场检查、实际水样比对试验、标准样品试验等质控手段来识别，对于因实际排放浓度过低而产生的上述数据，仍判断为有效数据。

③监测值如出现急剧升高、急剧下降或连续不变时，需要通过现场检查、实际水样比对试验、标准样品试验等质控手段来识别，再做判别和处理。

④水污染源在线监测系统的运维记录中应当记载运行过程中报警、故障维修、日常维护、校准等内容，运维记录可作为数据有效性判别的证据。

⑤水污染源在线监测系统应可调阅和查看详细的日志，日志记录可作为数据有效性判别的证据。

（2）无效数据判别

①当流量为零时，在线监测系统输出的监测值为无效数据。

②水质自动分析仪、数据采集传输仪以及监控中心平台接收到的数据误差大于1%时，监控中心平台接收到的数据为无效数据。

③发现标准样品试验不合格、实际水样比对试验不合格时，从此次不合格时刻至上次校准校验（自动校准、自动标样核查、实际水样比对试验中的任何一项）合格时刻期间的在线监测数据均判断为无效数据，从此次不合格时刻起至再次校准校验合格时刻期间的数据，作为非正常采样监测时段数据，判断为无效数据。

④水质自动分析仪停运期间、因故障维修或维护期间、有计划（质量保证和质量控制）的维护保养期间、校准和校验等非正常采样监测时间段内输出的监测值为无效数据，但对该时段数据作标记，作为监测仪器检查和校准的依据予以保留。

判断为无效的数据应注明原因，并保留原始记录。

7.6.7.3 有效均值的计算

（1）数据统计

正常采样监测时段获取的有效数据，应全部参与统计。

监测值为零值、零点漂移限值范围内的负值或低于仪器检出限，并判断为有效数据时，应采用修正后的值参与统计。修正规则为 COD_{Cr} 修正值为 2 mg/L、$NH_3\text{-}N$ 修正值为 0.01 mg/L、TP 修正值为 0.005 mg/L、TN 修正值为 0.025 mg/L。

（2）有效日均值

有效日均值是对应于以每日为一个监测周期内获得的某个污染物（COD_{Cr}、$NH_3\text{-}N$、TP、TN）的所有有效监测数据的平均值，参与统计的有效监测数据数量应不少于当日应获得数据数量的 75%。有效日均值是以流量为权的某个污染物的有效监测数据的加权平均值。

（3）有效月均值

有效月均值是对应于以每月为一个监测周期内获得的某个污染物（COD_{Cr}、$NH_3\text{-}N$、TP、TN）的所有有效日均值的算术平均值，参与统计的有效日均值数量应不少于当月应获得数据数量的 75%。

7.6.7.4　无效数据的处理

正常采样监测时段，当 COD_{Cr}、$NH_3\text{-}N$、TP 和 TN 监测值判断为无效数据，且无法计算有效日均值时，其污染物日排放量可以用上次校准校验合格时刻前 30 个有效日排放量中的最大值进行替代，污染物浓度和流量不可进行替代。非正常采样监测时段，当 COD_{Cr}、$NH_3\text{-}N$、TP 和 TN 监测值判断为无效数据，且无法计算有效日均值时，优先使用人工监测数据进行替代，每天获取的人工监测数据应不少于 4 次，替代数据包括污染物日均浓度、污染物日排放量。如无人工监测数据替代，其污染物日排放量可以用上次校准校验合格时刻前 30 个有效日排放量中的最大值进行替代，污染物浓度和流量不可进行替代。

流量为零时的无效数据不可进行替代。

第8章 废气手工监测技术要点

与废水手工监测类似，废气手工监测也是一个全面性、系统性的工作。我国同样有一系列监测技术规范和方法标准用于指导和规范废气手工监测。本章立足现有的技术规范和标准，结合日常工作经验，分别针对有组织废气、无组织废气归纳总结了常见的方法和操作要求，以及方法使用过程中的重点注意事项。对于一些虽然适用，但不够便捷，目前实际应用很少的方法，本书中未进行列举，若排污单位根据实际情况，确实需要采用这类方法的，应严格按照方法的适用条件和要求开展相关监测活动。

8.1 有组织废气监测

8.1.1 监测方式

有组织废气监测主要是针对排污单位通过排气筒排放的污染物排放浓度、排放速率、排气参数等开展的监测，主要的监测方式有现场测试和"现场采样+实验室分析"两种。

（1）现场测试：是指采用便携式仪器在污染源现场直接采集气态样品，通过预处理后进行即时分析，现场得到污染物的相关排放信息。目前，采用现场测试的主要污染物指标包括二氧化硫、氮氧化物、一氧化碳、硫化氢、排气参数（温度、氧含量、含湿量、流速）等，测试方法主要包括定电位电解法、非分散红外法、皮托管法、热电偶法、干湿球法等。

（2）"现场采样+实验室分析"：是指采用特定仪器采集一定量的污染源废气并妥善保存带回实验室进行分析。目前我国多数污染物指标仍采用这种监测方式，主要的采样方式包括直接采样法（气袋、注射器、真空瓶等）和富集（浓缩）采样法（活性炭吸附、滤筒、滤膜捕集、吸收液吸收等），主要的分析方法包括重量法、色谱法、质谱法、分光光度法等。

8.1.2　现场采样

8.1.2.1　现场采样方式

（1）现场直接采样

现场直接采样包括注射器采样、气袋采样、采样管采样和真空瓶（管）采样。现场采样时，应按照《固定污染源排气中颗粒物测定与气态污染物采样方法》（GB/T 16157—1996）规定配备相应的采样系统。

①注射器采样

常用 100 mL 注射器采集样品。采样时，先用现场气体抽洗 2~3 次，然后抽取样气 100 mL，密封进气口，带回实验室分析。样品存放时间不宜长，一般当天分析完。

气相色谱分析法常采用此法取样。取样后，应将注射器进气口朝下，垂直放置，以使注射器内压略大于外压，避光保存（图 8-1）。

图 8-1　注射器采样器

②气袋采样

应选不吸附、不渗漏，也不与样气中污染组分发生化学反应的气袋，如聚四氟乙烯袋、聚乙烯袋、聚氯乙烯袋和聚酯袋等，还有用金属薄膜作衬里（如衬银、衬铝等）的气袋。

采样时，先用待测废气冲洗 2～3 次，再充满样气，夹封进气口，带回实验室尽快分析（图 8-2）。

图 8-2　采样气袋

③采样管采样

采样时，打开两端旋塞，用抽气泵接在采样管的一端，迅速抽进比采样管容积大 6～10 倍的待测气体，使采样管中原有气体被完全置换出，关上旋塞，采样管体积即为采气体积（图 8-3）。

图 8-3　采样管

④真空瓶采样

真空瓶是一种具有活塞的耐压玻璃瓶。采样前，先用抽真空装置把真空瓶内气体抽走，抽气减压到绝对压力为 1.33 kPa。采样时，打开旋塞采样，采完即关闭旋塞，则采样体积即为真空瓶体积（图 8-4）。

图 8-4　真空瓶

（2）富集（浓缩）采样法

富集（浓缩）采样法主要包括溶液吸收法、填充柱阻留法和滤料阻留法等。

①溶液吸收法

原理：采样时，用抽气装置将待测废气以一定流量抽入装有吸收液的吸收瓶（图 8-5）采集一段时间。采样结束后，将样品送实验室倒出吸收液进行测定。

常用吸收液有酸碱溶液、有机溶剂等。

吸收液选用应遵循的原则：

a. 反应快，溶解度大；

b. 稳定时间长；

c. 吸收后利于分析；

d. 毒性小，价格低，易于购买并回收。

图 8-5 吸收瓶

②填充柱阻留法。

原理：填充柱是用一根长 6～10 cm、内径为 3～5 mm 的玻璃管或塑料管，内装颗粒状填充剂制成。采样时，让气样以一定流速通过填充柱，待测组分因吸附、溶解或化学反应等作用被阻留在填充剂上，达到浓缩采样的目的。采样后，通过解吸或溶剂洗脱，使被测组分从填充剂上释放出来进行测定。

填充剂主要类型：

a. 吸附型：活性炭、硅胶、分子筛、高分子多孔微球等；

b. 分配型：涂高沸点有机溶剂的惰性多孔颗粒物；

c. 反应型：惰性多孔颗粒物、纤维状物表面能与被测组分发生化学反应。

图 8-6 吸附管

③滤料阻留法

原理：该方法是将过滤材料（滤筒、滤膜等）放在采样装置内，用抽气装置抽气，则废气中的待测物质被阻留在过滤材料上，根据相应分析方法测定出待测物质的含量。

常用过滤材料：玻璃纤维滤筒、石英滤筒、刚玉滤筒、玻璃纤维滤膜、过氯乙烯滤膜、聚苯乙烯滤膜、微孔滤膜、核孔滤膜等（图 8-7）。

图 8-7　滤筒

8.1.2.2　现场采样技术要点

有组织废气排放监测时，采样点位布设、采样频次、时间、监测分析方法以及质量保证等均应符合《固定污染源排气中颗粒物测定与气态污染物采样方法》（GB/T 16157—1996）和《固定源废气监测技术规范》（HJ 397—2007）的规定。

（1）采样位置和采样点

①采样位置应避开对测试人员操作有危险的场所。

②采样位置应优先选择在垂直管段，应避开烟道弯头和断面急剧变化的部位。采样位置应设置在距弯头、阀门、变径管下游方向不小于 6 倍直径处，和距上述部件上游方向不小于 3 倍直径处。采样断面的气流速度最好在 5 m/s 以上。采样孔内径应不小于 80 mm，宜选用 90～120 mm 内径的采样孔。

③测试现场空间位置有限，很难满足上述要求时，可选择比较适宜的管段采

样，但采样断面与弯头等的距离至少是烟道直径的 1.5 倍，并应适当增加测点的数量和采样频次。

④对于气态污染物，由于混合比较均匀，其采样位置可不受上述规定限制，但应避开涡流区。

⑤采样平台应有足够的工作面积使工作人员安全、方便地操作。监测平台长度应≥2 m，宽度应≥2 m 或不小于采样枪长度外延 1 m，周围设置 1.2 m 以上的安全护栏，有牢固并符合要求的安全措施；当采样平台设置在离地面高度≥2 m 的位置时，应有通往平台的斜梯（或"Z"字梯、旋梯），宽度应≥0.9 m；当采样平台设置在离地面高度≥20 m 的位置时，应有通往平台的升降梯。

⑥颗粒物和废气流量测量时，根据采样位置尺寸进行多点分布采样测量；一般情况下排气参数（温度、含湿量、氧含量）和气态污染物在管道中心位置测定。

（2）排气参数的测定

①温度的测定：常用测定方法为热电偶法或电阻温度计法。一般情况下可在靠近烟道中心的一点进行测定，封闭测孔，待温度计读数稳定后读取数据。

②含湿量的测定：常用测定方法为干湿球法。在靠近烟道中心的一点测定，封闭测孔，使气体在一定的速度下流经干、湿球温度计，根据干、湿球温度计的读数和测点处排气的压力，计算出排气的水分含量。

③氧含量的测定：常用测定方法为电化学法或氧化锆氧分仪法。在靠近烟道中心的一点测定，封闭测孔，待氧含量读数稳定后读取数据。

④流速、流量的测定：常用测定方法为皮托管法。根据测得的某点处的动压、静压及温度、断面截面积等参数计算出排气流速和流量。

（3）采样频次和采样时间

采样频次和采样时间确定的主要依据：相关标准和规范的规定和要求；实施监测的目的和要求；被测污染源污染物排放特点、排放方式及排放规律，生产设施和治理设施的运行状况；被测污染源污染物排放浓度的高低和所采用的监测分析方法的检出限。

具体要求如下：

①相关标准中对采样频次和采样时间有规定的，按相关标准的规定执行。

②相关标准中没有明确规定的，排气筒中废气的采样以连续 1 小时的采样获取平均值，或在 1 小时内，以等时间间隔采集 3～4 个样品，并计算平均值。

③特殊情况下，若某排气筒的排放为间断性排放，排放时间小于 1 小时，应在排放时段内实行连续采样，或在排放时段内等间隔采集 2～4 个样品，并计算平均值；若某排气筒的排放为间断性排放，排放时间大于 1 小时，则应在排放时段内按上述具体要求中②的要求采样。

（4）监测分析方法选择

监测分析方法选择时，应遵循以下原则：

①监测分析方法的选用应充分考虑相关排放标准的规定、被测污染源排放特点、污染物排放浓度的高低、所采用监测分析方法的检出限和干扰等因素。

②相关排放标准中有监测分析方法的规定时，应采用标准中规定的方法。

③对相关排放标准未规定监测分析方法的污染物项目，应选用国家环境保护标准、环境保护行业标准规定的方法。

④在某些项目的监测中，尚无方法标准的，可采用国际标准化组织（ISO）或其他国家的等效方法标准，但应经过验证合格，其检出限、准确度和精密度应能达到质控要求。

（5）质量保证要求

①属于国家强制检定目录内的工作计量器具，必须按期送计量部门检定，检定合格，取得检定证书后方可用于监测工作。

②排气温度、氧含量、含湿量、流速测定、烟气、烟尘测定等仪器应根据要求定期校准，对一些仪器使用的电化学传感器应根据使用情况及时更换。

③采样系统采样前应进行气密性检查，防止系统漏气。检查采样嘴、皮托管等是否变形或损坏。

④滤筒、滤料等外观无裂纹、空隙或破损，无挂毛或碎屑，能耐受一定的高温

和机械强度。采样管、连接管、滤筒、滤料等不被腐蚀、不与待测组分发生化学反应。

⑤样品采集后注意样品的保存要求，应尽快送实验室分析。

8.1.3 具体指标的监测

各监测指标除遵循 8.1.1 监测方式和 8.1.2 现场采样的相关要求外，还应遵循各自的具体要求。

8.1.3.1 二氧化硫（SO₂）的监测

（1）常用方法

二氧化硫（SO₂）是有组织废气排放的常规污染物之一，目前主要的监测方法有定电位电解法、非分散红外吸收法和紫外吸收法三种现场测试方法，标准监测方法见表 8-1。

表 8-1 常用二氧化硫监测标准方法

序号	标准方法	原理及特点
1	《固定污染源废气二氧化硫的测定定电位电解法》（HJ 57—2017）	（1）废气被抽入主要由电解槽、电解液和电极组成的传感器中，二氧化硫通过渗透膜扩散到电极表面，发生氧化反应，产生的极限电流大小与二氧化硫浓度成正比。 （2）需要配备除湿性能好的预处理器，以排除水分对监测的影响。 （3）测定时，易受一氧化碳干扰
2	《固定污染源废气二氧化硫的测定非分散红外吸收法》（HJ 629—2011）	（1）二氧化硫气体在 6.82～9 μm 红外光谱波长具有选择性吸收。一束恒定波长为 7.3 μm 的红外光通过二氧化硫气体时，其光通量的衰减与二氧化硫的浓度符合朗伯—比尔定律定量。 （2）需要配备除湿性能好的预处理器，以排出水分对监测的影响。 （3）受甲烷干扰影响较大
3	《固定污染源废气二氧化硫的测定便携式紫外吸收法》（HJ 1131—2020）	（1）二氧化硫对紫外光区内 190～230 nm 或 280～320 nm 特征波长光具有选择性吸收，根据朗伯—比尔定律定量测定废气中二氧化硫的浓度。 （2）通过加热采样管和导气管、冷却装置快速除湿或测定热湿废气样品等方法，以去除水分对监测的影响。 （3）干扰因素较少

（2）注意事项

①水分对二氧化硫测定影响较大。废气中的高含水量和水蒸气会对测定结果造成负干扰，还会对仪器检测器/检测室造成损坏和污染，因此监测时，特别是在废气含湿量较高的情况下，应使用除湿性能较好的预处理设备，及时排空除湿装置的冷凝水，防止影响测定结果。

②对于定电位电解法而言，一氧化碳对二氧化硫监测会存在一定程度的干扰。监测仪器应具有一氧化碳测试功能，当一氧化碳浓度高于 50 μmol/mol 时，应根据《固定污染源废气　二氧化硫的测定　定电位电解法》（HJ 57—2017）中的附录 A 进行一氧化碳干扰试验，确定仪器的适用范围，根据一氧化碳、二氧化硫浓度是否超出了干扰试验允许的范围，对二氧化硫数据是否有效进行判定。

③监测结果一般应在校准量程的 20%～100%，特别是应注意不能超过校准量程，因此监测活动正式开展前，应根据历史监测资料，预判二氧化硫可能的浓度范围，从而选择合适的标准气体进行校准，确定校准量程。

④开展监测活动全过程中，仪器不得关机。

⑤定电位电解法仪器测定二氧化硫的传感器更换后，应重新开展干扰试验。对于未开展一氧化碳干扰试验的定电位电解法仪器，有组织废气监测过程中，一氧化碳浓度高于 50 μmol/mol 时同步测得的二氧化硫数据，应作为无效数据予以剔除。

8.1.3.2　氮氧化物（NO_x）的监测

（1）常用方法

有组织废气中的氮氧化物包括以一氧化氮（NO）和二氧化氮（NO_2）两种形式存在的氮氧化物，因此对有组织废气中氮氧化物的监测实际上是通过对一氧化氮和二氧化氮的监测实现的。

表 8-2 给出了有组织废气中氮氧化物监测标准方法的原理及特点。

表 8-2   常用氮氧化物监测标准方法

序号	标准方法	原理及特点
1	《固定污染源废气氮氧化物的测定定电位电解法》（HJ 693—2014）	（1）废气被抽入主要由电解槽、电解液和电极组成的传感器中，一氧化氮或二氧化氮通过渗透膜扩散到电极表面，发生氧化还原反应，产生的极限电流大小与一氧化氮或二氧化氮浓度成正比。 （2）两个不同的传感器分别测定一氧化氮（结果以 NO_2 计）和二氧化氮，两者测定之和为氮氧化物（以 NO_2 计）
2	《固定污染源废气氮氧化物的测定非分散红外吸收法》（HJ 692—2014）	（1）利用一氧化氮对红外光谱区，特别是 5.3 μm 波长光的选择性吸收，由朗伯—比尔定律定量一氧化氮和废气中二氧化氮通过转换器还原为一氧化氮后的浓度。 （2）一般先将废气通入转换器，将废气中的二氧化氮还原为一氧化氮，再将废气通入非分散红外吸收法仪器进行监测，此时，由二氧化氮转化而来的一氧化氮，将和废气中原有的一氧化氮一起经过分析测试，测得结果为总的氮氧化物（以 NO_2 计）
3	《固定污染源废气氮氧化物的测定便携式紫外吸收法》（HJ 1132—2020）	（1）一氧化氮对紫外光区内 200～235 nm 特征波长光，二氧化氮对紫外光区内 220～250 nm 或 350～500 nm 特征波长光具有选择性吸收，根据朗伯—比尔定律定量测定废气中一氧化氮和二氧化氮的浓度。 （2）通过加热采样管和导气管、冷却装置快速除湿或测定热湿废气样品等方法，以去除水分对监测的影响。 （3）可同时对一氧化氮、二氧化氮进行监测

从表 8-2 中可以看出，常用的有组织废气中氮氧化物监测方法主要包括定电位电解法、非分散红外吸收法和便携式紫外吸收法三种现场测试方法，这三种方法实现氮氧化物测定的过程方式是有所不同的，但最终监测结果均以 NO_2 计。

（2）注意事项

①测定结果一般应在校准量程的 20%～100%，特别是应注意不能超过校准量程。

②开展监测活动的全过程中，仪器不得关机。

③非分散红外吸收法测定氮氧化物时，应注意至少每半年做一次二氧化氮的转化效率的测定，转化效率不能低于 85%，否则应更换还原剂；监测活动中，进入转换器的二氧化氮浓度不要大于 200 μmol/mol。

8.1.3.3 颗粒物的监测

（1）常用方法

颗粒物的监测一般使用重量法，采用"现场采样+实验室分析"的监测方式，利用等速采样原理，抽取一定量的含颗粒物的废气，根据所捕集到的颗粒物质量和同时抽取的废气体积，计算出废气中颗粒物的浓度。

目前颗粒物监测方法标准主要有《固定污染源排气中颗粒物测定与气态污染物采样方法》（GB/T 16157—1996）和《固定污染源废气　低浓度颗粒物的测定　重量法》（HJ 836—2017）。根据原环境保护部的相关规定，在测定有组织废气中颗粒物浓度时，应遵循表 8-3 中的规定选择合适的监测方法标准。

表 8-3　常用颗粒物监测标准方法的适用范围

序号	废气中颗粒物浓度范围	适用的标准方法
1	≤20 mg/m³	《固定污染源废气　低浓度颗粒物的测定　重量法》（HJ 836—2017）
2	>20 mg/m³，且≤50 mg/m³	《固定污染源废气　低浓度颗粒物的测定　重量法》（HJ 836—2017）、《固定污染源排气中颗粒物测定与气态污染物采样方法》（GB/T 16157—1996）
3	>50 mg/m³	《固定污染源排气中颗粒物测定与气态污染物采样方法》（GB/T 16157—1996）

依据《固定污染源排气中颗粒物测定与气态污染物采样方法》（GB/T 16157—1996）进行颗粒物监测时，仅将滤筒作为样品，进行采样前、后的分析称量；依据《固定污染源废气　低浓度颗粒物的测定　重量法》（HJ 836—2017）进行低浓度颗粒物监测时，需要将装有滤膜的采样头作为样品，进行采样前、后的整体称量。

（2）注意事项

①样品采集时，采样嘴应对准气流方向，与气流方向的偏差不得大于 10°；不同于气态污染物，颗粒物在排气筒监测断面（横截面）上的分布是不均匀的，须多点等速采样，各点等时长采样，每个点采样时间不少于 3 min。

②应选择气流平稳的工况下进行采样。采样前后，排气筒内气流流速变化不应大于10%，否则应重新测量。

③每次开展低浓度颗粒物监测时，每批次应采集全程序空白样品。实际监测样品的增重若低于全程序空白样品的增重，则认定该实际监测样品无效，低浓度颗粒物样品采样体积为 1 m^3 时，方法检出限为 1.0 mg/m^3；废气中颗粒物浓度低于方法检出限时，全程序空白样品采样前后重量之差的绝对值不得超过 0.5 mg。

④采样前后样品称重环境条件应保持一致。低浓度颗粒物样品称重使用的恒温恒湿设备的温度控制在15～30℃任意一点，控温精度为±1℃；相对湿度应保持在（50±5）% RH 范围内。

8.1.3.4　挥发性有机物的监测

挥发性有机物（VOCs）监测已经成为"十三五"重点监测的重要内容，这里简要介绍一下监测的技术要求。

（1）监测方法标准

固定污染源废气 VOCs 监测时，主要依据原环境保护部《关于加强固定污染源废气挥发性有机物监测工作的通知》（环办监测函〔2018〕123 号）文中附件 2 的《固定污染源废气挥发性有机物监测技术规定（试行）》，涉及的主要监测方法标准有《固定污染源排气中颗粒物测定与气态污染物采样方法》（GB/T 16157—1996）、《固定源废气监测技术规范》（HJ/T 397—2007）、《固定污染源废气　挥发性有机物的采样　气袋法》（HJ 732—2014）、《固定污染源废气　挥发性有机物的测定　固定相吸附—热脱附/气相色谱—质谱法》（HJ 734—2014）、《固定污染源排气中酚类化合物的测定　4-氨基安替比林分光光度法》（HJ/T 32—1999）、《固定污染源排气中甲醇的测定　气相色谱法》（HJ/T 33—1999）、《固定污染源排气中氯乙烯的测定　气相色谱法》（HJ/T 34—1999）、《固定污染源排气中乙醛的测定　气相色谱法》（HJ/T 35—1999）、《固定污染源排气中丙烯醛的测定　气相色谱法》（HJ/T 36—1999）、《固定污染源排气中丙烯腈的测定　气相色谱法》（HJ/T 37—

1999)、《固定污染源排气中非甲烷总烃的测定　气相色谱法》（HJ/T 38—1999）、《固定污染源排气中氯苯类的测定　气相色谱法》（HJ/T 39—1999）、《固定污染源监测质量保证与质量控制技术规范（试行）》（HJ/T 373—2007）。

（2）监测技术要求

①分析方法选择

挥发性有机物测定项目的分析方法选择次序及原则如下：

a. 标准方法：按环境质量标准或污染物排放标准中选配的分析方法、新发布的国家标准、行业标准或地方标准方法。国家或地方再行发布的分析方法同等选用。

b. 其他方法：经证实或确认后，检测机构等同采用由 ISO 或其他国家环保行业规定或推荐的标准方法。

②采样技术要求

a. 采样点位布设：有组织废气排放源的采样点位布设，应符合《固定污染源排气中颗粒物测定与气态污染物采样方法》和《固定源废气监测技术规范》的规定。应取靠近排气筒中心位置作为采样点，采样管线应为不锈钢、石英玻璃、聚四氟乙烯等低吸附类材料，并尽可能地短。

对固定污染源挥发性有机物废气排放进行监测时，应优先选择排放浓度高、废气排放量大的排放口及相应排放时段进行监测。

b. 采样口及采样平台：有组织废气排气筒的采样口（监测孔）和采样平台设置应符合《固定污染源排气中颗粒物测定与气态污染物采样方法》和《固定源废气监测技术规范》的规定要求。

c. 采样频次及时段：连续有组织排放源，其排放时间大于 1 小时的，应在生产工况、排放状况比较稳定的情况下采样，连续采样时间不少于 20 min，气袋采气量应不小于 10 L；或 1 小时内以等时间间隔采集 3～4 个样品，其测试平均值作为小时浓度。

间歇有组织排放源，其排放时间小于 1 小时的，应在排放时间段内恒流采样；

当排放时间不足 20 min 时，采样时间与间歇生产启停时间相同，可增加采样流量或连续采集 2～4 个排放过程，采气量不小于 10 L；或在排放时段内采集 3～4 个样品，计算其平均值作为小时浓度。

采样时应核查并记录工况。对于储罐类排放采样，应在其加注、输送操作时段内采样；在测试挥发性有机物处理效率时，应避免在装置或设备启动等不稳定工况条件下采样。

当对污染事故排放进行监测时，应按需要设置采样频次及时段，不受上述要求限制。

d. 采样器具：使用气袋采样应按照《固定污染源废气　挥发性有机物的采样气袋法》（HJ 732—2014）中的技术规定执行。

使用吸附管采样应按照测定方法标准规定的采样方法执行，并符合《固定源废气监测技术规范》（HJ/T 397—2007）中的质量控制要求。

使用采样罐、真空瓶或注射器采样时，应按照测定方法规定的采样方法执行，并符合《固定源废气监测技术规范》（HJ/T 397—2007）中对真空瓶或注射器采样的质量控制要求。

采样枪、过滤器、采样管、气袋、采样罐和注射器等可重复利用器材，在使用后应尽快充分净化，先用空气吹扫 2～3 次，再用高纯氮气吹扫 2～3 次，经净化后的采样管、气袋、采样罐和注射器等器具应保存在密封袋或箱内避免污染。在使用前抽检 10%的气袋、采样罐等可重复利用器材，其待测组分含量应不大于分析方法测定下限，抽检合格方可使用。

e. 样气采集：若排放废气温度与车间或环境温度差不超过 10℃，为常温排放，采样枪可不用加热；否则为非常温排放，为防止高沸点有机物在采样枪内凝结，采样枪需加热（有防爆安全要求除外），采样枪前端的颗粒物过滤器应为陶瓷或不锈钢材质等低挥发性有机物吸附材料，过滤器、采样枪、采样管线加热温度应比废气温度高 10℃，但最高不超过 120℃。

使用气袋法采样操作应按照《固定污染源废气　挥发性有机物的采样　气袋

法》（HJ 732—2014）中的规定执行，采集样气量应不大于气袋容量的 80%。使用气袋在高温、高湿、高浓度排放口采集样品时，为减少挥发性有机物在气袋内凝结、吸附对测试结果的影响，分析测试前应将样品气袋避光加热并保持 5 min，待样品混合均匀后再快速取样分析，气袋加热温度应比废气排放温度或露点温度高 10℃，但最高不超过 120℃。分析方法或标准中另有规定的按相关要求执行。

当废气中湿度较大时，应按《固定污染源排气中颗粒物测定与气态污染物采样方法》（GB/T 16157—1996）中要求执行，在采样枪后增加一个脱水装置，然后再连接采样袋，脱水装置中的冷凝水应与样品气同步分析，冷凝水中的有机物含量可作为修正值计入样品中，以减少水气对测定值干扰所产生的误差。

排气筒中挥发性有机物质量浓度较高时，应优先用仪器在现场直接测试，使用吸附管采样时可适当减少吸附管的采样流量和采样时间，控制好采样体积，第二级吸附管吸附率应小于总吸附率的 10%，否则应重新采样。

特征有机污染物的采样方法、采气量应按照其标准方法的规定执行，方法中未明确规定的，验证后可用气袋、吸附管等采样后分析，验证方法按 HJ 732—2014 中的规定执行。

③安全防护要求

a. 在挥发性有机物监测点位周边环境中可能存在爆炸性或有毒有害有机气体，现场监测或采样方法及设备的选用，应以安全为第一原则。

采样或监测现场区域为非危险场所，宜优先选择现场监测方法。

采样或监测现场区域为有防爆保护安全要求的危险场所，根据危险场所分类选择现场采样、监测用电气设备的类型，选用防爆电气设备的级别和组别应按照《爆炸性环境　第 1 部分：设备　通用要求》（GB 3836.1—2010）中的规定执行；若不具备现场测试条件的，现场采样后送回实验室分析。

采样或监测现场区域的危险分类或防爆保护要求未明确的，应按照 GB 3836.1—2010 中的规定尽量使用本质安全型（ia 或 ib 类）监测设备开展采样或监测工作。

b. 污染源单位应向现场监测或采样人员详细说明处理设施及采样点位附近

所有可能的安全生产问题，必要时应进行现场安全生产培训。

c. 现场监测或采样时应严格执行现场作业的有关安全生产规定，若监测点位区域为有防爆要求的危险场所，污染源企业应为监测人员提供相关报警仪，并安排安全员负责现场指导安全工作，确保采样操作和仪器使用符合相关安全要求。

d. 采样或监测人员应正确使用各类个人劳动保护用品，做好安全防护工作。尽量在监测点位或采样口的上风向进行采样或监测。

④样品运输和保存

a. 现场采样样品必须逐件与样品登记表、样品标签和采样记录进行核对，核对无误后分类装箱。运输过程中严防样品的损失、受热、混淆和沾污。

b. 用气袋法采集好的样品，应低温或常温避光保存。样品应尽快送到实验室，样品分析应在采样后 8 小时内完成。

c. 用吸附管采样后，立即用密封帽将采样管两端密封，4℃避光保存，7 天内分析。

d. 用采样罐采集的样品，在常温下保存，采样后尽快分析，20 天内分析完毕。

e. 用注射器采集的样品，立即用内衬聚四氟乙烯的橡皮帽密封，避光保存，应在当天完成分析测试。

f. 冷链运输的样品应在实验室内恢复至常温或加热后再进行测定。

⑤质量保证与质量控制

a. 挥发性有机物监测的质量保证与质量控制应按照《固定污染源监测质量保证与质量控制技术规范（试行）》（HJ/T 373—2007）、《固定源废气监测技术规范》（HJ/T 397—2007）及其他相关标准规定执行。

b. 采样前应严格检查采样系统的密封性，泄漏检查方法和标准按照《固定污染源废气　挥发性有机物的采样　气袋法》（HJ 732—2014）要求执行，或者系统漏气量不大于 600 mL/2 min，则视为采样系统不漏气。

c. 现场监测时，应对仪器校准情况进行记录。

d. 采样前应对采样流量计进行校验，其相对误差应不大于 5%；采样流量波动应不大于 10%。

　　e. 使用吸附管采样时，可用快速检测仪等方法预估样品浓度，估算并控制好采样体积，第二级吸附管目标化合物的吸附率应小于总吸附率的 10%，否则应重新采样。方法标准中另有规定的按相关要求执行。

　　f. 每批样品均需建立标准或工作曲线，标准或工作曲线的相关系数应大于0.995，校准曲线应选择 3～5 个点（不包括空白）。每 24 小时分析一次校准曲线中间浓度点或者次高点，其测定结果与初始浓度值相对偏差应小于等于 30%，否则应查找原因或重新绘制标准曲线。

　　g. 测定挥发性有机物的特征污染物时，每 10 个样品或每批次（少于 10 个样品）至少分析一个平行样品，平行样品的相对偏差应小于 30%，分析方法另有规定的按相关要求执行。

　　h. 每批样品至少有一个全程序空白样品，其平均浓度应小于样品浓度的10%，否则应重新采样；每批样品分析前至少分析一次实验室空白，空白分析结果应小于方法检出限。分析方法另有规定的按相关要求执行。

　　i. 送实验室的样品应及时分析，应在规定的期限内完成；留样样品应按测定项目标准监测方法规定的要求保存。

8.1.3.5　总烃、甲烷和非甲烷总烃的监测

　　由于国家还没有出台纺织印染工业的大气污染物标准，在纺织印染工业的自行监测技术指南中，废气的挥发性有机物指标暂时使用非甲烷总烃作为其综合控制指标。

　　（1）常用方法

　　对废气中总烃、甲烷和非甲烷总烃排放监测时，主要参考《固定污染源废气总烃、甲烷和非甲烷总烃的测定　气相色谱法》（HJ 38—2017）。采用气袋或玻璃注射器进行现场采集样品，之后送实验室将气体样品直接注入具氢火焰离子化检测器的气相色谱仪，分别在总烃柱和甲烷柱上测定总烃和甲烷的含量，两者之差

即为非甲烷总烃的含量。同时以除烃空气代替样品，测定氧在总烃柱上的响应值，以排除样品中的氧对总烃测定的干扰。

（2）注意事项

①用气袋采样时，连接采样装置，开启加热采样管电源，将采样管加热并保持在（120±5）℃（有防爆安全要求的除外），气袋须用样品气清洗至少 3 次，结束采样后样品应立即放入样品保存箱内保存，直至样品分析时取出。用玻璃注射器采样时，除遵循上述规定外，采集样品的玻璃注射器用惰性密封头密封。

②样品采集时应采集全程序空白，将注入除烃空气的采样容器带至采样现场，与同批次采集的样品一起送回实验室分析。

③采集样品的玻璃注射器应小心轻放，防止破损，保持针头端向下状态放入样品保存箱内保存和运送。样品常温避光保存，采样后尽快完成分析。玻璃注射器保存的样品，放置时间不超过 8 小时；气袋保存的样品，放置时间不超过 48 小时，如仅测定甲烷，应在 7 天内完成。

④分析高沸点组分样品后，可通过提高柱温等方式去除分析系统残留的影响，并通过分析除烃空气予以确认。

8.1.3.6　挥发性有机物特征污染物的监测

（1）苯、苯乙烯、二甲苯、甲苯、丙酮、乙苯、乙酸乙酯、正己烷的监测
①常用方法

废气中苯、苯乙烯、二甲苯、甲苯、丙酮、乙苯、乙酸乙酯、正己烷排放监测时，主要依据《固定污染源废气　挥发性有机物的测定　固体吸附-热脱附/气相色谱—质谱法》（HJ 734—2014）。使用填充了合适吸附剂的吸附管直接采集固定污染源废气中挥发性有机物（或先用气袋采集然后再将气袋中的气体采集到固体吸附管中），将吸附管置于热脱附仪中进行二级热脱附，脱附气体经气相色谱分离后用质谱检测，根据保留时间、质谱图或特征离子定性，采用内标法或外标法定量。

②注意事项

a. 采样前，将老化后的吸附采样管两端立即用密封帽密封，放在气密性的密封袋或密封盒中保存。密封袋或密封盒存放于装有活性炭的盒子或干燥器中，4℃保存。必要时，可在老化好的吸附管中加入一定量（一般为校准曲线中间浓度）的替代物标准。

b. 对于使用多层吸附剂的吸附采样管，吸附采样管气体入口端应为弱吸附剂（比表面积小），出口端为强吸附剂（比表面积大）。每个样品至少采气 300 mL，当废气温度较高，含湿量大于 2%，目标化合物的安全采样体积不能满足样品采气 300 mL，影响吸附采样管的吸附效率时，应将吸附采样管冷却（0~5℃）采样。当用气袋—吸附管采样时，8 小时内将气袋与吸附采样管连接，用样品采集装置以 50 mL/min 的流量，至少采气 150 mL。

c. 每批样品应至少做一个全程序空白样品，全程序空白样品中目标化合物的含量过大，可疑时，应对本批数据进行核实和检查。将密封保存的吸附采样管带到采样现场，同样品吸附管同时打开封帽接触现场环境空气，采样时全程序空白吸附管关闭封帽，采样结束时同样品吸附管接触环境空气同时关闭封帽，按与样品相同的操作步骤进行处理和测定，用于检查从样品采集到分析全过程是否受到污染。

d. 每批样品应至少采集一根串联吸附采样管，同时采样。用于监视采样是否穿透。在吸附采样管后串联一根吸附采样管，如果在后一支吸附采样管中检出目标化合物的量大于总量的 10%，则认为吸附采样管发生穿透，本次采集样品无效。应重新采样，并确保目标化合物的采气量小于吸附采样管安全采样体积。

e. 采样前后流量变化大于 5%，但不大于 10%时，应进行修正；流量变化大于 10%时，应重新采样。

f. 吸附采样管采样后，立即用密封帽将采样管两端密封，在采样现场应存放在密闭的样品保存箱中，以避免污染。4℃避光保存，7 天内分析。

（2）苯胺类的监测

①常用方法

废气中苯胺类排放监测时，主要依据《大气固定污染源 苯胺类的测定 气相色谱法》（HJ/T 68—2001）。采用填充了合适吸附剂的硅胶吸附管+小流量烟气采样器进行现场采集样品，之后送实验室采用气相色谱仪进行分析测定。

②注意事项

a. 采样前，老化后的吸附采样管两端立即用密封帽密封，放在气密性的密封袋或密封盒中保存。

b. 采样后用聚四氟乙烯塑料帽或内衬聚四氟乙烯薄膜的橡皮帽将硅橡胶管两端套封，速送实验室分析。若不能及时测定，样品应于 2～5℃避光保存，6 天内有效。

c. 硅胶吸附管被石英玻璃棉固定分隔成 A、B 两段，在测定时，当 B 段解析溶液中苯胺类化合物的含量大于 A、B 两段含量之和的 5%时，说明样品已经穿透吸附剂，需要重新采样测定。

（3）二甲基甲酰胺、丙烯酰胺排放监测

①常用方法

废气中二甲基甲酰胺、丙烯酰胺排放监测时，主要依据《环境空气和废气 酰胺类化合物的测定 液相色谱法》（HJ 801—2016）。采用多孔波板吸收瓶+小流量烟气采样器进行现场吸收液采集样品，之后送实验室采用配备紫外检测器的高效液相色谱仪分离检测，以保留时间定性，外标法定量。

②注意事项

a. 应选择气密性好、阻力和吸收效率合格的多孔波板吸收瓶清洗干净并烘干备用。采样前在采样器中装入吸收液并密封避光保存。采样前应对采样器进行气密性检查和流量校准，并打开抽气泵以 1.0 L/min 流量抽气约 5 min，置换采样系统的空气。

b. 采样时，将装有 50 mL 实验用水的多孔波板吸收瓶，用聚四氟乙烯软管或内衬聚四氟乙烯薄膜的硅橡胶管连接至烟气采样器，将采样枪加热至 120℃以上，以 1.0 L/min 流量采集固定污染源废气样品 30 min。可根据实际浓度，适当延长或缩短采样时间，记录采样温度和压力等参数（当采样气体温度较高时，可用冰水浴冷却多孔波板吸收瓶）。

c. 每次采样时至少带一个全程序空白样品，将同批次内装 50 mL 实验用水的多孔波板吸收瓶带至采样现场，打开其两端，不与采样器连接，1 min 后封闭。用于检查样品采集、运输、贮存过程中样品是否被污染。如果采样全程序空白明显高于同批配置的吸收液空白，则同批次采集的样品作废。

d. 采样后，用聚四氟乙烯软管或内衬聚四氟乙烯薄膜的硅橡胶管封闭多孔波板吸收瓶的进气口与出气口，直立于冷藏箱内运输和保存。若不能及时测定，样品应于 4℃以下冷藏、避光和密封保存，7 天内完成分析测定。

（4）甲醇的监测

①常用方法

废气中甲醇排放监测时，主要依据《固定污染源排气中甲醇的测定　气相色谱法》（HJ/T 33—1999）。采用玻璃注射器进行现场采集样品，之后送实验室将气体样品直接注入氢火焰离子化检测器的气相色谱仪进行分析测定。

②注意事项

a. 采用适当尺寸的不锈钢、硬质玻璃或聚四氟乙烯材质的管料，并附有可加温至 120℃以上的保温夹套的采样管。

b. 样品采集前要检查密封性和可靠性。在采样管口塞入适量玻璃棉，然后将其伸入至排气筒内的采样点位置后启动抽气泵。首先将采样系统管路用排气筒内的气体充分清洗，然后抽动注射器，反复抽洗 5～6 次后，抽满所需体积的气体，然后迅速用橡皮帽（内衬聚四氟乙烯薄膜）密封，带回实验室分析。为便于运输和存放，可将注射器内的样品充入贮气袋中存放。

c. 样品采集时应采集全程序空白，与同批次采集的样品一起送回实验室分析。

d. 采样后应尽快分析。若不能及时分析，可于冰箱中 3～5℃冷藏，7 天内分析完毕。采集样品的玻璃注射器应小心轻放，防止破损，保持针头端向下状态放入样品保存箱内保存和运送。

e. 如发现样品浓度过高，应于测定前用高纯氮或干净空气稀释。乙醛浓度应在 250 mg/m³ 以下，以保证能与甲醇完全分离而不干扰测定。

（5）氯苯类化合物的监测

①常用方法

废气中氯苯类化合物排放监测时，主要依据《大气固定污染源 氯苯类化合物的测定 气相色谱法》（HJ/T 66—2001）和《固定污染源排气中氯苯类的测定 气相色谱法》（HJ/T 39—1999）。两个方法标准均采用填充了合适吸附剂吸附管富集采集样品，之后送实验室将气体样品用气相色谱仪进行分析测定。

②注意事项

a. 按照《大气固定污染源 氯苯类化合物的测定 气相色谱法》（HJ/T 66—2001）方法监测时，用乳胶管以最短距离串联两支吸附管，安装在采样系统内，以 0.5~1 L/min 的流量采气 10~20 L，记录采样流量、采样时间及采样系统内气体的温度、压力和流量，采样后用衬有氟塑料薄膜的胶帽密封吸附管，常温下避光保存。已经采样的吸附管可在常温下避光保存 10 天，经解析后，解析液应及时分析。分别检测两支串联吸附管，当后吸附管中氯苯类化合物的含量达到或超过前吸附管的 5%时，认为吸附管已经被穿透，该样品作废，重新采样。

b. 按照《固定污染源排气中氯苯类的测定 气相色谱法》（HJ/T 39—1999）方法监测时，采样管采用不锈钢、硬质玻璃或聚四氟乙烯材质的管料，头部塞入少量玻璃纤维，并附有可加温至 120℃以上的保温夹套。采样时，将富集柱连接于空气采样器内。若样品气体的含湿量大，应在采样管和富集柱之间接入除湿装置，以 1.0 L/min 的流速采取气体，采气量视气体中待测物的含量而定，一般取有组织排气 10~20 L。采好样的富集柱迅速用衬有氟塑料薄膜的胶帽密封，带回实验室分析。采集好的样品于富集柱内可保存 2 天（室温），经脱附后的洗脱液应及时分析。

8.1.3.7　烟气黑度的监测

（1）常用方法

废气烟气黑度的监测主要依据《固定污染源排放烟气黑度的测定　林格曼烟气黑度图法》（HJ/T 398—2007）。现场对照林格曼烟气黑度图观测比对。

（2）注意事项

①观测者与烟囱的距离应足以保证对烟气排放情况清晰的观察。观察者的视线应尽量与烟气飘动的方向垂直，观察排气的仰视角不应太大，一般情况下不宜大于 45°，应尽量避免在过于陡峭的角度观察，观察烟气宜在比较均匀的天空光照条件下进行。

②应使用符合规范要求的林格曼烟气黑度图，并注意保持图面的整洁、不被污损或褪色。

③图片面向观测者，尽可能使图位于观测者至烟囱顶部的连线上，并使图与烟气有相似的天空背景。图距观测者应有足够的距离，以使图上的线条看起来融合在一起，从而使每个方块都有均匀的黑度。

④观察烟气的部位应选择在烟气黑度最大的地方，该部位应没有冷凝水汽存在。

8.2　无组织废气监测

8.2.1　监测方式

无组织废气监测是指排污单位对没有经过排气筒无规则排放的废气，或者废气虽经排气筒排放，但排气筒高度没有达到有组织排放要求的低矮排气筒排放的废气污染物浓度进行监测。

无组织废气排放监测的主要方式为现场采样+实验室分析，与有组织废气的方式相同，就是指采用特定仪器采集一定量的无组织废气并妥善保存带回实验室进行分析。主要采样方式包括现场直接采样法（如注射器采样法、气袋采样法、采样管采样法和真空瓶采样法等）和富集（浓缩）采样法（如活性炭吸附采样法、滤筒采样法、滤膜捕集采样法和吸收液吸收采样法等），主要分析方法包括重量法、色谱法、质谱法、分光光度法等。

8.2.2 现场采样

8.2.2.1 现场采样技术要点

无组织废气排放监测的主要参考标准为《大气污染物无组织排放监测技术导则》（HJ/T 55—2000）、《大气污染物综合排放标准》（GB 16297—1996）和排污单位具体执行的行业标准。

（1）控制无组织排放的基本方式

按照《大气污染物综合排放标准》（GB 16297—1996）的规定，我国以控制无组织排放所造成的后果来对无组织排放实行监督和限制。采用的基本方式，是规定设立监控点（监测点）和规定监控点的空气浓度限值。在设置监控点时，有的污染物要求除在下风向设置监控点外，还要在上风向设置参照点，监控浓度限值为监控点与参照点的浓度差值。有的污染物要求只在周界外浓度最高点设置监控点。

（2）设置监控点的位置和数目

根据《大气污染物综合排放标准》（GB 16297—1996）的规定，二氧化硫、氮氧化物、颗粒物和氟化物的监控点设在无组织排放源下风向 2～50 m 的浓度最高点，相对应的参照点设在排放源上风向 2～50 m；其余物质的监控点设在单位周界外 10 m 范围内的浓度最高点。按规定，监控点最多可设 4 个，参照点只设 1 个。

（3）采样频次的要求

按《大气污染物无组织排放监测技术导则》（HJ/T 55—2000）规定对无组织

排放实行监测时，实行连续 1 小时的采样，或者实行在 1 小时内以等时间间隔采集 4 个样品计平均值。在进行实际监测时，为了捕捉到监控点最高浓度的时段，实际安排的采样时间可超过 1 小时。

（4）工况的要求

由于大气污染物排放标准对无组织排放实行限制的原则是在最大负荷下生产和排放，以及在最不利于污染物扩散稀释的条件下，无组织排放监控值不应超过排放标准所规定的限值，因此，监测人员应在不违反上述原则的前提下，选择尽可能高的生产负荷及不利于污染物扩散稀释的条件进行监测。

针对以上基本要求，如果排污单位执行的行业排放标准中对无组织排放有明确要求的，按照行业标准执行。

8.2.2.2　监测前准备工作

（1）被测单位基本情况调查

①主要原、辅材料和主、副产品，相应用量和产量、来源及运输方式等，重点调查用量大并可能产生大气污染的材料和产品，应列表说明，并予以必要的注释。

②注意车间和其他主要建筑物的位置、名称和尺寸，有组织排放和无组织排放口位置及其主要参数，排放污染物的种类和排放速率；单位周界围墙的高度和性质（封闭式或通风式）；单位区域内的主要地形变化等。还应对单位周界外的主要环境敏感点，包括影响气流运动的建筑物和地形分布、有无排放被测污染物的源存在等进行调查，并标于单位平面布置图中。

③了解环境保护影响评价、工程建设设计、实际建设的污染治理设施的种类、原理、设计参数、数量以及目前的运行情况等。

（2）无组织排放源基本情况调查

除调查排放污染物的种类和排放速率（估计值）之外，还应重点调查被监测无组织排放源的排出口形状、尺寸、高度及其处于建筑群的具体位置等，应有无组织排放口及其所在建筑物的照片。

（3）仪器设备准备

按照被测物质的对应标准分析方法中有关无组织排放监测的采样部分所规定的仪器设备和试剂做好准备。所用仪器应通过计量监督部门的性能检定合格，并在使用前做必要调试和检查。采样时应注意检查电路系统、气路部分以及校正流量计。

（4）监测条件

监测时，被测无组织排放源的排放负荷应处于相对较高的状态，或者至少要处于正常生产和排放状态。主导风向（平均风向）使利于监控点的设置，并可使监控点和被测无组织排放源之间的距离尽可能缩小。通常情况下，选择冬季微风的日期，避开阳光辐射较强烈的中午时段进行监测是比较适宜的。

8.2.3　具体指标的监测

各监测指标除遵循 8.2.1 监测方式和 8.2.2 现场采样的相关要求外，还应遵循各自的具体要求。

由于国家还没有出台纺织印染工业的大气污染物排放标准，对纺织印染工业排污单位的无组织废气监测指标也无法明确，为了加强对重点排污单位的环境管理，在自行监测技术指南编制过程中对排污单位厂界无组织监测指标目前只设定了挥发性有机物、臭气浓度和排污单位的其他特征污染物。挥发性有机物暂时用非甲烷总烃来作为其综合控制指标，其他污染物排污单位可根据排污许可证、所执行的污染物排放（控制）标准、环境影响评价文件及其批复等相关环境管理规定，以及其生产工艺、原辅用料、中间及最终产品，按照《恶臭污染物排放标准》（GB 14554—93）和《大气污染物综合排放标准》（GB 16297—1996）所列污染物视具体情况而定。

8.2.3.1　臭气浓度的监测

（1）常用方法

无组织废气监测时，臭气浓度监测主要依据的方法标准有《恶臭污染物排放标准》(GB 14554—93)、《大气污染物无组织排放监测技术导则》(HJ/T 55—2000)和《恶臭污染环境监测技术规范》(HJ 905—2017)。臭气浓度的分析方法采用《空气质量　恶臭的测定　三点比较式臭袋法》(GB/T 14675—1993)。

（2）监测点位

恶臭污染物的无组织排放监测采样点一般设置在厂界，在工厂厂界的下风向侧或有臭气方位的边界线上。在实际监测过程中，可以参照《大气污染物无组织排放监测技术导则》(HJ/T 55—2000)的规定，在厂界（距离臭气无组织排放源较近处）下风向设置，一般设置 3 个点位，根据风向变化情况可适当增加或减少监测点位。当围墙通透性很好时，可紧靠围墙外侧设监控点；当围墙的通透性不好时，也可紧靠围墙设置监控点，但采气口要高出围墙 20～30 cm；当围墙通透性不好，又不便于把采气口抬高时，为避开围墙造成的涡流区，应将监控点位设于距离围墙 1.5～2.0 倍围墙高度，且距地面 1.5 m 的地方。具体设置时，应避免周边环境的影响，包括花丛树木、污水沟渠、垃圾收集点等。

现场监测时，无组织排放源与下风向周界之间存在若干阻挡气流运动的建筑、树木等物质，使气流形成涡流，污染物迁移变化比较复杂。因此，监测人员要根据具体的地形、气象条件研究和分析，发挥创造性，综合确定采样点位，以保证获取污染物最大排放浓度值。

（3）注意事项

①连续无组织排放源每 2 小时采集一次，共采集 4 次，取其最大测定值。间歇无组织排放源应在恶臭污染浓度最高时段采样，样品采集次数不少于 3 次，取其最大测定值。

②采样时同步监测气象参数，应包括环境温度、大气压力、主导风向和风速的测量。当风向发生变化，风向变化标准偏差发生明显偏离时，应及时调整监测点位。

③用真空瓶采样时，将除湿定容后的真空瓶，在采样前抽真空至负压 1.0×10^5 Pa，观测并记录真空瓶内压力，至少放置 2 h，真空瓶压力变化不能超过

规定负压 1.0×10^5 Pa 的 20%，否则不能使用，更换真空瓶。在恶臭气味最大时段进行采样。采样时打开真空瓶进气端胶管的止气夹（或进气阀），使瓶内充入样品气体至常压，随即用止气夹封住进气口。

④用气袋采样时，检查并确保采样袋完好无损。在气袋采样箱中先装上经排空后的采样袋。在恶臭气味最大时段进行采样。采样时打开进气截止阀，使恶臭气体迅速充满采气袋。

⑤样品采集后应进行密封，与污染源样品在运输和保持过程中分隔放置，并防止异味污染。真空瓶存放的样品应有相应的包装箱，防止光照和碰撞，气袋样品应避光保存。所有的样品均应在 17～25℃条件下保存。采集完的样品要在 24 小时内测定。

如果纺织印染工业排污单位根据排污许可、生产工艺、原辅用料、环境影响评价及其批复或其他环境管理需要，需对氨、三甲胺、硫化氢、甲硫醇、甲硫醚、二甲二硫、二硫化碳和苯乙烯这 8 种恶臭污染物和总臭气浓度的 1 种或几种特征污染物进行监测分析时，应按照相应的方法进行采样分析。具体见表 8-4。

表 8-4　恶臭浓度及恶臭污染物监测方法

序号	控制项目	测定方法
1	氨	《环境空气和废气　氨的测定　纳氏试剂分光光度法》（HJ 533—2009）
		《环境空气　氨的测定　次氯酸钠-水杨酸分光光度法》（HJ 534—2009）
2	三甲胺	《空气质量　三甲胺的测定　气相色谱法》（GB/T 14676—1993）
3	硫化氢	《空气质量　硫化氢、甲硫醇、甲硫醚和二甲二硫的测定　气相色谱法》（GB/T 14678—1993）
4	甲硫醇	《环境空气　挥发性有机物的测定　罐采样/气相色谱—质谱法》（HJ 759—2015） 《空气质量　硫化氢、甲硫醇、甲硫醚和二甲二硫的测定　气相色谱法》（GB/T 14678—1993）
5	甲硫醚	《环境空气　挥发性有机物的测定　罐采样/气相色谱—质谱法》（HJ 759—2015） 《空气质量　硫化氢、甲硫醇、甲硫醚和二甲二硫的测定　气相色谱法》（GB/T 14678—1993）
6	二甲二硫	《空气质量　硫化氢、甲硫醇、甲硫醚和二甲二硫的测定　气相色谱法》（GB/T 14678—1993）

序号	控制项目	测定方法
7	二硫化碳	《环境空气　挥发性有机物的测定　罐采样/气相色谱—质谱法》(HJ 759—2015) 《空气质量　二硫化碳的测定　二乙胺分光光度法》（GB/T 14680—1993）
8	苯乙烯	《环境空气　挥发性有机物的测定　罐采样/气相色谱—质谱法》(HJ 759—2015) 《环境空气　苯系物的测定　固体吸附/热脱附-气相色谱法》(HJ 583—2010) 代替（GB/T 14677—1993）
9	臭气	《空气质量　恶臭的测定　三点比较式臭袋法》（GB/T 14675—1993）

8.2.3.2　挥发性有机物的监测

由于目前国家还未出台关于纺织印染工业的大气污染物排放标准，现阶段对挥发性有机物的监测也未出台标准测定方法，挥发性有机物又是纺织印染工业重点关注的监测指标，因此在排污单位自行监测技术指南中，暂时使用非甲烷总烃作为挥发性有机物排放的综合性控制指标来进行监测，待国家出台相应标准方法后，再按照新标准要求进行监测。

（1）常用方法

无组织废气监测时，非甲烷总烃监测主要依据的方法标准有《大气污染物无组织排放监测技术导则》（HJ/T 55—2000）和《环境空气　总烃、甲烷和非甲烷总烃的测定　直接进样—气相色谱法》（HJ 604—2017）。

（2）监测点位

非甲烷总烃的无组织排放采样点可参照 8.2.3.1 中的臭气浓度采样点位布设。

（3）注意事项

①采样容器经现场空气清洗至少 3 次后采样。以玻璃注射器满刻度采集空气样品的，用惰性密封头密封；以气袋采集样品的，用真空气体采样箱将空气样品引入气袋，至最大体积的 80%左右，立即密封。将注入除烃空气的采样容器带至采样现场，与同批次采集的样品一起送回实验室分析。

②采集样品的玻璃注射器应小心轻放，防止破损，保持针头端向下状态放入样品箱保存和运送。样品常温避光保存，采样后尽快分析。玻璃注射器保存的样

品，放置时间不超过 8 小时；气袋保持的样品，放置时间不超过 48 小时。

③采样容器使用前应充分洗净，经气密性检查合格，置于密闭采样箱中以避免污染。样品返回实验室时，应平衡至环境温度后再进行测定。测定复杂样品后，如发现分析系统内有残留，可通过提高柱温等方式去除，以分析除烃空气确认。

8.2.3.3 其他特征污染物的监测

纺织印染工业排污单位根据排污许可、环境影响评价及其批复、生产工艺、原辅材料等方面综合考虑，如需要监测特征污染物的，除根据 8.2.1 的监测方式和 8.2.2 的现场采样要求外，主要从以下方面进行考虑。

（1）监控点布设方法

根据《大气污染物综合排放标准》（GB 16297—1996）的规定，监控点布设方法有两种。

①在排放源上、下风向分别设置参照点和监控点的方法：对于 1997 年 1 月 1 日之前设立的污染源，监测二氧化硫、氮氧化物、颗粒物和氟化物污染物无组织排放时，在排放源的上风向设参照点，下风向设监控点，监控点设于排放源下风向的浓度最高点，不受单位周界的限制。

②在单位周界外设置监控点的方法：对于 1997 年 1 月 1 日之后设立的污染源，监测其污染物无组织排放时，监控点设置在单位周界外污染物浓度最高点处，监控点设置方法参照《大气污染物无组织排放监测技术导则》（HJ/T 55—2000）标准文本中条目 9.1。对于 1997 年 1 月 1 日之前设立的污染源，监测除二氧化硫、氮氧化物、颗粒物和氟化物外的污染物无组织排放时，也采用此方法布设监控点。

设置参照点的原则要求：参照点应不受或尽可能少受被测无组织排放源的影响，参照点要力求避开其近处的其他无组织排放源和有组织排放源的影响，尤其要注意避开那些可能对参照点造成明显影响而同时对监控点无明显影响的排放源；参照点的设置，要以能够代表监控点的污染物本底浓度为原则。具体设置方法参见《大气污染物无组织排放监测技术导则》（HJ/T 55—2000）标准文本中条目 9.2.1。

设置监控点的原则要求：监控点应设置于无组织排放的下风向，距排放源 2~50 m 范围内的浓度最高点。设置监控点不需要回避其他排放源的影响。具体设置方法参见《大气污染物无组织排放监测技术导则》（HJ/T 55—2000）标准文本中条目 9.2.2。

③复杂情况下的监控点设置：在特别复杂的情况下，不大可能单独运用上述各点的内容来设置监控点，需对情况做仔细分析，综合运用《大气污染物综合排放标准》（GB 16297—1996）和《大气污染物无组织排放监测技术导则》（HJ/T 55—2000）的有关条款设置监控点。同时，也不大可能对污染物的运动和分布做确切的描述和得出确切的结论，此时监测人员应尽可能利用现场可利用的条件，如利用无组织排放废气的颜色、嗅味、烟雾分布、地形特点等，甚至采用人造烟源或其他情况，借以分析污染物的运动和可能的浓度最高点，并据此设置监控点。

（2）样品采集

①有与大气污染物排放标准相配套的国家标准分析方法的污染物项目，应按照配套标准分析方法中适用于无组织排放采样的方法执行。

②尚缺少配套标准分析方法的污染物项目，应按照环境空气监测方法中的采样要求进行采样。

③无组织排放监测的采样频次，参见 8.2.2.1（3）。

（3）分析方法

①有与大气污染物排放标准相配套的国家标准分析方法的污染物项目，应按照配套标准分析方法（其中适用于无组织排放部分）执行；

②个别没有配套标准分析方法的污染物项目，应按照适用于环境空气监测的标准分析方法执行。

（4）计值方法

①在污染源单位周界外设监控点的监测结果，以最多 4 个监控点中的测定浓度最高点的测值作为无组织排放监控浓度值。注意：浓度最高点的测值应是 1 小时

连续采样或由等时间间隔采集的 4 个样品所得的 1 小时平均值。

②在无组织排放源上、下风向分别设置参照点和监控点的监测结果，以最多 4 个监控点中的浓度最高点测值扣除参照点测值所得之差值，作为无组织排放监控浓度值。注意：监控点和参照点测值是指 1 小时连续采样或由等时间间隔采集的 4 个样品所得的 1 小时平均值。

第9章　废气自动监测建设及运维技术要点

废气自动监测系统因其具有实时、自动等功能，在环境管理中发挥着越来越大的作用。如何确保废气自动监测数据能够有效应用，要求排污单位加强废气自动监测系统的运维和管理，使其稳定、良好的运行。本章基于《固定污染源烟气（SO_2、NO_x、颗粒物）排放连续监测技术规范》（HJ 75—2017）、《固定污染源烟气（SO_2、NO_x、颗粒物）排放连续监测系统技术要求及检测方法》（HJ 76—2017）标准，对废气自动监测系统的建设、验收、运行维护应注意的技术要点进行梳理。

9.1　废气自动监测系统组成及性能要求

9.1.1　基本概念

废气自动监测系统通常是指烟气排放连续监测系统（Continuous Emission Monitoring System，CEMS），该系统能够实现对固定污染源排放的颗粒物和（或）气态污染物的排放浓度和排放量进行连续、实时的自动监测。废气自动监测管理是指对系统中包含的所有设备进行规范安装、调试、验收、运行维护，从而实现对自动监测数据的质量保证与质量控制的技术工作。连续监测固定污染源烟气参数所需的全部设备组成连续监测系统（Continuous Monitoring System，CMS）。

9.1.2　CEMS 组成和功能要求

一套完整的 CEMS 包括颗粒物监测单元、气态污染物监测单元、烟气参数监测单元、数据采集与传输单元以及相应的建筑设施等组成。

颗粒物监测单元：主要对排放烟气中的颗粒物浓度进行测量。

气态污染物监测单元：主要对排放烟气中 SO_2、NO_x、CO、HCl 等气态形式存在的污染物进行监测。

烟气参数监测单元：主要对排放烟气的温度、压力、湿度、含氧量等参数进行监测，用于污染物排放量的计算以及将污染物的实测浓度折算成标准干烟气状态下或排放标准中规定的过剩空气系数下的浓度。

数据采集与传输单元：主要完成测量数据的采集、存储、统计功能，并按相关标准要求的格式将数据传输到环境监管部门。

对于配有锅炉的纺织印染工业排污单位，废气自动监测主要包括颗粒物、SO_2、NO_x 等主要污染物的自动监测。在选择 CEMS 时，应选择具备测量烟气中颗粒物、SO_2、NO_x 浓度，还要测量烟气参数（温度、压力、流速或流量、湿度、含氧量等），同时计算出烟气中污染物的排放速率和排放量，显示（可支持打印）和记录各种数据和参数，形成相关图表，并通过数据、图文等方式传输至管理部门等功能。

对于氮氧化物监测单元，NO_2 可以直接测量，也可通过转化炉转化为 NO 后一并测量，但不允许只监测烟气中的 NO。NO_2 转换为 NO 的效率不小于 95%。

排污单位在进行自动监控系统安装选型时，应当根据国家对每个监测设备的具体技术要求进行选型安装。选型安装在线监测仪器时，应根据污染物浓度和排放标准，选择检测范围与之匹配的在线监测仪器，监测仪器需满足国家对应仪器的技术要求。如二氧化硫、氮氧化物、颗粒物应符合《固定污染源烟气（SO_2、NO_x、颗粒物）排放连续监测技术规范》（HJ 75—2017）和《固定污染源烟气（SO_2、NO_x、颗粒物）排放连续监测系统技术要求及检测方法》（HJ 76—2017）等相关规范要求。选择安装数据传输设备时，应按照《污染物在线监控（监测）系统数据传输标准》(HJ 212—2017)和《污染源在线自动监控(监测)数据采集传输仪技术要求》(HJ 477—2009)规范要求设置,不得添加其他可能干扰监测数据存储、处理、传输的软件或设备。

在污染源自动监测设备建设、联网和管理过程中,当地生态环境管理部门有相关规定的,应同时参考地方的规定要求。如上海市环境保护局于 2017 年发布了《上海市固定污染源自动监测建设、联网、运维和管理有关规定》。

9.2 CEMS 现场安装要求

CEMS 的现场安装主要涉及现场监测站房、废气排放口、自动监控点位设置及监测断面等内容。现场监测站房必须能满足仪器设备功能需求且专室专用,保障供电、给排水、温湿度控制、网络传输等必需的运行条件,配备安装必要的电源、通信网络、温湿度控制、视频监视和安全防护设施;排放口应设置符合《环境保护图形标志排放口(源)》(GB 15562.1—1995)要求的环境保护图形标志牌。排放口的设置应按照生态环境部和地方生态环境主管部门的相关要求,进行规范化设置;自动监控点位的选取应尽可能选取固定污染源烟气排放状况有代表性的点位。具体要求见 5.3 的相关内容。

9.3 CEMS 技术指标调试检测

CEMS 在现场安装运行以后,在接受验收前,应进行技术性能指标的调试检测。

9.3.1 CEMS 技术指标调试检测

CEMS 在进行调试检测工作时,需认真记录调试过程中出现的自动监测数据,同时编制调试报告并加盖公章存档。具体要求如下:

在现场完成 CEMS 安装、初调之后,CEMS 连续运行时间不少于 168 小时。

连续运行 168 小时后可开展调试检测，调试检测周期为 72 小时。需要注意的是，调试检测期间不允许出现计划外的检修和调节仪器，一旦因不可预期的故障（如 CEMS 故障、固定污染源故障或断电等）造成调试中断，排污单位应在恢复正常后重新开始为期 72 小时的调试检测。

调试检测的技术指标包括：

（1）颗粒物 CEMS：零点漂移、量程漂移、线性相关系数、置信区间、允许区间；

（2）气态污染物 CEMS 和氧气 CMS：零点漂移、量程漂移、示值误差、系统响应时间、准确度；

（3）流速 CMS：速度场系数、速度场系数精密度；

（4）温度 CMS：准确度；

（5）湿度 CMS：准确度。

9.3.2　联网调试检测

完成 CEMS 设备安装、调试后，应在 15 天内按照《污染物在线监控（监测）系统数据传输标准》（HJ 212—2017）技术要求，将在线监测仪器输出的监测数据通过数据采集传输仪上传至生态环境部门自动监测平台，数据采集传输仪要求至少稳定运行一个月，且向上位机发送数据准确、及时。

9.4　验收要求

同废水自动监测设备一样，CEMS 在完成安装、调试检测并与生态环境部门联网，同时符合下列要求后，建设方组织仪器供应商、管理部门等相关方实施技术验收工作，并编制在线验收报告。验收主要内容应包括在线监测仪器的技术指标验收和联网验收。验收前废气自动监测系统应满足如下条件：

（1）CEMS 的安装位置及手工采样位置应符合 9.2 的要求。

（2）数据采集和传输以及通信协议均应符合《污染物在线监控（监测）系统

数据传输标准》（HJ 212—2017）的要求，并提供一个月内数据采集和传输自检报告，报告应对数据传输标准的各项内容做出响应。

（3）根据 9.3.1 的要求进行 72 小时的调试检测，并提供调试检测合格报告及调试检测结果数据。

（4）调试检测后至少稳定运行 7 天。

9.4.1　CEMS 技术指标验收

9.4.1.1　验收要求

CEMS 技术指标验收包括颗粒物 CEMS、气态污染物 CEMS、烟气参数 CMS 技术指标验收。符合下列要求后，即可进行技术指标验收。

①现场验收期间，生产设备应正常且稳定运行，可通过调节固定污染源烟气净化设备达到某一排放状况，该状况在测试期间应保持稳定。

②日常运行中更换 CEMS 分析仪表或变动 CEMS 取样点位时，应进行再次验收。

③现场验收时必须采用有证标准物质或标准样品，较低浓度的标准气体可以使用高浓度的标准气体采用等比例稀释方法获得，等比例稀释装置的精密度在 1% 以内。标准气体要求贮存在铝或不锈钢瓶中，不确定度不超过±2%。

④对于光学法颗粒物 CEMS，校准时须对实际测量光路进行全光路校准，确保发射光先经过出射镜片，再经过实际测量光路，到校准镜片后，再经过入射镜片到达接收单元，不得只对激光发射器和接收器进行校准。对于抽取式气态污染物 CEMS，当对全系统进行零点校准和量程校准、示值误差和系统响应时间的检测时，零气和标准气体应通过预设管线输送至采样探头处，经由样品传输管线回到站房，经过全套预处理设施后进入气体分析仪。

⑤验收前检查直接抽取式气态污染物采样伴热管的设置，从探头到分析仪的整条采样管线的铺设应采用桥架或穿管等方式，保证整条管线具有良好的支撑。管线倾斜度≥5°，防止管线内积水，在每隔 4～5 m 处装线卡箍。使用的伴热管线

应具备稳定、均匀加热和保温的功能，其设置加热温度≥120℃，且应高于烟气露点温度 10℃以上，实际温度值应能够在机柜或系统软件中显示查询。冷干法 CEMS 冷凝器的设置和实际控制温度应保持在 2～6℃。

9.4.1.2 验收内容

颗粒物 CEMS 技术指标验收包括颗粒物的零点漂移、量程漂移和准确度验收。气态污染物 CEMS 和氧气 CMS 技术指标验收包括零点漂移、量程漂移、示值误差、系统响应时间和准确度验收。

现场验收时，先做示值误差和系统响应时间的验收测试，不符合技术要求的，可不再继续开展其余项目验收。

通入零气和标气时，均应通过 CEMS，不得直接通入气体分析仪。

示值误差、系统响应时间、零点漂移和量程漂移验收技术需满足表 9-1 要求。

表 9-1 示值误差、系统响应时间、零点漂移和量程漂移验收技术要求

检测项目			技术要求
气态污染物 CEMS	二氧化硫	示值误差	当满量程≥100 μmol/mol（286 mg/m³）时，示值误差不超过±5%（相对于标准气体标称值）；当满量程<100 μmol/mol（286 mg/m³）时，示值误差不超过±2.5%（相对于仪表满量程值）
		系统响应时间	≤200 s
		零点漂移、量程漂移	不超过±2.5%
	氮氧化物	示值误差	当满量程≥200 μmol/mol（410 mg/m³）时，示值误差不超过±5%（相对于标准气体标称值）；当满量程<200 μmol/mol（410 mg/m³）时，示值误差不超过±2.5%（相对于仪表满量程值）
		系统响应时间	≤200 s
		零点漂移、量程漂移	不超过±2.5%
氧气 CMS	氧气	示值误差	±5%（相对于标准气体标称值）
		系统响应时间	≤200 s
		零点漂移、量程漂移	不超过±2.5%
颗粒物 CEMS	颗粒物	零点漂移、量程漂移	不超过±2.0%

注：氮氧化物以 NO_2 计。

准确度验收技术需满足表 9-2 的要求。

表 9-2　准确度验收技术要求

检测项目			技术要求
气态污染物 CEMS	二氧化硫	准确度	排放浓度≥250 μmol/mol（715 mg/m³）时，相对准确度≤15%
			50 μmol/mol（143 mg/m³）≤排放浓度<250 μmol/mol（715 mg/m³）时，绝对误差不超过±20 μmol/mol（57 mg/m³）
			20 μmol/mol（57 mg/m³）≤排放浓度<50 μmol/mol（143 mg/m³）时，相对误差不超过±30%
			排放浓度<20 μmol/mol（57 mg/m³）时，绝对误差不超过±6 μmol/mol（17 mg/m³）
	氮氧化物	准确度	排放浓度≥250 μmol/mol（513 mg/m³）时，相对准确度≤15%
			50 μmol/mol（103 mg/m³）≤排放浓度<250 μmol/mol（513 mg/m³）时，绝对误差不超过±20 μmol/mol（41 mg/m³）
			20 μmol/mol（41 mg/m³）≤排放浓度<50 μmol/mol（103 mg/m³）时，相对误差不超过±30%
			排放浓度<20 μmol/mol（41 mg/m³）时，绝对误差不超过±6 μmol/mol（12 mg/m³）
	其他气态污染物	准确度	相对准确度≤15%
氧气 CMS	氧气	准确度	>5.0%时，相对准确度≤15%
			≤5.0%时，绝对误差不超过±1.0%
颗粒物 CEMS	颗粒物	准确度	排放浓度>200 mg/m³ 时，相对误差不超过±15%
			100 mg/m³<排放浓度≤200 mg/m³ 时，相对误差不超过±20%
			50 mg/m³<排放浓度≤100 mg/m³ 时，相对误差不超过±25%
			20 mg/m³<排放浓度≤50 mg/m³ 时，相对误差不超过±30%
			10 mg/m³<排放浓度≤20 mg/m³ 时，绝对误差不超过±6 mg/m³
			排放浓度≤10 mg/m³，绝对误差不超过±5 mg/m³
流速 CMS	流速	准确度	流速>10 m/s 时，相对误差不超过±10%
			流速≤10 m/s 时，相对误差不超过±12%
温度 CMS	温度	准确度	绝对误差不超过±3℃
湿度 CMS	湿度	准确度	烟气湿度>5.0%时，相对误差不超过±25%
			烟气湿度≤5.0%时，相对误差不超过±1.5%

注：氮氧化物以 NO₂ 计，以上各参数区间划分以参比方法测量结果为准。

9.4.2 联网验收

联网验收由通信及数据传输验收、现场数据比对验收和联网稳定性验收三部分组成。

9.4.2.1 通信及数据传输验收

按照《污染物在线监控（监测）系统数据传输标准》（HJ 212—2017）的规定检查通信协议的正确性。数据采集和处理子系统与监控中心之间的通信应稳定，不出现经常性的通信连接中断、报文丢失、报文不完整等通信问题。为保证监测数据在公共数据网上传输的安全性，所采用的数据采集和处理子系统应进行加密传输。监测数据在向监控系统传输的过程中，应由数据采集和处理子系统直接传输。

9.4.2.2 现场数据比对验收

数据采集和处理子系统稳定运行一个星期后，对数据进行抽样检查，对比上位机接收到的数据和现场机存储的数据是否一致，精确至一位小数（0.1）。

9.4.2.3 联网稳定性验收

在连续一个月内，子系统能稳定运行，不出现除通信稳定性、通信协议正确性、数据传输正确性以外的其他联网问题。

9.4.2.4 联网验收技术指标要求

联网验收技术指标要求见表 9-3。

表 9-3 联网验收技术指标要求

验收检测项目	考核指标
通信稳定性	1. 现场机在线率为 95% 以上； 2. 正常情况下，掉线后，应在 5 min 之内重新上线； 3. 单台数据采集传输仪每日掉线次数在 3 次以内； 4. 报文传输稳定性在 99% 以上，当出现报文错误或丢失时，启动纠错逻辑，要求数据采集传输仪重新发送报文
数据传输安全性	1. 对所传输的数据应按照《污染物在线监控（监测）系统数据传输标准》（HJ 212—2017）中规定的加密方法进行加密处理传输，保证数据传输的安全性。 2. 服务器端对请求连接的客户端进行身份验证
通信协议正确性	现场机和上位机的通信协议应符合《污染物在线监控（监测）系统数据传输标准》（HJ 212—2017）的规定，正确率为 100%
数据传输正确性	系统稳定运行一星期后，对一周的数据进行检查，对比接收的数据和现场的数据一致，精确至一位小数，抽查数据正确率为 100%
联网稳定性	系统稳定运行一个月，不出现除通信稳定性、通信协议正确性、数据传输正确性以外的其他联网问题

9.5 CEMS 日常运行管理要求

9.5.1 总体要求

CEMS 运维单位应根据 CEMS 使用说明书和本节要求编制仪器运行管理规程，确定系统运行操作人员和管理维护人员的工作职责。运维人员应当熟练掌握烟气排放连续监测仪器设备的原理、使用和维护方法。CEMS 日常运行管理应包括日常巡检、日常维护保养和 CEMS 的校准和检验。

9.5.2 管理制度

运维单位应建立 CEMS 运行维护管理制度，主要包括设备操作、使用和维护保养制度；运行、巡检和定期校准、校验制度；标准物质和易耗品的定期更换制度；设备故障及应急处理制度；自动监测数据分析记录、统计制度等一系列管理制度。

9.5.3 日常巡检

CEMS 运维单位应根据本章节要求和仪器使用说明中的相关要求制定巡检规程，并严格按照规程开展日常巡检工作并做好记录。日常巡检记录应包括检查项目、检查日期、被检项目的运行状态等内容，每次巡检应记录并归档。CEMS 日常巡检时间间隔不超过 7 天。

日常巡检可参照《固定污染源烟气（SO_2、NO_x、颗粒物）排放连续监测技术规范》（HJ 75—2017）附录 G 中的表 G.1～表 G.3 形式记录。

9.5.4 日常维护保养

运维单位应根据 CEMS 说明书的要求，对 CEMS 系统保养内容、保养周期或耗材更换周期等做出明确规定，每次保养情况应记录并归档。每次进行备件或材料更换时，更换的备件或材料的品名、规格、数量等应记录并归档。如更换有证标准物质或标准样品，还需记录新标准物质或标准样品的来源、有效期和浓度等信息。对日常巡检或维护保养中发现的故障或问题，运维人员应及时处理并记录。

CEMS 日常运行管理参照《固定污染源烟气（SO_2、NO_x、颗粒物）排放连续监测技术规范》（HJ 75—2017）附录 G 中的格式记录。

9.5.5 CEMS 校准和检验

运维单位应根据 9.6 规定的方法和质量保证规定的周期制定 CEMS 的日常校准和校验操作规程。校准和校验记录应及时归档。

9.6　CEMS 日常运行质量保证要求

9.6.1　总体要求

CEMS 日常运行质量保证是保障 CEMS 正常稳定运行、持续提供有质量保证监测数据的必要手段。当 CEMS 不能满足技术指标而失控时，应及时采取纠正措施，并缩短下一次校准、维护和校验的间隔时间。

9.6.2　定期校准

CEMS 运行过程中的定期校准是质量保证中的一项重要工作，定期校准应做到：

①具有自动校准功能的颗粒物 CEMS 和气态污染物 CEMS 每 24 小时至少自动校准一次仪器零点和量程，同时测试并记录零点漂移和量程漂移；

②无自动校准功能的颗粒物 CEMS 每 15 天至少校准一次仪器的零点和量程，同时测试并记录零点漂移和量程漂移；

③无自动校准功能的直接测量法气态污染物 CEMS 每 15 天至少校准一次仪器的零点和量程，同时测试并记录零点漂移和量程漂移；

④无自动校准功能的抽取式气态污染物 CEMS 每 7 天至少校准一次仪器零点和量程，同时测试并记录零点漂移和量程漂移；

⑤抽取式气态污染物 CEMS 每 3 个月至少进行一次全系统的校准，要求零气和标准气体从监测站房发出，经采样探头末端与样品气体通过的路径（应包括采样管路、过滤器、洗涤器、调节器、分析仪表等）一致，进行零点和量程漂移、示值误差和系统响应时间的检测；

⑥具有自动校准功能的流速 CMS 每 24 小时至少进行一次零点校准，无自动校准功能的流速 CMS 每 30 天至少进行一次零点校准；

⑦校准技术指标应满足表 9-4 要求。定期校准记录按《固定污染源烟气（SO₂、

NO$_x$、颗粒物）排放连续监测技术规范》（HJ 75—2017）附录 G 中的表 G.4 形式记录。

表 9-4   CEMS 定期校准校验技术指标要求及数据失控时段的判别

项目	CEMS 类型		校准功能	校准周期	技术指标	技术指标要求	失控指标	最少样品数/对
定期校准	颗粒物 CEMS		自动	24 h	零点漂移	不超过±2.0%	超过±8.0%	—
					量程漂移	不超过±2.0%	超过±8.0%	
			手动	15 d	零点漂移	不超过±2.0%	超过±8.0%	
					量程漂移	不超过±2.0%	超过±8.0%	
	气态污染物 CEMS	抽取测量或直接测量	自动	24 h	零点漂移	不超过±2.5%	超过±5.0%	—
					量程漂移	不超过±2.5%	超过±10.0%	
		抽取测量	手动	7 d	零点漂移	不超过±2.5%	超过±5.0%	
					量程漂移	不超过±2.5%	超过±10.0%	
		直接测量	手动	15 d	零点漂移	不超过±2.5%	超过±5.0%	
					量程漂移	不超过±2.5%	超过±10.0%	
	流速 CMS		自动	24 h	零点漂移或绝对误差	零点漂移不超过±3.0%或绝对误差不超过±0.9 m/s	零点漂移超过±8.0%且绝对误差超过±1.8 m/s	—
			手动	30 d	零点漂移或绝对误差	零点漂移不超过±3.0%或绝对误差不超过±0.9 m/s	零点漂移超过±8.0%且绝对误差超过±1.8 m/s	—
	颗粒物 CEMS		3 个月或 6 个月		准确度	满足 HJ 75—2017 9.3.8	超过 HJ 75—2017 9.3.8 规定范围	5
	气态污染物 CEMS							9
	流速 CMS							5

9.6.3   定期维护

CEMS 运行过程中的定期维护是日常巡检的一项重要工作，维护频次按照 HJ 75—2017 附录 G 中表 G.1～表 G.3 说明的频次进行，定期维护应做到：

①污染源停运到开始生产前应及时到现场清洁光学镜面；

②定期清洗隔离烟气与光学探头的玻璃视窗，检查仪器光路的准直情况；定期对清吹空气保护装置进行维护，检查空气压缩机或鼓风机、软管、过滤器等部件；

③定期检查气态污染物 CEMS 的过滤器、采样探头和管路的结灰和冷凝水情况、气体冷却部件、转换器、泵膜老化状态；

④定期检查流速探头的积灰和腐蚀情况、反吹泵和管路的工作状态；

⑤定期维护记录按 HJ 75—2017 附录 G 中的表 G.1～表 G.3 形式记录。

9.6.4　定期校验

CEMS 投入使用后，燃料、除尘效率的变化、水分的影响、安装点的振动等都会对测量结果的准确性产生影响。定期校验应做到：

①有自动校准功能的测试单元每 6 个月至少做一次校验，没有自动校准功能的测试单元每 3 个月至少做一次校验；校验用参比方法和 CEMS 同时段数据进行比对，按 HJ 75—2017 进行。

②校验结果应符合表 9-4 要求，不符合时，则应扩展为对颗粒物 CEMS 的相关系数的校正或/和评估气态污染物 CEMS 的准确度或/和流速 CMS 的速度场系数（或相关性）的校正，直到 CEMS 达到表 9-2 要求，方法见 HJ 75—2017 附录 A。

③定期校验记录按 HJ 75—2017 附录 G 中的表 G.5 形式记录。

9.6.5　常见故障分析及排除

当 CEMS 发生故障时，系统管理维护人员应及时处理并记录。设备维修记录见 HJ 75—2017 附录 G 中的表 G.6。维修处理过程中，需要注意以下几点：

①CEMS 需要停用、拆除或者更换的，应当事先报经主管部门批准。

②运维单位发现故障或接到故障通知，应在 4 小时内赶到现场进行处理。

③对于一些容易诊断的故障，如电磁阀控制失灵、膜裂损、气路堵塞、数据采集仪死机等，可携带工具或者备件到现场进行针对性维修，此类故障维修时间

不应超过 8 小时。

④仪器经过维修后，在正常使用和运行之前应确保维修内容全部完成，性能通过检测程序，按本章 9.6.2 对仪器进行校准检查。若监测仪器进行了更换，在正常使用和运行之前应对系统进行重新调试和验收。

⑤若数据存储/控制仪发生故障，应在 12 小时内修复或更换，并保证已采集的数据不丢失。

⑥烟气在线监测设备因故障不能正常采集、传输数据时，应及时向主管部门报告，缺失数据按 9.7.2②处理。

9.6.6　定期校准校验技术指标要求及数据失控时段的判别与修约

①CEMS 在定期校准、校验期间的技术指标要求及数据失控时段的判别标准见表 9-4。

②当发现任一参数不满足技术指标要求时，应及时按照规范及仪器说明书等的相关要求，采取校准、调试乃至更换设备重新验收等纠正措施直至满足技术指标要求为止。当发现任一参数数据失控时，应记录失控时段（从发现失控数据起到满足技术指标要求后止的时间段）及失控参数并上报当地生态环境主管部门，由当地生态环境主管部门按标准进行数据修约。

9.7　数据审核和处理

9.7.1　数据审核

固定污染源生产状况下，经验收合格的 CEMS 正常运行时段为 CEMS 数据有效时间段。CEMS 非正常运行时段（如 CEMS 故障期间、维修期间、超过本章 9.6.2 规定的期限未校准时段、失控时段以及有计划的维护保养、校准等时段）均为 CEMS 数据无效时段。

污染源计划停运一个季度以内的，不得停运 CEMS，日常巡检和维护要求仍按照 9.5 和 9.6 规定执行；计划停运超过一个季度的，可停运 CEMS，但应报当地生态环境主管部门备案。污染源启运前，应提前启运 CEMS，并进行校准，在污染源启运后的两周内进行校验，满足表 9-4 技术指标要求的，视为启运期间自动监测数据有效。

9.7.2　数据无效时间段数据处理

①CEMS 故障期间、维修时段数据按照 9.7.2②处理，超期未校准、失控时段数据按照 9.7.2③处理，有计划（质量保证/质量控制）的维护保养、校准等时段数据按照 9.7.2④处理。

②CEMS 因发生故障需停机进行维修时，其维修期间的数据替代按 9.7.2④处理；亦可以用参比方法监测的数据替代，频次不低于一天一次，直至 CEMS 技术指标调试到符合表 9-1 和表 9-2 的技术要求为止。如使用参比方法监测的数据替代，则监测过程应按照《固定污染源排气中颗粒物测定与气态污染物采样方法》（GB/T 16157—1996）和《固定源废气监测技术规范》（HJ/T 397—2007）的要求进行，替代数据包括污染物浓度、烟气参数和污染物排放量。

③CEMS 数据失控时段污染物排放量按照表 9-5 进行修约，污染物浓度和烟气参数不修约。CEMS 超期未校准的时段视为数据失控时段，污染物排放量按照表 9-5 进行修约，污染物浓度和烟气参数不修约。

表 9-5　失控时段的数据处理方法

季度有效数据捕集率 α	连续失控小时数 N/h	修约参数	选取值
$\alpha \geqslant 90\%$	$N \leqslant 24$	SO_2、NO_x、颗粒物的排放量	上次校准前 180 个有效小时排放量最大值
	$N > 24$		上次校准前 720 个有效小时排放量最大值
$75\% \leqslant \alpha < 90\%$	—		上次校准前 2 160 个有效小时排放量最大值

④CEMS 有计划（质量保证/质量控制）的维护保养、校准及其他异常导致的数据无效时段，污染物排放量按照表 9-6 处理，污染物浓度和烟气参数不修约。

表 9-6　维护期间和其他异常导致的数据无效时段的处理方法

季度有效数据捕集率α	连续无效小时数 N/h	修约参数	选取值
α≥90%	N≤24	SO₂、NOₓ、颗粒物的排放量	失效前 180 个有效小时排放量最大值
	N>24		失效前 720 个有效小时排放量最大值
75%≤α<90%	—		失效前 2 160 个有效小时排放量最大值

9.7.3　数据记录与报表

9.7.3.1　记录

按 HJ 75—2017 附录 D 的表格形式记录监测结果。

9.7.3.2　报表

按 HJ 75—2017 附录 D（表 D.9、表 D.10、表 D.11、表 D.12）的形式定期将 CEMS 监测数据上报，报表中应给出最大值、最小值、平均值、排放累计量以及参与统计的样本数。

第 10 章 厂界环境噪声及周边环境影响监测

厂界环境噪声和周边环境质量监测应按照相关的标准和规范开展。对于厂界噪声而言，重点是监测点位的布设，应能够反映厂内噪声源对厂外，尤其是对厂外居民区等敏感点的影响。对周边环境质量监测而言，不同的纺织印染工业行业对地表水、地下水、近岸海域海水和周边土壤有不同程度的影响，在方案制定时应依据相关标准规范和管理要求，结合本单位实际排污环境，适当选择应监测的对象，确保监测项目、监测点位的代表性和监测采样的规范性。本章围绕厂界环境噪声、地表水、地下水、近岸海域海水和土壤监测的关键点进行介绍和说明。

10.1 厂界环境噪声监测

10.1.1 环境噪声的含义

《中华人民共和国噪声污染防治法》第二条规定：本法所称环境噪声污染，是指所产生的环境噪声超过国家规定的环境噪声排放标准，并干扰他人正常生活、工作和学习的现象。所以在测量厂界环境噪声时应重点关注：①噪声排放是否超过标准规定的排放限值；②是否干扰他人正常生活、工作和学习。

10.1.2　厂界环境噪声布点原则

《工业企业环境噪声排放标准》（GB 12348—2008）规定，厂界环境噪声监测点的选择应根据工业企业声源、周围噪声敏感建筑物的布局以及毗邻的区域类别，在工业企业厂界布设多个点位，包括距噪声敏感建筑物较近以及受被测声源影响大的位置。《总则》中则更具体地指出了厂界环境噪声监测点位设置应遵循的原则：①根据厂内主要噪声源距厂界位置布点；②根据厂界周围敏感目标布点；③"厂中厂"是否需要监测根据内部和外围排污单位协商确定；④面临海洋、大江、大河的厂界原则上不布点；⑤厂界紧邻交通干线不布点；⑥厂界紧邻另一个排污单位的，在临近另一个排污单位侧是否布点由排污单位协商确定。

厂界一侧长度在 100 m 以下，原则上可布设 1 个监测点位；300 m 以下的可布设点位 2~3 个；300 m 以上的可布设点位 4~6 个。通常所说的厂界，是指由法律文书（如土地使用证、土地所有证、租赁合同等）中所确定的业主所拥有的使用权（或所有权）的场所或建筑边界，各种产生噪声的固定设备的厂界为其实际占地边界。

设置测量点时，一般情况下，应选在工业企业厂界外 1 m，高度 1.2 m 以上；当厂界有围墙且周围有受影响的噪声敏感建筑物时，测点应选在厂界外 1 m、高于围墙 0.5 m 以上的位置；当厂界无法测量到声源的实际排放状况时（如声源位于高空、厂界设有声屏障等），应在厂界外高于围墙 0.5 m 处设置测点，同时在受影响的噪声敏感建筑物的户外 1 m 处另设测点，建筑物高于 3 层时，可考虑分层布点；当厂界与噪声敏感建筑物距离小于 1 m 时，厂界环境噪声应在噪声敏感建筑物室内测量，室内测量点位设在距任何反射面至少 0.5 m 以上、距地面 1.2 m 高度处，在受噪声影响方向的窗户开启状态下测量；固定设备结构传声至噪声敏感建筑物室内，在噪声敏感建筑物室内测量时，测点应距任一反射面至少 0.5 m 以上，距地面 1.2 m、距外窗 1 m 以上，窗户关闭状态下测量，具体要求参照《环境噪声监测技术规范　结构传播固定设备噪声》（HJ 707—2014）。

10.1.3　环境噪声测量仪器

测量厂界环境噪声使用的测量仪器为积分平均声级计或环境噪声自动监测仪，其性能应不低于《电声学　声级计　第 1 部分：规范》（GB/T 3785.1—2010）和《积分平均声级计》（GB/T 1718—1997）对 2 型仪器的要求。测量 35 dB（A）以下的噪声时应使用 1 型声级计，且测量范围应满足所测量噪声的需要。校准所用仪器应符合《电声学　声校准器》（GB/T 15173—2010）对 1 级或 2 级声校准器的要求。当需要进行噪声的频谱分析时，仪器性能应符合《电声学　倍频程和分数倍频程滤波器》（GB/T 3241—2010）中对滤波器的要求。

测量仪器和校准仪器应定期检定合格，并在有效使用期限内使用；每次测量前、后必须在测量现场进行声学校准，其前、后校准示值偏差不得大于 0.5 dB（A），否则测量结果无效。测量时传声器加防风罩。测量仪器时间计权特性设为"F"挡，采样时间间隔不大于 1 s。

10.1.4　环境噪声监测注意事项

测量应在无雨雪、无雷电天气，风速为 5 m/s 以下时进行。不得不在特殊气象条件下测量时，应采取必要措施保证测量准确性，同时注明当时所采取的措施及气象情况，测量应在被测声源正常工作时间进行，同时注明当时的工况。

分别在昼间、夜间两个时段测量。夜间有频发、偶发噪声影响时同时测量最大声级。被测声源是稳态噪声，采用 1 min 的等效声级。被测声源是非稳态噪声，测量被测声源有代表性时段的等效声级，必要时测量被测声源整个正常工作时段的等效声级。噪声超标时，必须测量背景值，背景噪声的测量及修正按照《环境噪声监测技术规范　噪声测量值修正》（HJ 706—2014）进行。

10.1.5　监测结果评价

各个测点的测量结果应单独评价。同一测点每天的测量结果按昼间、夜间进行评价。最大声级直接评价。当厂界与噪声敏感建筑物距离小于 1 m，厂界环境噪声在噪声敏感建筑物室内测量时，应将相应的噪声标准限制减 10 dB（A）作为评价依据。

10.2 地表水监测

本节仅针对监测断面设置和现场采样进行介绍，样品保存、运输以及实验室分析部分参考第 6 章内容。

10.2.1 监测断面设置

排污单位厂界周边的地表水环境质量影响监测点位应参照排污单位环境影响评价文件及其批复和其他环境管理要求设置。

如环境影响评价文件及其批复和其他文件中均未做出要求，排污单位需要开展周边环境质量影响监测的，环境质量影响监测点位设置的原则和方法参照《环境影响评价技术导则　总纲》（HJ 2.1—2016）、《环境影响评价技术导则　地表水环境》（HJ 2.3—2018）和《地表水和污水监测技术规范》（HJ/T 91—2002）等执行。

《环境影响评价技术导则　地表水环境》（HJ 2.3—2018）规定环境影响评价中，应提出地表水环境质量监测计划，包括监测断面或点位位置（经纬度）、监测因子、监测频次、监测数据采集与处理、分析方法等。地表水环境质量监测断面或点位设置需与水环境现状监测、水环境影响预测的断面或点位相协调，并应强化其代表性、合理性。

10.2.1.1 河流监测断面设置

根据《环境影响评价技术导则　地表水环境》（HJ 2.3—2018）对补充调查监测布点的规定，应布设对照断面、控制断面。对照断面宜布置在排放口上游 500 m 以内。控制断面应根据受纳水域水环境质量控制管理要求设置。控制断面可结合水环境功能区或水功能区、水环境控制单元区划情况，直接采用国家及地方确定的水质控制断面。评价范围内不同水质类别区、水环境功能区或水功能区、水环境敏感区及需要进行水质预测的水域，应布设水质监测断面。评价范围以外的调查或预测范围，可以根据预测工作需要增设相应的水质监测断面。水质取样断面上取样垂线的布设按照《地表水和污水监测技术规范》（HJ/T 91—2002）的规定执行。

10.2.1.2　湖库监测点位设置

根据《环境影响评价技术导则　地表水环境》（HJ 2.3—2018），水质取样垂线的设置可采用以排放口为中心，沿放射线布设或网格布设的方法，按照下列原则及方法设置：一级评价在评价范围内布设的水质取样垂线数宜不少于 20 条；二级评价在评价范围内布设的水质取样线宜不少于 16 条。评价范围内不同水质类别区、水环境功能区或水功能区、水环境敏感区、排放口和需要进行水质预测的水域，应布设取样垂线。水质取样垂线上取样点的布设按照《地表水和污水监测技术规范》（HJ/T 91—2002）的规定执行。

10.2.2　水样采集

10.2.2.1　基本要求

（1）河流

对开阔河流采样时，应包括下列几个基本点：用水地点的采样；污水流入河流后，对充分混合的地点及流入前的地点采样；支流合流后，对充分混合的地点及混合前的主流与支流地点的采样；主流分流后地点的选择；根据其他需要设定的采样地点。各采样点原则上应在河流横向及垂向的不同位置采集样品。采样时间一般选择在采样前至少连续两天晴天，水质较稳定的时间。

（2）水库和湖泊

由于采样地点不同和温度的分层现象可引起水质很大的差异。在调查水质状况时，应考虑到成层期与循环期的水质明显不同。了解循环期水质，可采集表层水样；了解成层期水质，应按深度分层采样。

10.2.2.2 水样采集要点内容

（1）采样器材

采样器材主要有采样器和水样容器。采样器包括聚乙烯塑料桶、单层采水瓶、直立式采水器、自动采样器。水样容器包括聚乙烯瓶（桶）、硬质玻璃瓶和聚四氟乙烯瓶。聚乙烯瓶一般用于大多数无机物的样品，硬质玻璃瓶用于有机物和生物样品，硬质玻璃瓶或聚四氟乙烯瓶用于微量有机污染物（挥发性有机物）样品。

（2）采样量

在地表水质监测中通常采集瞬时水样。采样量参照规范要求，即考虑重复测定和质量控制的需要量，并留有余地。

（3）采样方法

在可以直接汲水的场合，可用适当的容器采样，如在桥上等地方用系着绳子的水桶投入水中汲水，要注意不能混入漂浮于水面上的物质；在采集一定深度的水时，可用直立式或有机玻璃采水器。

（4）水样保存

在水样采入或装入容器中后，应按规范要求加入保存剂。

（5）油类采样

采样前先破坏可能存在的油膜，用直立式采水器把玻璃容器安装在采水器的支架中，将其放到 300 mm 深度，边采水边向上提升，在到达水面时剩余适当空间（避开油膜）。

10.2.2.3 注意事项

《地表水环境质量标准》（GB 3838—2002）中规定的项目标准值，要求水样采集后自然沉降 30 min，取上层非沉降部分按规定方法进行分析。对于某些湖库河道等地表水体一般不存在可沉降物的情况，建议在采样比对验证无显著影响后，可省略自然沉降步骤。规定补充说明：由于地表水水质包括水相、颗粒相、生物相和沉积相，且水质的这四种相态在我国地表水体之间差别较大，如黄河的泥沙等，造成监测分析结果和数据的可比性差异很大，因此规定所有地表水水样均采集后自然沉降 30 min，取上层清液按规定方法分析，以尽可能地消除监测分析结果的差异。

水样采集过程中应注意以下方面：

①采样时不可搅动水底的沉积物。

②采样时应保证采样点的位置准确，必要时用定位仪（GPS）定位。

③认真填写《水质采样记录表》，用签字笔或硬质铅笔在现场记录，字迹应端正、清晰，项目完整。

④采样结束前，核对采样方案、记录和水样是否正确，否则补采或重采。

⑤测定油类水样，应在水面至 300 mm 范围内采集柱状水样，并单独采集，全部用于测定，采样瓶不得用采集的水样冲洗。

⑥测定溶解氧、生化需氧量和有机污染物等项目时，水样必须注满容器，上部不留空间，并用水封口。

⑦如果水样中含沉降性固体，如泥沙（黄河）等，应分离除去，分离方法为：将所采水样摇匀后倒入筒形玻璃容器，静置 30 min，将不含沉降性固体但含有悬浮性固体的水样移入盛样容器，并加入保存剂。测定总悬浮物和油类除外。

⑧测定湖库水的化学需氧量、高锰酸盐指数、叶绿素 a、总氮、总磷时的水样，静置 30 min 后，用吸管一次或几次移取水样，吸管进水尖嘴应插至水样表层 50 mm 以下位置，再加保存剂保存。

⑨测定油类、BOD₅、DO（溶解氧）、硫化物、余氯、粪大肠菌群、悬浮物、挥发性有机物、放射性等项目要单独采样。

⑩降水与融雪期间地表径流的变化，也是影响水质的因素，在采样时应予以注意并做好采样记录。

10.3 近岸海域海水影响监测

10.3.1 监测点位设置

排污单位厂界周边的海水环境质量影响监测点位应参照排污单位环境影响评价文件及其批复和其他环境管理要求设置。

如环境影响评价文件及其批复和其他文件中均未做出要求，排污单位需要开展周边环境质量影响监测的，环境质量影响监测点位设置的原则和方法参照《环境影响评价技术导则 总纲》（HJ 2.1—2016）、《环境影响评价技术导则 地表水环境》（HJ 2.3—2018）、《近岸海域环境监测技术规范 第八部分 直排海污染源及对近岸海域水环境影响监测》（HJ 442.8—2020）、《近岸海域环境监测点位布设技术规范》（HJ 730—2014）等执行。

根据《环境影响评价技术导则 地表水环境》（HJ 2.3—2018），一级评价可布设 5~7 个取样断面，二级评价可布设 3~5 个取样断面。根据垂向水质各自的特点，参照《海洋调查规范》（GB/T 12763—2007）、《近岸海域环境监测技术规范》（HJ 442.1~10—2020）、《近岸海域环境监测点位布设技术规范》（HJ 730—2014）执行。排放口位于感潮河段内的，其上游需设置的水质取样断面的数目与位置，应根据感潮段的时间情况参照河流决定，其下游断面的布设与近岸海域相同。

10.3.2　水样采集基本要求

10.3.2.1　采样前环境情况检查

每次采样前均应仔细检查装置的性能及采样点周围的状况。

（1）岸上采样

如果水是流动的，采样人员站在岸边，必须面对水流动方向操作。若底部沉积物受到扰动，则不能继续取样。

（2）船上采样

由于船体本身就是一个重要污染源，船上采样要始终采取适当措施防止船上各种污染源可能带来的影响。采痕量金属水样应尽量避免使用铁质或其他金属制成的小船，采用逆风逆流采样，一般应在船头取样，将来自船体的各种沾污控制在一个尽量低的水平上。当船体到达采样点位后，应该根据风向和流向，立即将采样船周围海面划分为船体沾污区、风成沾污区和采样区三部分，然后在采样区采样。或者待发动机关闭后，当船体仍在缓慢前进时，将抛浮式采水器从船头部位尽力向前方抛出，或者使用小船离开大船一定距离后采样；采样人员应坚持向风操作，采样器不能直接接触船体任何部位，裸手不能接触采样器排水口，采样器内的水样先放掉一部分后再取样；采样深度的选择是采样的重要部分，通常要特别注意避开微表层采集表层水样，也不要在被悬浮沉积物富集的底层水附近采集底层水样；采样时应避免剧烈搅动水体，如发现底层水浑浊，应停止采样；当水体表面漂浮杂质时，应防止其进入采样器，否则重新采样；采集多层次深水水域的样品，按从浅到深的顺序采集；因采水器容积有限不能一次完成时，可进行多次采样，将各次采集的水样集装在大容器中，分样前应充分摇匀。混匀样品的方法不适于溶解氧、BOD_5、油类、细菌学指标、硫化物及其他有特殊要求的项目；测溶解氧、BOD_5、pH 等项目的水样，采样时需充满，避免残留空气对测项的干扰；其他测项，装水样至少留出容器体积 10% 的空间，以便样品分析前充分摇匀；

取样时，应沿样品瓶内壁注入，除溶解氧等特殊要求外放水管不要插入液面下装样；除现场测定项目外，样品采集后应按要求进行现场加保存剂，颠倒数次使保存剂在样品中均匀分散；水样取好后，仔细塞好瓶塞，不能有漏水现象。如将水样转送他处或不能立刻分析时，应用石蜡或水漆封口。对不同水深，采样层次按照《近岸海域环境监测技术规范》（HJ 442.1～10—2020）确定。

10.3.2.2　现场采样注意事项

①项目负责人或技术负责人同船长协调海上作业与船舶航行的关系，在保证安全的前提下，航行应满足监测作业的需要。

②按监测方案要求，获取样品和资料。

③水样分装顺序的基本原则是：不过滤的样品先分装，需过滤的样品后分装；一般按悬浮物和溶解氧（生化需氧量）→pH→营养盐→重金属→COD_{Cr}（其他有机物测定项目）→叶绿素 a→浮游植物（水采样）的顺序进行；如化学需氧量和重金属汞需测试非过滤态，则按悬浮物和溶解氧（生化需氧量）→COD_{Cr}（其他有机物测定项目）→汞→pH→盐度→营养盐→其他重金属→叶绿素 a→浮游植物（水采样）的顺序进行。

④在规定时间内完成应在海上现场测试的样品，同时做好非现场检测样品的预处理。

⑤采样事项：船到达点位前 20 min，停止排污和冲洗甲板，关闭厕所通海管路，直至监测作业结束；严禁用手沾污所采样品，防止样品瓶塞（盖）沾污；观测和采样结束，应立即检查有无遗漏，然后方可通知船方起航；在大雨等特殊气象条件下，应停止海上采样工作；遇有赤潮和溢油等情况，应按应急监测规定要求进行跟踪监测。

10.4　地下水监测

10.4.1　监测点位布设

纺织印染工业排污单位厂界周边的地下水环境质量影响监测点位参照排污单位环境影响评价文件及其批复和其他环境管理要求设置。

如环境影响评价文件及其批复和其他文件中均未做出要求，排污单位需要开展周边环境质量影响监测的，地下水环境质量影响监测点位设置的原则和方法参照《环境影响评价技术导则　地下水环境》(HJ 610—2016)、《地下水环境监测技术规范》(HJ/T 164—2004)等执行。

参考《环境影响评价技术导则　地下水环境》(HJ 610—2016)，根据排污单位类别及地下水环境敏感程度,划分排污单位对地下水环境影响的等级(表 10-1)，进而确定地下水监测点(井)的数量及分布。

表 10-1　排污单位周边地下水环境影响等级分级表

敏感程度[①]	项目类别[②]		
	Ⅰ类项目	Ⅱ类项目	Ⅲ类项目
敏感	一级	一级	二级
较敏感	一级	二级	三级
不敏感	二级	三级	三级

注：①参见《环境影响评价技术导则　地下水环境》(HJ 610—2016)表 1。
②参见《环境影响评价技术导则　地下水环境》(HJ 610—2016)附录 A。

地下水环境质量影响监测点位(井)数量及设置要求：影响等级为一级、二级的排污单位，点位一般不少于 3 个，应至少在排污单位上、下游各布设 1 个。一级排污单位还应在重点污染风险源处增设监测点。影响等级为三级的排污单位，点位一般不少于 1 个，应至少在排污单位下游布置 1 个。

10.4.2 监测井的建设与管理

开展周边地下水环境质量影响监测的排污单位可选择符合点位布设要求、常年使用的现有井（如经常使用的民用井）作为监测井；在无合适现有井时，可设置专门的监测井。多数情况下地下水可能存在污染的部分集中在接近地表的潜水中，排污单位应根据所在地及周边水文地质条件确定地下水埋藏深度，进而确定地下水监测井井深或取水层位置。

地下水的监测井建设与管理的其他具体要求，应符合《地下水环境监测技术规范》（HJ/T 164—2004）中第 2 章、第 4 章的规定。

地下水样品的现场采集、保存、实验室分析及质量控制的具体操作过程，应符合《地下水环境监测技术规范》（HJ/T 164—2004）中第 3 章、第 4 章、第 6 章的规定。

10.5 土壤监测

纺织印染工业排污单位厂界周边的土壤环境质量影响监测点位，要参照排污单位环境影响评价文件及其批复和其他环境管理要求设置。如环境影响评价文件及其批复和其他文件中均未做出要求，排污单位需要开展周边环境质量影响监测的，土壤环境质量影响监测点位设置的原则和方法参照《环境影响评价技术导则 土壤环境（试行）》（HJ 964—2018）、《土壤环境监测技术规范》（HJ/T 166—2004）等执行。

参考《环境影响评价技术导则 土壤环境（试行）》（HJ 964—2018）中有关污染影响型建设项目的要求，根据排污单位类别、占地面积大小及土壤环境的敏感程度，确定监测点位布设的范围、数量及采样深度。

首先，根据表 10-2 确定排污单位对周边土壤环境影响的等级。

表 10-2　排污单位周边土壤环境影响等级分级表

敏感程度③	建设项目类别①								
	Ⅰ类项目			Ⅱ类项目			Ⅲ类项目		
	大②	中	小	大	中	小	大	中	小
敏感	一级	一级	一级	二级	一级	二级	三级	三级	三级
较敏感	一级	一级	二级	二级	二级	三级	三级	三级	—
不敏感	一级	二级	二级	二级	三级	三级	三级	—	—

注：①参见《环境影响评价技术导则　土壤环境（试行）》（HJ 964—2018）中附录 A；
　　②排污单位占地面积分为大型（≥50 hm²）、中型（5～50 hm²）、小型（≤5 hm²）；
　　③参见《环境影响评价技术导则　土壤环境（试行）》（HJ 964—2018）中表 3。

其次，在确定排污单位土壤环境影响的等级后，可根据表 10-3 确定监测点布设的范围及点位数量。

表 10-3　排污单位周边土壤环境质量影响监测点位布设范围及数量

土壤环境影响等级	周边土壤环境监测点的布设范围①	点位数量
一级	1 km²	4 个表层点②
二级	0.2 km²	2 个表层点②
三级	0.02 km²	—③

注：①涉及大气沉降途径影响的，可根据主导风向下风向最大浓度落地点适当调整监测点位布设范围。
　　②表层点一般在 0～0.2 m 采样。
　　③影响等级为三级的排污单位，除有特殊要求的，一般可不考虑布设周边土壤环境监测点。

土壤样品的现场采集、样品流转、制备、保存、实验室分析及质量控制的具体过程应符合《土壤环境监测技术规范》（HJ/T 166—2004）中的相关技术规定。

第 11 章　监测质量保证与质量控制体系

监测质量保证与质量控制是提高监测数据质量的重要保障，是监测过程的重中之重，同时也涉及监测过程方方面面的内容。本章立足现有经验，对污染源监测应关注的重点内容、质控要点进行梳理，提供了经验性的参考，但很难面面俱到。排污单位或社会化检测机构在开展污染源监测过程中，可参考本章的内容，结合自身实际情况，制定切实有效的监测质量保证与质量控制方案，提高监测数据质量。

11.1　基本概念

监测质量保证和质量控制是环境监测过程中的两个重要概念。《环境监测质量管理技术导则》（HJ 630—2011）中这样定义：质量保证是指为了提供足够的信任表明实体能够满足质量要求，而在质量体系中实施并根据需要证实的全部有计划和有系统的活动。质量控制是指为达到质量要求所采取的作业技术或活动。

采取质量保证的目的是获取他人对质量的信任，是为使他人确信某实体提供的数据、产品或者服务等能满足质量要求而实施的并根据需要进行证实的全部有计划、有系统的活动。质量控制则是通过监视质量形成过程，消除生产数据、产品或者提供服务的所有阶段中可能引起不合格或不满意效果的因素，使其达到质量要求而采用的各种作业技术和活动。

环境监测的质量保证与质量控制是依靠系统的文件规定来实施的内部的技术和管理手段，既是生产出符合国家质量要求的检测数据的技术管理制度和活动，也是一种"证据"，即向任务委托方、环境管理机构和公众等表明该检测数据是在严格的质量管理中完成的，具有足够的管理和技术上的保证手段，数据是准确可信的。

11.2　质量体系

证明数据质量可靠性的技术管理制度与活动可以千差万别，但是也有其共同点。为了实现质量保证和质量控制的目的，往往需要建立一套质量体系并保证其有效运行。它应覆盖环境监测活动所涉及的全部场所、所有环节，以使检测机构的质量管理工作程序化、文件化、制度化和规范化。

建立一个良好运行的质量体系，如果是专业的向政府、企事业单位或者个人提供排污情况监测数据的社会化检测机构，按照国家质量监督检验检疫总局的《检验检测机构资质认定管理办法》（质检总局令　第 163 号）、《检验检测机构资质认定评审准则》和《检验检测机构资质认定评审准则及释义》的要求，建立并运行质量体系是必要的。如果检测实验室仅为排污单位内部提供数据，质量管理活动的目的则是为本单位管理层、环境管理机构和公众提供证据，证明数据准确可信，质量手册不是必需的，但是利于检测实验室数据质量得到保证的一些程序性规定和记录是必要的（如实验室具体分析工作的实施流程、与数据质量相关的管理流程等的详细规定，具体方法或设备使用的指导性详细说明，数据生产过程和监督数据生产需使用的各种记录表格等）。

建立质量体系不等于需要通过资质认定。质量体系的繁简程度与检测实验室的规模、业务范围、服务对象等密切相关，有时还需要根据业务委托方的要求修改完善质量体系。质量体系一般包括质量手册、程序文件、作业指导书和记录。有效的质量控制体系应满足"对检测工作进行全面规范，且保证全过程留痕"的基本要求。

11.2.1 质量手册

质量手册是检测实验室质量体系运行的纲领性文件，阐明检测实验室的质量目标，描述检测实验室全部检测质量活动的要素，规定检测质量活动相关人员的责任、权限和相互之间的关系，明确质量手册的使用、修改和控制的规定等。质量手册至少应包括批准页、自我声明、授权书、检测实验室概述、检测质量目标、组织机构、检测人员、设施和环境、仪器设备和标准物质以及检测实验室为保证数据质量所做的一系列规定等。

（1）批准页

批准页的主要内容是说明编制质量体系的目的以及质量手册的内容，并由最高管理者批准实施。

（2）自我声明

检测实验室关于独立承担法律责任、遵守《中华人民共和国计量法》和监测技术标准规范等相关法律法规、客观出具数据等的承诺。

（3）授权书

检测实验室有多种情形需要授权，包括但不限于：在最高管理者外出期间，授权给其他人员替其行使职权；最高管理者授权人员担任质量负责人、技术负责人等关键岗位；授权给某些人员使用检测实验室的大型贵重仪器等。

（4）检测实验室概述

简要介绍检测实验室的地理位置、人员构成、设备配置概况、隶属关系等基本信息。

（5）检测质量目标

检测质量目标即定量描述检测工作所达到的质量。

（6）组织机构

即明确检测实验室与检测工作相关的外部管理机构的关系，与本单位中其他部门的关系，完成检测任务相关部门之间的工作关系等，通常以组织机构框图的方式表明。与检测任务相关的各部门的职责应予以明确和细化。例如，可规定检测质量管理部具有下列职责：

①牵头制订检测质量管理年度计划并监督实施，编制质量管理年度总结。

②负责组织质量管理体系建设、运行管理，包括质量体系文件编制、宣贯、修订、内部审核、管理评审、质量督察、检测报告抽查、实验室和现场监督检查、质量保证和质量控制等工作。

③负责组织人员开展内部持证上岗考核相关工作。

④负责组织参加外部机构组织的能力验证、能力考核、比对抽测等各项考核工作。

⑤负责组织仪器设备检定/校准工作，包括编制检定/校准计划、组织实施和确认。

⑥负责标准物质管理工作，包括建立标准物质清册、管理标准物质样品库、标准样品的验收、入库、建档及期间核查等。

（7）检测人员

包括检测岗位划分和检测人员管理两部分内容。

检测岗位划分指检测实验室将检测相关工作分为若干具体的检测工序，并明确各检测工序的职责。以检测实验室为例，岗位划分可描述为质量负责人、技术负责人、报告签发人、采样岗位、分析岗位、质量监督人、档案管理人等。可以由同一个人兼任不同的岗位，也可以专职从事某一个岗位。但报告编制、审核和签发应由三个不同的人员承担，不能由一个人兼任其中的两个以上职责。

检测人员管理分别规定从事采样、分析等检测相关工作的人员应接受的教育、培训、应掌握的技能，应履行的职责等。以分析岗位为例，人员管理可描述为以下几个方面：

①分析人员必须经过培训，熟练掌握与所承担分析项目有关的标准监测方法或技术规范及有关法规，且具备对检验检测结果做出评价的判断能力，经内部考核合格后持证上岗。

②熟练掌握所用分析仪器设备的基本原理、技术性能，以及仪器校准、调试、维护和常见故障的排除技术。

③熟悉并遵守质量手册的规定，严格按监测标准、规范或作业指导书开展监测分析工作，熟悉记录的控制与管理程序，按时完成任务，保证监测数据准确可靠。

④认真做好样品分析前的各项准备工作，分析样品的交接工作以及样品分析工作，确保按业务通知单或监测方案要求完成样品分析。

⑤分析人员必须确保分析选用的方法现行有效，依据正确。

⑥负责所使用仪器设备日常维护、使用和期间核查，编制/修订其操作规程、维护规程、期间核查规程和自校规程，并在计量检定/校准有效期内使用。负责做好使用、维护和期间核查记录。

⑦确保分析质控措施和质控结果符合有关监测标准或技术规范及相关规定要求。

⑧当分析仪器设备、环境条件或被测样品不符合监测技术标准或技术规范要求时，监测分析人员有权暂停工作，并及时向上级报告。

⑨认真做好分析原始记录并签字，要求字迹清楚、内容完整、编号无误。

⑩分析人员对分析数据的准确性和真实性负责。

⑪校对上级安排的其他检测人员的分析原始记录。

检测实验室建立人员配备情况一览表（参考样表11-1），有助于提高人员管理效率。

表11-1　检测人员一览表（样表）

序号	姓名	性别	出生年月	文化程度	职务/职称	所学专业	从事本技术领域年限	所在岗位	持证项目情况	备注
1	张三	男	1988年8月	本科	工程师	分析化学	5	分析岗	水和废水：化学需氧量、氨氮	质量负责人
……										

（8）设施和环境

检测实验室的设施和环境条件指检测实验室配备必要的设施硬件，并建立制度保证监测工作环境适应监测工作需求。检测实验室的设施通常包括空调、除湿机、干湿度温度计、通风橱、纯水机、冷藏柜、超声波清洗仪、电子恒温恒湿箱、灭火器等检测辅助设备。至少应明确以下规定：

①防止交叉污染的规定。例如，规定监测区域应有明显标识；严格控制进入和使用影响检测质量的实验区域；对相互有影响的活动区域进行有效隔离，防止交叉污染。比较典型的交叉污染的例子有：挥发酚项目的检测分析会对在同一实验室进行的氨氮检测分析造成交叉污染；在分析总砷、总铅、总汞、总镉等项目时，如果不同的样品间浓度差异较大，规定高、低浓度的采样瓶和分析器皿分别用专用酸槽浸泡洗涤，以免交叉污染。必要时，用优级纯酸稀释后浸泡超低浓度样品所用器皿等。

②对可能影响检测结果质量的环境条件，规定检测人员要进行监控和记录，保证其符合相关技术要求。例如，万分之一以上精度的电子天平正常工作对环境温度、湿度有控制要求，检测实验室应有监控设施，并有记录表格记录环境条件。

③规定有效控制危害人员安全和人体健康的潜在因素。例如，配备通风橱、消防器材等必要的防护和处置措施。

④对化学品、废弃物、火、电、气和高空作业等安全相关因素做出规定等。

（9）仪器设备和标准物质

检测用仪器设备和标准物质是保障检测数据量值溯源的关键载体。检测实验室应配备满足检测方法规定的原理、技术性能要求的设备，应对仪器设备的购置、使用、标识、维护、停用、租借等管理做出明确规定，保证仪器设备得到合理配置、正确使用和妥善维护，提高检测数据的准确可靠性。例如，对于设备的配备可规定：

①根据检测项目和工作量的需要及相关技术规范的要求，合理配备采样、样品制备、样品测试、数据处理和维持环境条件所要求的所有仪器设备种类和数量，并对仪器技术性能进行科学的分析评价和确认。

②如果需要借用外单位的仪器设备，必须严格按本单位仪器设备的规定管理。

建立仪器设备配备情况一览表，往往有助于提高设备管理效率，仪器设备配备情况参考样表 11-2。

表 11-2　仪器设备配备情况一览表（样表）

序号	设备名称	设备型号	出厂编号	检定/校准方式	检定/校准周期	仪器摆放位置
1	电子天平	TE 212L	####	检定	一年	205 室
……						

此外，应根据检测项目开展情况配备标准物质，并做好标准物质管理。配备的标准物质应该是有证标准物质，保证标准物质在其证书规定的保存条件下贮存，建立标准物质台账，记录标准物质名称、购买时间、购买数量、领用人、领用时间和领用量等信息。

（10）其他

为保证建立的质量管理体系覆盖检测的各个方面、环节、场所，除能持续有效地指导实施质量管理活动外，还应对以下质量管理活动做出原则性的规定：

①质量体系在哪些情形下，由谁提出、谁批准同意修改等。

②如何正确使用管理质量体系各类管理和技术文件，即如何编制、审批、发放、修改、收回、标识、存档或销毁等。

③如何购买对监测质量有影响的服务（如委托有资质的机构检定仪器即为购买服务），以及如何购买、验收和存储设备、试剂、消耗材料。

④检测工作中出现的与相关规定不符合的事项，应如何采取措施。

⑤质量管理、实际样品检测等工作中相关记录的格式模板应如何编制，以及实际工作过程中如何填写、更改、收集、存档和处置记录。

⑥如何定期组织单位内部熟悉检测质量管理相关规定的人员，对相关规定的执行情况进行内部审核的规定。

⑦管理层如何就内部审核或者日常检测工作中发现的相关问题，定期研究解决。

⑧检测工作中，如何选用、证实/确认检测方法。

⑨如何对现场检测、样品采集、运输、贮存、接收、流转、分析、监测报告编制与签发等检测工作全过程的各个环节都采取有效的质量控制措施，以保证监测工作质量。

⑩如何编制监测报告格式模板，实际检测工作中如何编写、校核、审核、修改和签发检测报告等。

11.2.2　程序文件

程序文件是规定质量活动方法和要求的文件，是质量手册的支持性文件，主要目的是对产生检测数据的各个环节、各种影响因素和各项工作全面规范。包括人员、设备、试剂、耗材、标准物质、检测方法、设施和环境、记录和数据录入发布等各关键因素，明确、详细地规定某一项与检测相关的工作，执行人员是谁、经过什么环节、留下哪些记录，以实现高时效地完成工作的同时保证数据质量。

编写程序文件时，应明确每个程序的控制目的、适用范围、职责分配、活动过程规定和相关质量技术要求，从而使程序文件具有可操作性。例如，制定检测工作程序，面临对检测任务的下达、检测方案的制定、采样器皿和试剂的准备、样品采集和现场检测、实验室内样品分析，以及测试原始积累的填写等诸多环节，应规定分别由谁来实施，以及实施过程中应该填写哪些记录，以保证工作有序开展。

档案管理也是一项涉及较多环节的工作，涉及档案产生后的暂存、收集、交接、保管和借阅查询使用等一系列环节，在各个细节又需要保证档案的完整性，因此需要制定档案管理程序。这个程序可以规定档案如何产生，人员如何暂存档案，暂存的时限是多长，档案收集由谁来负责，交给档案收集人员时应履行的手续，档案集中后由谁负责建立编号，如何保存，借阅查阅时应履行的手续等。

又如检测方案的制定，方案制定人员需要弄清楚的文件有环评报告中的监测章节内容、生态环境主管部门做出的环评批复、执行的排放标准、许可证管理的相关要求、行业涉及的自行监测指南等。在明确管理要求后所制定的检测方案，宜请熟悉环境管理、环境监测、生产工艺和治理工艺的专业人员对方案审核把关，既有利于保证检测内容和频次等满足管理要求，又可避免不必要的人力物力浪费。

一般来说，检测实验室需制定的程序性规定应包括人员培训程序、检测工作程序、设备管理程序、标准物质管理程序、档案管理程序、质量管理程序、服务和供应品的采购和管理程序、内务和安全管理程序、记录控制与管理程序等。

11.2.3　作业指导书

作业指导书是指特定岗位工作或活动应达到的要求和遵循的方法。对于下列情形往往需要检测机构制定作业指导书：

（1）标准检测方法中规定可采取等效措施，而检测机构又的确采取了等效措施。

（2）使用非母语的检测方法。

（3）操作步骤复杂的设备。作业指导书应写得尽可能具体，且语言简洁无歧义，以保证各项操作的可重复。氮氧化物化学发光测试仪作业指导书的编写参见附录3-9。

11.2.4　记录

记录包括质量记录和技术记录。质量记录是质量体系活动产生的记录，如内审记录、质量监督记录等；技术记录是各项监测工作所产生的记录，如"pH 分析原始记录表""废水流量监测记录（流速仪法）"。记录是保证从监测方案的制定开始，到样品采集、样品运输和保存、样品分析、数据计算、报告编制、数据发布的各个环节留下关键信息的凭证，是证明数据生产过程满足技术标准和规范要求的基础。检测实验室的记录既要简洁易懂，也要有足够的信息量并让检测工作重现。这就要求认真学习国家的法律法规等管理规定和技术标准规范，把握必须记录备查的关键信息，在设计记录表格样式的时候予以考虑。比如对于样品采集，除采样时间、地点、人员等基础信息外，还应包括检测项目、样品表观（定性描述颜色、悬浮物含量）、样品气味、保存剂的添加情况等信息。对于具体的某一项污染物的分析，需要记录分析方法名称及代码、分析时间、分析仪器的名称型号、校准曲线的信息、取样量、样品前处理情况、样品测试的信号值、计算公式、计算结果以及质控样品分析的结果等。常用的一些记录表格样式参见附录 3。

11.3　自行监测质控要点

自行监测的质量控制，应抓住人员、设备、监测方法、试剂耗材等关键因素，还要重视设施环境等影响因素。每一项检测任务都应有足够证据表明其数据质量可信，在制定该项检测任务实施方案的同时，制定一个质控方案，或者在实施方案中有质量控制的专门章节，明确该项工作应有针对性地采取哪些措施来保证数据质量。自行监测工作中，包含自行监测点位，项目和频次，采样、制样和分析应执行哪些技术规范等信息的监测方案在许可证发放时经过了环保部门审查。日常监测工作中，需要落实现场监测和采样、制样和分析样品、报告编制工作的具体人员，以及应采取的质控措施。应采取的质控措施可以是一个专门的方案，规定承担采样、制样和分析样品的人员应具备的技能（如经过适当的培训后持有上岗证），各环节的执行人员应该落实哪些措施来自证所开展工作的质量，质量控制人员如何去查证各任务执行人员工作的有效性等。通常来说，质控方案就是保证数据质量所需要满足的人员、设备、监测方法、试剂耗材和环境设施等的共性要求。

11.3.1　人员

人员技能水平是自行监测质量的决定性因素，因此在检测机构制定的规章制度性文件中，要明确规定不同岗位人员应具有的技术能力。例如，应该具有的教育背景、工作经历、胜任该工作应接受的再教育培训，并以考核方式确认是否具有胜任岗位的技能。对于人员适岗的再教育培训，如与行业相关的政策法规、标准方法、操作技能等，由检测机构内部组织或者参加外部培训均可。

适岗技能考核确认的方式也是多样化的，如笔试或者提问、操作演示、实样测试、盲样考核等。无论采用哪种培训、考核方式，均应有记录来证实工作过程。例如内部培训，应至少有培训教材、培训签到表、外部培训有会议通知、培训考核结果证明材料等。需注意，对于口头提问和操作演示等考核方式，也应有记录，如口头提问，记录信息至少包括考核者姓名、提问内容、被考核者姓名、回答要点，以及对于考核结果的评价；操作演示的考核记录至少包括考核者姓名、要求考核演示的内容、被考核者姓名、演示情况的概述以及评价结论。在具体执行过程中，切忌人员技能培训走过场，杜绝出现徒有各种培训考核记录但人员技能依然不高的窘境。例如，某厂自行监测厂界噪声的原始记录中，背景值仅为 30 dB（A），暴露出监测人员对仪器性能和环境噪声缺乏基本的认知。

11.3.2　仪器设备

监测设备是决定数据质量的另一关键因素。2015 年 1 月 1 日起开始施行的《中华人民共和国环境保护法》第二章第十七条明确规定：监测机构应当使用符合国家标准的监测设备，遵守监测规范。所谓符合国家标准，首先，应根据排放标准规定的监测方法选用监测设备，也就是仪器的测定原理、检测范围、测定精密度、准确度以及稳定性等满足方法的要求；其次，设备应根据国家计量的相关要求和仪器性能情况确定检定/校准，列入《中华人民共和国强制检定的工作计量器具目录》或有检定规程的仪器应送有资质的单位进行检定，如烟尘监测仪、电子天平、砝码、烟气采样器、大气采样器、pH 计、分光光度计、声级计、压力表等。属于非强制检定的仪器与设备可以送有资质的计量检定机构进行校准，无法送去检定或者校准的仪器设备，应由仪器使用单位自行溯源，即自己制定校准规范，对部分计量性能或参数进行检测，以确认仪器性能准确可靠。

对于投入使用的仪器，要确保其得到规范使用。应明确规定如何使用、维护、维修和性能确认仪器设备。例如，编写仪器设备操作规程（即仪器操作说明书）

和维护规程（仪器维护说明书），以保证使用人员能够正确使用或者维护仪器。与采样和监测结果的准确性和有效性相关的仪器设备，在投入使用前，必须进行量值溯源，即用前述的检定、校准或者自校手段确认仪器性能。对于送到有资质的检定或者校准单位的仪器，收到设备的检定或者校准证书后，应查看检定/校准单位实施的检定/校准内容是否符合实际的检测工作要求。例如，配备多个传感器的仪器，检测工作需要使用的传感器是否都得到了检定；对于有多个量程的仪器，其检定或者校准范围是否满足日常工作需求；对于仪器的检定，校准或者自校，并不是一劳永逸的，应根据国家的检定/校准规程或者使用说明书要求，定期实施检定/校准或者自校，保持仪器在检定/校准或者自校有效期内使用，且每次监测前，都要使用分析标准溶液、标准气体等方式确认仪器量值，在证实其量值持续符合相应技术要求后使用。如定电位电解法规定烟气中二氧化硫、氮氧化物，每次测量前必须用标气进行校准，示值误差≤±5%方可使用。此外，应规定仪器设备的唯一性标识、状态标识，避免误用。仪器设备的唯一性标识既可以是仪器的出厂编码，也可以是检测单位按自行制定的规则编写的代码。

仪器的相关记录应妥善保存。建议检测仪器一仪一档。档案的目录包括仪器说明书、仪器验收技术报告、仪器的检定/校准证书或者自校原始记录和报告、仪器的使用日志、维护记录、维修记录等，建议这些档案一年归档一次，以免遗失。应特别注意及时、如实填写仪器使用日志，切忌事后补记，否则不实的仪器使用记录会影响数据真实性的判断。比较常见的明显与事实不符的记录有：同一台现场检测仪器在同一时间，出现在相距几百千米的两个不同检测任务中，仪器使用日志中记录的分析样品量远大于该仪器最大日分析能力等，这种记录会让检查人员对数据的真实性产生质疑。应该有制度规范在必须修改原始记录时如何修改，避免原始记录被误改。

11.3.3　记录

规范使用监测方法。优先使用被检测对象适用的污染物排放标准中规定的监测方法。若有新发布的标准方法替代排放标准中指定的监测方法，应采用新标准。若新发布的监测方法与排放标准指定的方法不同，但适用范围相同，也可使用。例如，《固定污染源废气　氮氧化物的测定　非分散红外吸收法》（HJ 692—2014）、《固定污染源废气　氮氧化物的测定　定电位电解法》（HJ 693—2014）的适用范围明确为"固定污染源废气"，因此两项方法均适用于废气中氮氧化物的监测。

正确使用监测方法。监测污染源排放情况所使用的方法包括国家标准方法和国务院行业部门以文件、技术规范等形式发布的标准方法，特殊情况下也会用等效分析方法。为此，检测机构或者实验室往往需要根据方法的来源确定应实施方法证实还是方法确认，其中方法证实适用于国家标准方法和国务院行业部门以文件、技术规范等形式发布的方法，方法确认适用于等效分析方法。为实现正确使用监测方法，仅仅由检测机构实施方法证实是不够的，还需要使用该监测方法的每个人员，使用该方法获得的检出限、空白、回收率、精密度、准确度等各项指标均满足方法性能的要求，方可认为检测人员掌握了该方法，才算正确使用监测方法。当然，并非在每次检测工作中均需要对方法进行证实。一般认为，初次使用标准方法前，应证实能够正确运用标准方法；标准方法发生了变化，应重新予以证实。

通常而言，方法证实至少应包括以下 6 个方面的内容：

①人员：人员的技能是否得到更新；是否能够适应方法的工作要求；人员数量是否满足工作要求。

②设备：设备性能是否满足方法要求；是否需要添置前处理设备等辅助设备；设备数量是否满足要求。

③试剂耗材：方法对试剂种类、纯度等的要求如何；数量是否满足；是否建立了购买使用台账。

④环境设施条件：方法及其所用设备是否对温度湿度有控制要求；这些环境条件是否得到监控。

⑤方法技术指标：使用日常工作所用的标准和试剂做方法的技术指标，如校

准曲线、检出限、空白、回收率、精密度、准确度等，是否均达到了方法要求。

⑥技术记录：日常检测工作须填写的原始记录格式是否包含了足够的关键信息。

11.3.4　试剂耗材

规范使用标准物质，应注意以下事项：

①应优先考虑使用国家批准的有证标准样品，以保证量值的准确性、可比性与溯源性。

②选用的标准样品与预期检测分析的样品，尽可能在基体、形态、浓度水平等性状方面接近。其中，基体匹配是需要重点考虑的因素，因为只有使用与被测样品基体相匹配的标准样品，在解释实验结果时才不会或很少出现困难。

③应特别注意标准样品证书中所规定的取样量与取样方法。证书中规定的固体最小取样量、液体稀释办法等是测量结果准确性和可信度的重要影响因素，应严格遵守。

④应妥善贮存标准样品，并建立标准样品使用情况记录台账。有些标准样品有特殊的储存条件要求，应根据标准样品证书规定的储存条件保存标准样品，并在标准样品的有效期内使用，否则可能会影响标准样品量值的准确性。

严格按照方法要求购买和使用试剂耗材。每个方法都规定了试剂的纯度，需要注意的是，市售的与方法要求的纯度一致的试剂，不一定能满足方法的使用要求，对数据结果有影响的试剂、新购品牌或者产品批次不一致时，在正式用于样品分析前应进行空白样品实验，以验证试剂质量是否满足工作需求。对于试剂纯度不满足方法需求的情形，应购买更高纯度的试剂或者由分析人员自行净化。比较典型的案例是分析水中苯系物的二硫化碳，市售分析纯二硫化碳往往需要实验室自行重蒸，或者购买优级纯酸才能满足方法对空白样品的要求；与此类似的还有分析重金属的盐酸、硝酸等，采用分析纯的酸往往会导致较高的空白和背景值，建议筛选品质可靠的优级纯酸。

牢记试剂耗材有使用寿命。对于试剂，尤其是已经配制好的试剂，应注意遵守检测方法中对试剂有效期的规定。若没有特殊规定，建议参考执行《化学试剂标准滴定溶液的制备》（GB/T 601—2016）中关于标准滴定溶液有效期的规定，即常温（15～25℃）下保存时间不超过 2 个月。特别应注意表观不被磨损类耗材的质保期，比如定电位电解法的传感器、pH 计的电极等，这些仪器的说明书中明确规定了传感器或者电极的使用次数或者最长使用寿命，应严格遵守，以保证量值的准确性。

11.3.5 数据处理

数据的计算和报出也可能发生失误，应高度重视。以火电厂排放标准为例，排放标准根据热能转化设施类型的不同，规定了不同的基准氧含量，实测的火电厂烟尘、二氧化硫、氮氧化物和汞及其化合物排放浓度须折算为基准氧含量下的排放浓度，如果忽略了此要求，将现场测试所得结果直接报出，必然导致较大偏差。对于废水检测，须留意在发生样品稀释后检测时，稀释倍数是否纳入了计算。已经完成的测定结果，还应注意计量单位是否正确，最好有熟悉该项目的工作人员校核，各项目结果汇总后，由专人进行数据审核后发出。录入电脑或者信息平台时，注意检查是否有小数点输入的错误。

完备的质量控制体系运行离不开有效的质量监督。检测机构或者实验室应设置覆盖其检测能力范围的监督员，这些监督员可以是专职的，也可以是兼职的。但不论是哪种情形，监督员应该熟悉检测程序、方法，并能够评价检测结果，发现可能的异常情况。为了使质量监督达到预期效果，最好在年初就制订监督计划，明确监督人、被监督对象、被监督的内容、被监督的频次等。通常情况下，在新进上岗人员使用新分析方法或者新设备，以及生产治理工艺发生变化的初期等实施的污染排放情况检测应受到有效监督。监督的情况应以记录的形式予以妥善保存。此外，检测机构或者实验室应定期总结监督情况，编写监督报告，以保证质量体系中的各标准、规范和质量措施等切实得到落实。

第 12 章　信息记录与报告

　　监测信息记录和报告是相关法律法规的要求，也是排污许可证制度实施的重要内容，是排污单位必须开展的工作。信息记录和报告的目的是将排污单位与监测相关的内容记录下来，供管理部门和排污单位使用，同时定期按要求进行信息报告，以说明环境守法状况，同时也为社会公众监督提供依据。本章围绕纺织印染工业应开展的信息记录和报告的内容进行说明，为纺织印染工业排污单位提供参考。

12.1　信息记录的目的与意义

　　说清污染物排放状况，自证是否正常运行污染治理设施、是否依法排污是法律赋予排污单位的权利和义务。自证守法，首先要有可以作为证据的相关资料，信息记录就是要将所有可以作为证据的信息保留下来，在需要的时候有据可查。具体来说，信息记录的目的和意义体现在以下几个方面。

　　首先，便于监测结果溯源。监测的环节很多，任何一个环节出现了问题，都可能造成监测结果的错误。通过信息记录，将监测过程中的重要环节的原始信息记录下来，一旦发现监测结果存在可疑之处，就可以通过查阅相关记录，检查哪个环节出现了问题。对于不影响监测结果的问题，可以通过追溯监测过程进行校正，从而获得正确的结果。

其次，便于规范监测过程。认真记录各个监测环节的信息，便于规范监测活动，避免由于个别时候的疏忽而遗忘个别程序，从而影响监测结果。通过对记录信息的分析，也可以发现影响监测过程的一些关键因素，这也有利于监测过程的改进。

再次，可以实现信息间的相互校验。记录各种过程信息，可以更好地反映排污单位的生产、污染治理、排放状况，便于建立监测信息与生产、污染治理等相关信息的逻辑关系，从而为实现信息间的互相校验、加强数据间的质量控制提供基础。通过记录各类信息，可以形成排污单位生产、污染治理、排放等完整的证据链，避免单方面的信息不足以说明排污状况的情形发生。

最后，丰富基础信息，利于科学研究。排污单位生产、污染治理、排放过程中一系列过程信息，对研究排污单位污染治理和排放特征具有重要意义。监测信息记录，极大地丰富了污染源排放和治理的基础信息，也为开展科学研究提供了大量基础信息。基于这些基础信息，利用大数据分析方法，可以更好地探索污染排放和治理的规律，为科学制定相关技术要求奠定良好基础。

12.2 信息记录要求和内容

12.2.1 信息记录要求

信息记录是一项具体而琐碎的工作，做好信息记录对于排污单位和管理部门都很重要。一般来说，信息记录应该符合以下要求。

首先，信息记录的目的在于真实反映排污单位生产、污染治理、排放、监测的实际情况，因此信息记录不需要专门针对需要记录的内容进行额外整理，只要保证所要求的记录内容便于查阅即可。为了便于查阅，排污单位应尽可能根据一般逻辑习惯整理成台账保存。保存方式可以为电子台账，也可以为纸质台账，以便于查阅为原则。

其次，信息记录的内容不限于标准规范中要求的内容，其他排污单位认为有利于说清楚本单位排污状况的相关信息，也可以予以记录。考虑到排污单位污染排放的复杂性，影响排放的因素有很多，而排污单位最了解哪些因素会影响排污状况，因此，排污单位应根据本单位的实际情况，梳理本单位应记录的具体信息，丰富台账资料内容，从而更好地建立生产、治理、排放的逻辑关系。

12.2.2　信息记录内容

12.2.2.1　手工监测的记录

采用手工监测的指标，至少应记录以下几方面的内容：

①采样相关记录，包括采样日期、采样时间、采样点位、混合取样的样品数量、采样器名称、采样人姓名等。

②样品保存和交接相关记录，包括样品保存方式、样品传输交接记录。

③样品分析相关记录，包括分析日期、样品处理方式、分析方法、质控措施、分析结果、分析人姓名等。

④质控相关记录，包括质控结果报告单等。

12.2.2.2　自动监测运维记录

自动监测的正确运行需要定期进行校准、校验和日常运行维护，校准、校验结果、日常运行维护开展情况直接决定了自动监测设备是否能够稳定正常运行，而通过检查运维公司对自动监测设备的运行维护记录，可以对自动监测设备日常运行状态进行初步判断。因此，排污单位或者负责运行维护的公司要如实记录对自动监测设备的运行维护情况，具体包括自动监测系统运行状况、系统辅助设备运行状况、系统校准、校验工作等，仪器说明书及相关标准规范中规定的其他检查项目，校准、维护保养、维修记录等。

12.2.2.3　生产和污染治理设施运行状况

首先，污染物排放状况与排污单位生产和污染治理设施运行状况密切相关，记录生产和污染治理设施运行状况，有利于更好地说清楚污染物排放状况。

其次，考虑到受监测能力的限制，无法做到全面连续监测的，记录生产和污染治理设施运行状况可以辅助说明未监测时段的排放状况，同时也可以对监测数据是否具有代表性进行判断。

最后，由于监测结果可能受到仪器设备、监测方法等各种因素的影响，造成监测结果的不确定性，因此记录生产和污染治理设施运行状况，通过不同时段监测信息和其他信息的对比分析，可以对监测结果的准确性进行总体判断。

对于生产和污染治理设施运行状况，主要记录内容包括监测期间企业及各主要生产设施（至少涵盖废气主要污染源相关生产设施）运行状况（包括停机、启动情况）、产品产量、主要原辅料使用量、取水量、主要燃料消耗量、燃料主要成分、污染治理设施主要运行状态参数、污染治理主要药剂消耗情况等。日常生产中上述信息也需整理成台账保存备查。

12.2.2.4　固体废物（危险废物）产生与处理状况

固体废物作为重要的环境管理要素，排污单位应对固体废物和危险废物的产生、处理情况进行记录，同时固体废物和危险废物信息也可以作为废水、废气污染物产生排放的辅助信息。关于固体废物和危险废物的记录内容包括各类固体废物和危险废物的产生量、综合利用量、处置量、贮存量，危险废物还应详细记录其具体去向。

12.3　生产和污染治理设施运行状况

企业应详细记录以下生产及污染治理设施运行状况，日常生产中也应参照以下内容记录相关信息，并整理成台账保存备查。

12.3.1　生产运行状况记录

根据厂区内生产布置和生产运行实际情况，记录排污单位每条生产线的原辅材料用量和产量情况。若不同生产线原辅材料交叉使用，且无法估算各生产线的原辅材料使用量或产量，也可以合起来进行记录，但要进行说明。

取水量（新鲜水）指调查年度从各种水源提取的并用于工业生产活动的水量总和，包括城市自来水用量、自备水（地表水、地下水和其他水）用量、水利工程供水量，以及企业从市场购得的其他水（如其他企业回用水量）。工业生产活动用水主要包括工业生产用水、辅助生产（包括机修、运输、空压站等）用水。厂区附属生活用水（厂内绿化、职工食堂、浴室、保健站、生活区居民家庭用水、企业附属幼儿园、学校、游泳池等的用水量）如果单独计量且生活污水不与工业废水混排的水量不计入取水量。

主要原辅料（天然纤维或化学纤维、坯布、织物、成衣等，生产过程中添加的化学品等）使用量。根据排污单位实际从外购买的原辅材料进行整理记录，重点记录与污染物产生相关的原辅材料使用情况。

生丝、净毛、精干麻、纱、坯布、色纤、色纱、面料、水洗成衣等产品产量。根据排污单位实际生产情况，记录生丝、净毛、精干麻、纱、坯布、色纤、色纱、面料、水洗成衣等产品的产量，为了更好地掌握污染物产生与生产状况的关系，上述产品中有作为中间产品而非最终产品的，也应进行记录。

对于印染行业排污单位，还应每日按染色生产线记录上染率、浴比等生产运行信息。

12.3.2　废水处理设施运行状况记录

为了佐证废水监测数据情况，按日记录废水处理量、废水回用量、废水排放量、污泥产生量（记录含水率）、废水处理使用的药剂名称及用量、电耗等；记录废水处理设施运行、故障及维护情况。

12.3.3 废气处理设施运行状况记录

同样地，为了佐证废气监测数据情况，按日记录废气处理使用的药剂等耗材名称及用量；记录废气处理设施运行参数、故障及维护情况等。

12.4 固体废物产生和处理情况

记录一般工业固体废物和废矿物油与含矿物油废物、废有机溶剂与含有机溶剂废物、染料和涂料废物、沾染染料及有机溶剂等的废弃包装物、容器等危险废物的产生量、综合利用量、处置量、贮存量，危险废物还应详细记录其具体去向。原料或辅助工序中产生的其他危险废物的情况也应记录，危险废物应严格执行危险废物相关管理要求。

对于委托外单位处置利用一般工业固体废物或者危险废物的，以及接收外单位一般工业固体废物或者危险废物的，应详细记录这些情况。对于自行综合利用、自行处置一般工业固体废物和危险废物的，还应当对本单位所拥有的处置场、焚烧装置等综合利用和处置设施及其运行情况进行记录。

12.5 信息报告及信息公开

12.5.1 信息报告要求

为了排污单位更好地掌握本单位实际排污状况，也便于更好地对公众说明本单位的排污状况和监测情况，排污单位应编写自行监测年度报告，年度报告至少应包含以下内容：

①监测方案的调整变化情况及变更原因。

②企业及各主要生产设施（至少涵盖废气主要污染源相关生产设施）全年运

行天数，各监测点、各监测指标全年监测次数、超标情况、浓度分布情况。

③按要求开展的周边环境质量影响状况监测结果。

④自行监测开展的其他情况说明。

⑤排污单位实现达标排放所采取的主要措施。

自行监测年报不限于以上信息，任何有利于说明本单位自行监测情况和排放状况的信息，都可以写入自行监测年报中。另外，对于领取了排污许可证的排污单位，按照排污许可证管理要求，每年应提交年度执行报告，其中自行监测情况属于年度执行报告中的重要组成部分，排污单位可以将自行监测年报作为年度执行报告的一部分一并提交。

12.5.2　应急报告要求

由于排污单位非正常排放会对环境或者废水处理设施产生影响，因此对于监测结果出现超标的，排污单位应加密监测，并检查超标原因。短期内无法实现稳定达标排放的，应向生态环境主管部门提交事故分析报告，说明事故发生的原因，采取减轻或防止污染的措施，以及今后的预防及改进措施等；若因发生事故或者其他突发事件，排放的废水可能危及城镇排水与污水处理设施安全运行的，应当立即采取措施消除危害，并及时向城镇排水主管部门和生态环境主管部门等有关部门报告。

12.5.3　信息公开要求

排污单位应根据排污许可证及《企业事业单位环境信息公开办法》(环境保护部令　第 31 号) 及《国家重点监控企业自行监测及信息公开办法（试行）》(环发〔2013〕81 号) 执行进行信息公开，但不限于此，排污单位还可以采取其他便于公众获取的方式进行信息公开。

信息公开应重点考虑两类群体的信息需求。一是排污单位周围居民的信息需求，周边居民是污染排放的直接影响者，最关心污染物排放状况对自身及环境的影响，因此对污染物排放状况及周边环境质量状况有强烈的需求。二是排污单位同类行业或者其他相关者的信息需求，同一行业不同排污单位之间存在一定的竞争关系，当然都希望在污染治理上得到相对公平的待遇，因此会格外关心同行的排放状况，对同行业其他排污单位的排放状况信息有同行监督需求。

为了照顾这两类群体的信息需求，信息公开的方式应该便于这两大类群体获取。排污单位可以通过在厂区外或当地媒体上发布监测信息，使周边居民及时了解排污单位的排放状况，这类信息公开相对灵活，便于周边居民获取信息。而为了实现同行监督和一些公益组织的监督，也为了便于政府监督，有组织的信息公开方式更有效率。目前，各级生态环境主管部门都在建设不同类型的信息公开平台，排污单位也应该根据相关要求在信息平台上发布信息，以便于各类群体间的相互监督。

第 13 章　自行监测数据报送

为了方便排污单位信息报送和管理部门收集相关信息，受生态环境部生态环境监测司委托，中国环境监测总站组织开发了"全国污染源监测信息管理与共享平台"，排污单位应通过该系统报送监测数据和相关信息。同时，发放了排污许可证的排污单位应通过"全国排污许可证管理信息平台"报送相关信息，为了便于填报，现已实现了"全国污染源监测信息管理与共享平台"和"全国排污许可证管理信息平台"的互联互通，排污单位可以通过两者其中之一登录系统填报监测数据。对于有地方监测数据管理平台的，可以通过数据交换的方式，实现数据的报送。

13.1　总体架构设计

根据《关于印发〈2015 年中央本级环境监测能力建设项目建设方案〉的通知》（环办函〔2015〕1596 号），中国环境监测总站负责建设"全国污染源监测数据管理与信息共享系统"，面向企业用户、委托机构用户、环保用户、系统管理用户 4 类用户，针对各自不同业务需求，系统提供数据采集、监测体系建设运行考核、数据查询处理与分析、决策支持、数据采集移动终端版、自行监测知识库、排放标准管理、个人工作台、系统管理等功能。

另外，面向其他污染源监测信息采集系统（包括部级建设的固定污染源系统、全国排污许可证公开端、各省重点污染源监测系统）使用数据交换平台进行数据交换，减少企业重复填报。

系统整体架构见图 13-1。

图 13-1 系统总体架构

系统总体架构采用 SOA 面向服务的五层三体系的标准成熟电子政务框架设计，以总线为基础，依托公共组件、通用业务组件和开发工具实现应用系统快速开发和系统集成。系统由基础层、数据层、支撑层、应用层、展现层五层，以及贯穿项目始终、保障项目顺利实施和稳定、安全运行的系统运行保障体系、安全保障体系及标准规范体系构成。

基础层：在利用中国环境监测总站现有的软硬件及网络环境基础上配置相应的系统运行所需软硬件设备及安全保障设备。

数据层：建设项目的基础数据库、元数据库，并在此基础上建设主题数据库、空间数据库，提供数据挖掘和决策支持。数据库依据生态环境部相关标准及能力建设项目的数据中心相关标准建设。

支撑层：在应用支撑平台企业总线及相关公共组件的基础上，建设本系统的组件，为系统提供足够的灵活性和扩展性，为应用集成提供灵活的框架，也为将来业务变化引起的系统变化提供快速调整的支撑。

应用层：通过 ESB、数据交换实现与包括部级建设的固定污染源系统、全国排污许可证管理信息平台、各省污染源监测系统在内的其他系统对接。

展现层：面向生态环境管理部门用户、企业用户及第三方机构用户提供互联网访问服务。

标准规范体系：制定全国污染源监测信息管理与共享平台数据交换标准规范，确保各应用系统按照统一的数据标准进行数据交换。

为保持系统安全稳定运行，同步配套设计和建设了安全保障体系和系统运行保障体系。

13.2　应用层设计

全国污染源监测数据管理与信息共享平台提供的业务应用包括数据采集、排放标准管理、监测体系建设运行考核、数据查询处理与分析、决策支持、数据采集移动终端版、自行监测知识库、数据交换、个人工作台及系统管理 10 个子系统。系统功能架构见图 13-2。

图 13-2　系统功能架构

①数据采集：包括对企业自行监测数据和管理部门进行的监督性监测数据的采集；需要面向全国重点监控企业采集监测数据，对不同年份的企业建立不同的企业基础信息库，提供信息填报、审核、查询、发布功能，并形成关联以持续监督。

同时满足各级生态环境主管部门录入监督性监测数据、质控抽测数据、监督检查信息与结果、采集全国自动监控数据、自动监测数据有效性审核情况、监测站标准化建设情况、环境执法与监管情况等。企业的基础信息录入完成后需由属地生态环境主管部门确认。由于不同来源数据的采集频次和采集方式不同，系统提供不同的数据接入方式。

②排放标准管理：提供排放标准的维护管理和达标评价功能。管理用户可以对标准进行增删改查操作，以保持标准为最新版本。提供接口，数据录入编辑时、数据进行发布时均可调用该接口判定该数据是否超标，超标的给予提示并按超标比例不同给出不同的颜色提醒。

③监测体系建设运行考核：根据管理要求，汇总监测体系建设运行总体情况，生成表格。实现按时间、空间、行业、污染源类型等分类统计应开展监测的企业数量、不具备监测条件的企业数量及原因、实际开展监测的企业数量以及监测点

位数量、监测指标数量等各指标的具体情况。

④数据查询处理与分析：查询条件可以保存为查询方案，查询时可调用查询方案进行查询。

⑤决策支持：该发布系统除采用基本的数据分析方法外，需要支持 OLAP（联机分析）等分析技术，对数据中心数据的快速分析访问，向用户显示重要的数据分类、数据集合、数据更新通知以及用户自己的数据订阅等信息。

提供环保搜索功能，用户可按权限快速查询各类环境信息，也可以直接从系统进行汇总、平均或读取数据，实现多维数据结构的灵活表现。

⑥数据采集移动终端版：数据采集移动端帮助环保用户随时随地了解企业情况并上报检查信息，提高污染源数据信息采集的及时性、准确性。

⑦自行监测知识库：企业自行监测知识库系统对企业单位提供自行监测相关的法律法规、政策文件、排放标准、监测规范、监测方法、自行监测方案范例、相关处罚案例等查询服务，帮助和指导企业做好自行监测工作。

⑧数据交换：建立数据交换共享平台，实现系统中各子系统间的内部数据交换，尤其是实现与外部系统的交换。

内部交换包括采集子系统与查询分析子系统，各子系统与信息发布子系统之间的数据交换。

外部交换主要是与其他信息系统的数据对接，将依据能力建设项目的相关标准制定监测数据标准、交换的工作流程标准、安全标准及交换运行保障标准等标准，制定统一的数据接口供各地现行污染源监测信息管理与共享数据。各相关系统按数据标准生成数据 XML 文件通过接口传递到本系统解析入库，以实现与本系统的互联互通，减少企业重复录入，提高数据质量。

⑨个人工作台：包括信息提醒（邮件和短信）、通知管理、数据报送情况查询、数据校验规则设置与管理等。为不同用户提供针对性强、特定的用户体验，方便用户使用。

⑩系统管理：系统管理实现系统维护相关功能，系统维护人员和数据管理人员基于这些功能对数据采集和服务进行管理，综合信息管理主要包括系统管理、

个人工作管理、数据管理等方面的功能。

13.3 排污单位自行监测数据报送

13.3.1 排污单位自行监测数据报送方式

排污单位自行监测数据采集方式有两种，一种是直接登录使用本系统录入自行监测方案及数据，另一种是使用各省自建平台录入自行监测方案及数据，再向本系统传送。本系统与排污许可证管理信息系统互通，可从排污许可证管理信息系统获取已发证企业的基本信息，再将本系统采集的自行监测数据推送给排污许可证管理信息系统进行公开。

直接使用本系统采集和报送数据的企业，可先从排污许可证管理信息系统共享已发证企业基本信息，然后使用本系统录入完善企业自行监测方案、监测数据等信息，再将监测数据共享到排污许可证管理信息系统进行发布。企业自行监测数据报送流程见图13-3。

图 13-3 排污单位自行监测数据报送流程

如果各省（自治区、直辖市）使用本地平台采集和发布信息，地方平台将发放许可证的企业信息和方案信息导入地方平台，再由企业在地方平台进行数据录入，然后由地方平台将数据导入国家平台。使用地方平台采集企业自行监测信息的报送流程见图 13-4。

图 13-4　使用地方平台采集自行监测数据的报送流程

13.3.2　方案与数据填报流程

自行监测方案填报流程：企业用户登录系统，录入企业基本信息、监测信息，保存成方案后提交所属生态环境主管部门审核（审核功能并非强制性，是否需要审核由生态环境主管部门根据本地区管理需求进行设置）。发放了许可证的企业，这两部分信息会自动从许可证系统导入本系统中，企业仅需要完善即可。

自行监测数据填报流程：方案审核通过的企业按监测方案进行监测数据的填报，企业内部可以数据审核，审核通过的进行发布，不通过的退回填报用户修改。具有审核权限的填报用户也可以直接发布。

13.3.3 报送内容

（1）企业基本信息：包括企业名称、统一社会信用代码（或组织机构代码）、企业类别、企业规模、注册类型、行业类别、法定代表人或主要负责人、企业注册地址、企业生产地址、企业地理位置。

（2）监测方案信息：包括各排放设备、排放口、监测点位、点位编号、监测项目、执行的排放标准及限值、监测方法、监测频次、委托服务机构等信息。

（3）监测数据：填报各监测点开展监测的各项污染物的排放浓度、相关参数信息、未监测原因等信息。

13.4 监测信息录入

13.4.1 基础信息录入

企业用户在系统主界面进入"数据采集"—"企业信息填报"—"基本信息录入"。基本信息录入功能提供企业用户将自己的基本信息录入系统中，主要包括：

录入【企业名称】【曾用名】等，选择【企业类别】【企业规模】【注册类型】等，上传【排污许可证】【单位平面图】，点击【提交】按钮即可上传企业的基本信息。其中【企业名称】【统一社会信用代码】和【组织机构代码】（二选一）、【企业类别】【行业类别】【方案审核单位】【企业生产地址】【企业地理位置】为必填项。企业没有完成基本信息填报前不能进行监测点位信息等录入，当基本信息填写完成，才能进行其他操作，如图 13-5 所示。

图 13-5　企业基础信息录入界面

13.4.2　监测方案信息维护

发放了许可证的企业，监测方案信息会自动从许可证系统导入本系统中，企业仅需要完善即可。本章以下内容以无排污许可证同步信息为主进行介绍，企业有排污许可证同步方案信息的不需要进行此操作，可参考此步骤编辑完善自行监测方案信息。

企业录入监测方案信息，选择排放类型，废气、废水、无组织、周边环境、厂界噪声，根据排放类型不同，录入信息流程如下：

废气：首先录入排放设备信息及治理设施信息；然后在排放设备下添加监测点信息；再录入监测点上应监测的项目信息；最后录入监测项目使用的设备和方法信息；

废水：首先录入监测点信息；然后根据监测点是排口还是进口，录入排口及治理设施信息或进口信息；再录入监测点上应监测的项目信息；最后录入监测项目使用的设备和方法信息；

无组织、周边环境和厂界噪声：首先录入监测点信息；然后录入监测点上应监测的项目信息；最后录入监测项目使用的设备和方法信息；

企业用户在系统主界面进入"数据采集"—"企业信息填报"—"监测方案

信息"。在【选择方案版本】中如果选择【版本号名称】即可查看相应版本号的监测信息。如果想修改监测信息，点击右侧【加载该版本】即可，然后在【选择方案版本】处选择【当前编辑】。修改的过程可参照下面介绍的录入过程。录入新的监测信息，应在【选择方案版本】处选择【当前编辑】，然后点击右侧的【编辑】按钮进行编辑，如图 13-6 所示。

图 13-6　企业监测方案信息加载界面

许可证导入企业，进入系统，在监测方案信息当前编辑中，会有从排污许可证系统同步过来的监测方案信息，包含相关排放设备、监测点、监测项目、排放标准、限值、监测频次等信息，如图 13-7 所示。

图 13-7　许可证系统导入企业的监测方案信息界面

非排污许可证导入企业，首次进入系统界面如图 13-8 所示。

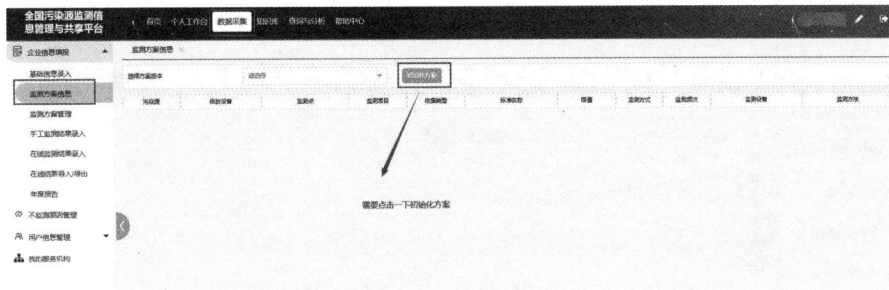

图 13-8 非排污许可证系统导入企业监测方案信息界面

点击初始化方案之后，如图 13-9 所示。

图 13-9 非排污许可证系统导入企业监测方案信息编辑界面

13.4.2.1 废气监测信息录入

（1）添加废气排放设备

一个企业的废气监测信息可以有多个排放设备，每个排放设备可以新增多个治理设施。

在编辑状态下，点击废气右上方的【增加排放设备】，弹出排放设备增加页面，通用的填报项目有【排序序号】【排放设备名称】【排放设备编号】，点击【新增治理设施】，在下方会增加一行治理设施填报项目，内容包括【安装顺序】【设施类别】【设施名称】【处理工艺】【处理效率】，每一条项目的右侧均有 按钮，可以对错误的添加进行删除操作，如图 13-10 和图 13-11 所示。

图 13-10 新增废气排放设备

图 13-11 新增治理设施

在【排放设备类型】处选择【燃烧】，需在页面上选择【燃烧类型】【燃烧技术】【低氮燃烧方式】等，输入【装机容量】，如图 13-12 所示。

图 13-12　完善排放设备信息——燃烧

在【排放设备类型】处选择【工艺过程】，需在页面上选择【产品名称】【工艺技术】等，输入【产能单位】【产能】，如图 13-13 所示。

图 13-13　完善排放设备信息——工艺过程

在【排放设备类型】处选择【溶剂使用】，需在页面上选择【溶剂使用过程】【溶剂类型】【是否分组】，如图 13-14 所示。

图 13-14　完善排放设备信息——溶剂使用

在【排放设备类型】处选择【储存运输】，需输入【运输产品】，如图 13-15 所示。

图 13-15　完善排放设备信息——储存运输

在【排放设备类型】处选择【废弃物处理】，需在页面上选择【废弃物类型】【处理方式】，输入【处理量】，如图 13-16 所示。

图 13-16　完善排放设备信息——废弃物处理

根据上述的不同条件填写完页面后，点击【立即提交】按钮即可。

（2）添加废气监测点

一个监测点可对应多个排放设备，一个排放设备只对应一个监测点。在添加完废气排放设备之后，点击【增加监测点】，弹出监测点新增页面。

①选择已存在监测点

在【选择已存在监测点】处选择"是"，在【选择监测点】处选择对应的监测点，点击【立即提交】按钮即可，如图 13-17 所示。

图 13-17　选择已存在监测点

②新建监测点

在【选择已存在监测点】处选择"否"，依次输入【排序序号】【监测点名称】【监测点编号】【监测点位置】，选择【点位属性】，如果为【外排】，该监测点即为外排监测点，如果为【内部】，即需选择【关联外排监测点】，如图 13-18 所示。

图 13-18　新建监测点

输入【经度】【纬度】【监测断面面积】等，点击 ➕ 按钮可以新增监测点，点击按钮后在弹出的新增排气筒页面，输入【排气筒名称】【排气筒编号】等，点击【立即提交】，即可新增一个监测点，如图 13-19 所示。

图 13-19　完善新增监测点信息

　　点击【新增标准】按钮可以新增一条标准，在弹出的新增标准页面中，选择需要添加的标准。选择一个标准后，打开下方的标准条目，选择要监测的项目，选择完毕后点击【立即提交】按钮，即可新增一条标准，如图 13-20 和图 13-21 所示。

图 13-20　新增执行标准

图 13-21　完善标准信息

　　填写完监测点信息后，点击【立即提交】按钮，即可新增一条监测点信息，如图 13-22 所示。

图 13-22　完成监测点新建

（3）添加废气监测项目

一个监测点可能有多个监测项目，在添加完【监测点】之后，点击【增加项目】，弹出新增监测项目页面，如图 13-23 所示。

图 13-23　新增废气监测项目

输入【排序序号】【上限】【下限】等，选择【监测项目】【依据类型】【监测方式】等。依据类型有【排放标准】【排污许可证】【环评】【其他文件】，不同的依据类型有不同的选择项。选择【排放标准】时，需选择依据的排放标准和标准下的条目，如图 13-24 所示。

图 13-24 完善废气监测项目信息

选择【排污许可证】【环评】【其他文件】时，需上传依据文件，如图 13-25 所示。

图 13-25 上传依据文件

监测方式有【手工】【自动】两种。当监测方式为手工时还需录入监测方法、监测设备、设备型号、生产厂商、单次采样个数（图 13-26）。当监测方式为自动时还需录入监测频次、设备型号、集成商、设备编号、是否委托运营。填写完整信息后，点击【立即提交】上传监测项目信息。

图 13-26　填写手工监测项目信息

（4）修改废气监测项目信息

修改废气排放设备、监测点、监测项目时，点击相应的名称，即可进入修改页面，修改过程可参照本小节的（1）～（3）的新增过程，如图 13-27 所示。

图 13-27　修改废气手工监测项目信息

（5）删除废气监测项目信息

需要删除废气排放设备、监测点、监测项目时，点击相应废气排放设备、监测点、监测项目一栏的【删除】按钮即可，如图 13-28 所示。

图 13-28　删除废气监测项目信息

13.4.2.2　废水监测信息录入

（1）添加废水监测点

在编辑页面下，点击废水右上方的【增加监测点】按钮，弹出监测点新增页面。

①选择已有排口或进口添加监测点

在【监测点类型】处选择【排口】，在【是否选择已有排口】处选择"是"，在【选择排口】处选择对应的排口。输入【监测点排序序号】【监测点名称】【监测点编号】，点击【立即提交】按钮即可，如图 13-29 所示。

图 13-29　选择已有排口

在【监测点类型】处选择【进口】，在【是否选择已有进口】处选择"是"，在【选择进口】处选择对应的进口。输入【监测点排序序号】【监测点名称】【监测点编号】，点击【立即提交】按钮即可，如图 13-30 所示。

图 13-30　选择已有进口

②新建排口或进口监测点

在【是否选择已有排口】处选择"否"，输入【监测点排序序号】【监测点名称】【监测点编号】等，选择【排放形式】【测流装置】，点击【新增标准】弹出新增标准页面，新增标准成功后，点击【立即提交】按钮回到新增监测点页面，在此页面确定填写完全部信息后，点击【立即提交】按钮即可，如图 13-31 和图 13-32 所示。

图 13-31　新建排口信息

图 13-32　新增执行标准

在【监测点类型】处选择【进口】，在【是否选择已有进口】处选择"否"，输入【监测点排序序号】【监测点名称】【监测点编号】【进口排序序号】【进口名称】【进口编号】，选择【进水口类型】【排放去向】【经度】【纬度】等，如图 13-33 所示。

图 13-33　新增进口信息

（2）添加废水监测项目

一个监测点可能有多个监测项目，在添加完【监测点】之后，点击【增加监测项目】，弹出新增监测项目页面。可参照"废气监测信息录入"第 3 部分"添加废气监测项目",如图 13-34 所示。

图 13-34 新增废水监测项目信息

（3）修改废水监测信息项目

修改废水监测点、监测项目时，点击相应的名称，即可进入修改页面，修改过程可参照本小节的（1）（2）的新增过程，如图 13-35 所示。

图 13-35 修改废水监测项目信息

（4）删除废水监测信息项目

删除废水监测点、监测项目时，点击相应名称上方或右侧的【删除】按钮即可，如图 13-36 所示。

图 13-36　删除废水监测项目信息

13.4.2.3　无组织、周边环境和厂界噪声监测信息录入

（1）添加无组织、周边环境和厂界噪声监测点

在编辑页面下，点击无组织、周边环境和厂界噪声监测点右上方的【增加监测点】，弹出新增监测点页面。输入【排序序号】【监测点名称】【监测点编号】，选择【经度】【纬度】【开始时间】【结束时间】，周边环境还需选择【监测类型】。点击【新增标准】弹出新增标准页面，新增标准添加成功后，点击【立即提交】按钮回到新增监测点页面，在此页面确定填写完全部信息后，点击【立即提交】按钮即可。这三类监测点的新增页面类似，如图 13-37～图 13-39 所示。

图 13-37　新增无组织监测点信息

图 13-38　新增周边环境监测点信息

图 13-39　新增厂界噪声监测点信息

（2）添加无组织、周边环境和厂界噪声监测项目

一个监测点可能有多个监测项目，在添加完【监测点】之后，点击【增加项目】，弹出新增监测项目页面。可参照"废气监测信息录入"（3）"添加废气监测项目"，如图 13-40 所示。

图 13-40　新增监测项目信息

（3）修改无组织、周边环境和厂界噪声监测项目信息

修改无组织、周边环境和厂界噪声监测点、监测项目时，点击相应的名称，即可进入修改页面，修改过程可参照本小节的（1）（2）的新增过程，如图 13-41 所示。

图 13-41　修改监测项目信息

（4）删除无组织、周边环境和厂界噪声监测项目信息

删除无组织、周边环境和厂界噪声监测点、监测项目时，点击相应名称右侧的【删除】按钮即可，如图 13-42 所示。

图 13-42　删除监测项目信息

13.4.2.4　完成监测方案

监测信息录入完成后，点击页面上的【保存成方案】按钮，会弹出新建监测

方案页面，输入【方案名称】【方案版本】等，选择【公开开始时间】【公开结束时间】【编制日期】，上传【单位平面图】【监测点位示意图】，最后点击【立即提交】按钮即可，如图 13-43 和图 13-44 所示。

图 13-43　监测方案内容

图 13-44　监测方案基本信息

13.4.2.5　监测方案管理

企业用户在系统主界面进入"数据采集"—"企业信息填报"—"监测方案管理"。

（1）查看

根据查询列表结果，点击每条数据右侧的 🔍 按钮，即可查看方案的部分信息，如图 13-45 所示。

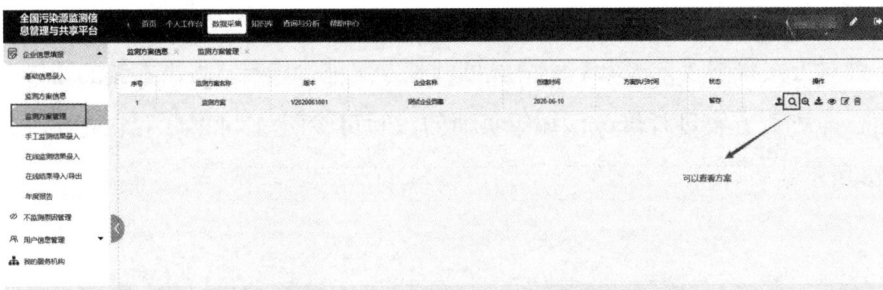

图 13-45　查看监测方案位置

进入监测方案查看信息页面后，点击右下方的【查看详情】按钮即可查看相应的详细信息，如图 13-46 和图 13-47 所示。

图 13-46　监测方案下载与查看

图 13-47　监测方案内容查看

（2）修改

针对方案状态【未提交】的情况可以对方案进行修改，点击右侧的【修改】按钮，即可对方案进行修改，编辑页面的填写可参照 13.4.2.4 小节进行，如图 13-48 所示。

图 13-48　监测方案修改

（3）删除

针对方案状态【未提交】【审核失败】的情况可以对方案进行删除，点击右侧的【删除】按钮，即可对方案进行删除，如图 13-49 所示。

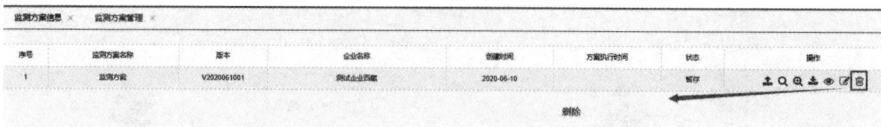

图 13-49　删除监测方案

（4）提交审核

针对方案状态【未提交】【审核失败】的情况可以对方案进行提交，点击右侧的 按钮，即可对方案进行提交，如图 13-50 所示。

图 13-50　提交监测方案

（5）查看监测方案流程图

方案流程如图 13-51 所示。

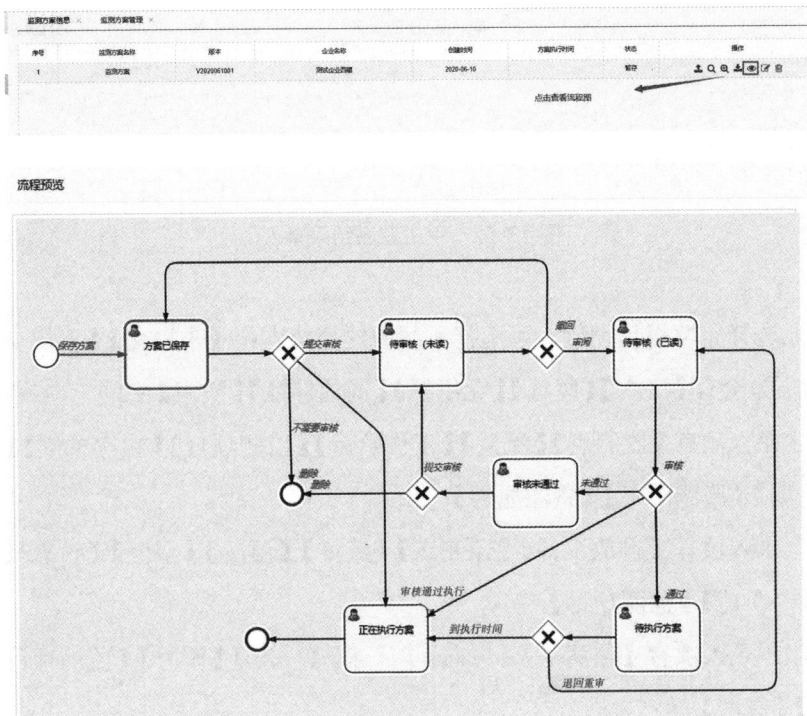

图 13-51　查看监测方案流程图

13.4.3　监测数据录入

企业填报账户登录系统进入主界面"数据采集"—"企业信息填报"—"手工监测结果录入"。手工监测结果的录入是在方案审核完成之后，针对监测项目，监测方式为【手工】的，在"手工监测结果"中录入。

（1）录入手工监测结果

选择需要录入手工监测结果的采样日期，"黄色"代表未填报完成，"绿色"代表填报完成，"橘色"代表未填报完成且超期，"红色矩形框"代表有超标数据。

如图 13-52 所示。

图 13-52　手工监测结果录入

企业选择完填报日期后，可选择不同的提交状态：【未提交】【已提交】【已发布】，下方会有【废水】【废气】【无组织】【周边环境】【噪声】中的一项或多项。

废水录入项有【监测点】【流量】【工作负荷】【监测项目】【频次单位】【频次】【截止日期】【监测结果】【备注原因】等；

废气录入项有【排放设备】【监测点】【流量】【温度】【湿度】【含氧量】【流速】【生产负荷】【监测项目】等；

无组织录入项有【监测点】【风向】【风速】【温度】【压力】【监测项目】【频次单位】【频次】等；

周边环境录入项有【环境空气监测点】【湿度】【气温】【气压】【风速】【风向】【监测项目】【频次单位】等。

若录入的监测结果浓度超过标准值，文本所在输入框会变成红色，标识结果超标，如图 13-53 所示。

图 13-53　手工监测结果超标提醒

（2）保存手工监测结果

此功能用于保存填报用户填完的手工监测结果，但不提交审核。只需在填报信息后，点击【保存】按钮，之前录入的信息即进行保存，如图 13-54 所示。

图 13-54　手工监测结果保存

（3）提交审核手工监测结果

此功能用于填报用户提交手工监测结果。针对需要提交的手工监测结果，在每条记录右侧或者全选的选择框下 □ 进行勾选，再点击上方的【提交】按钮即可。如图 13-55 所示。

图 13-55　手工监测结果提交

（4）发布

此功能用于企业审核用户，对提交的手工监测结果进行发布处理。针对【提交状态】为【已提交】的手工监测结果，对需要发布的监测结果，在每条记录右侧或者全选的选择框下 □ 进行勾选，然后点击【发布】按钮对其进行发布，如图 13-56 所示。

图 13-56　手工监测结果发布

（5）修改已发布数据

企业填报用户可以对已发布的手工数据进行修改，点击结果数据记录右侧的【修改】按钮，修改数据信息，即可完成修改，如图 13-57 所示。

图 13-57　修改已发布手工监测结果

附　录

附录 1

排污单位自行监测技术指南　总则

（HJ 819—2017）

前言

为落实《中华人民共和国环境保护法》《中华人民共和国大气污染防治法》《中华人民共和国水污染防治法》，指导和规范排污单位自行监测工作，制定本标准。

本标准提出了排污单位自行监测的一般要求、监测方案制定、监测质量保证和质量控制、信息记录和报告的基本内容和要求。

本标准为首次发布。

本标准由环境保护部环境监测司、科技标准司提出并组织制订。

本标准主要起草单位：中国环境监测总站。

本标准由环境保护部 2017 年 4 月 25 日批准。

本标准自 2017 年 6 月 1 日起实施。

本标准由环境保护部解释。

1　适用范围

本标准提出了排污单位自行监测的一般要求、监测方案制定、监测质量保证和质量控制、信息记录和报告的基本内容和要求。

排污单位可参照本标准在生产运行阶段对其排放的水、气污染物，噪声以及对其周边环境质量影响开展监测。

本标准适用于无行业自行监测技术指南的排污单位；行业自行监测技术指南中未规定的内容按本标准执行。

2　规范性引用文件

本标准引用了下列文件或其中的条款。凡是未注明日期的引用文件，其最新版本适用于本标准。

GB 12348　工业企业厂界环境噪声排放标准

GB/T 16157　固定污染源排气中颗粒物测定与气态污染物采样方法

HJ 2.1　环境影响评价技术导则　总纲

HJ 2.2　环境影响评价技术导则　大气环境

HJ/T 2.3　环境影响评价技术导则　地面水环境

HJ 2.4　环境影响评价技术导则　声环境

HJ/T 55　大气污染物无组织排放监测技术导则

HJ/T 75　固定污染源烟气排放连续监测技术规范（试行）

HJ/T 76　固定污染源烟气排放连续监测系统技术要求及检测方法（试行）

HJ/T 91　地表水和污水监测技术规范

HJ/T 92　水污染物排放总量监测技术规范

HJ/T 164　地下水环境监测技术规范

HJ/T 166　土壤环境监测技术规范

HJ/T 194　环境空气质量手工监测技术规范

HJ/T 353　水污染源在线监测系统安装技术规范（试行）

HJ/T 354　水污染源在线监测系统验收技术规范（试行）

HJ/T 355　水污染源在线监测系统运行与考核技术规范（试行）

HJ/T 356　水污染源在线监测系统数据有效性判别技术规范（试行）

HJ/T 397　固定源废气监测技术规范

HJ 442　近岸海域环境监测规范

HJ 493　水质　样品的保存和管理技术规定

HJ 494　水质　采样技术指导

HJ 495　水质　采样方案设计技术规定

HJ 610　环境影响评价技术导则　地下水环境

HJ 733　泄漏和敞开液面排放的挥发性有机物检测技术导则

《企业事业单位环境信息公开办法》（环境保护部令　第 31 号）

《国家重点监控企业自行监测及信息公开办法（试行）》（环发〔2013〕81 号）

3　术语和定义

下列术语和定义适用于本标准。

3.1　自行监测　self-monitoring

指排污单位为掌握本单位的污染物排放状况及其对周边环境质量的影响等情况，按照相关法律法规和技术规范，组织开展的环境监测活动。

3.2　重点排污单位　key pollutant discharging entity

指由设区的市级及以上地方人民政府环境保护主管部门商有关部门确定的本行政区域内的重点排污单位。

3.3　外排口监测点位　emission site

指用于监测排污单位通过排放口向环境排放废气、废水（包括向公共污水处理系统排放废水）污染物状况的监测点位。

3.4 内部监测点位 internal monitoring site

指用于监测污染治理设施进口、污水处理厂进水等污染物状况的监测点位，或监测工艺过程中影响特定污染物产生排放的特征工艺参数的监测点位。

4 自行监测的一般要求

4.1 制定监测方案

排污单位应查清所有污染源，确定主要污染源及主要监测指标，制定监测方案。监测方案内容包括单位基本情况、监测点位及示意图、监测指标、执行标准及其限值、监测频次、采样和样品保存方法、监测分析方法和仪器、质量保证与质量控制等。

新建排污单位应当在投入生产或使用并产生实际排污行为之前完成自行监测方案的编制及相关准备工作。

4.2 设置和维护监测设施

排污单位应按照规定设置满足开展监测所需要的监测设施。废水排放口、废气（采样）监测平台、监测断面和监测孔的设置应符合监测规范要求。监测平台应便于开展监测活动，应能保证监测人员的安全。

废水排放量大于 100 t/d 的，应安装自动测流设施并开展流量自动监测。

4.3 开展自行监测

排污单位应按照最新的监测方案开展监测活动，可根据自身条件和能力，利用自有人员、场所和设备自行监测；也可委托其他有资质的检（监）测机构代其开展自行监测。

持有排污许可证的企业自行监测年度报告内容可以在排污许可证年度执行报告中体现。

4.4 做好监测质量保证与质量控制

排污单位应建立自行监测质量管理制度，按照相关技术规范要求做好监测质量保证与质量控制。

4.5 记录和保存监测数据

排污单位应做好与监测相关的数据记录，按照规定进行保存，并依据相关法规向社会公开监测结果。

5 监测方案制定

5.1 监测内容

5.1.1 污染物排放监测

包括废气污染物（以有组织或无组织形式排入环境）、废水污染物（直接排入环境或排入公共污水处理系统）及噪声污染等。

5.1.2 周边环境质量影响监测

污染物排放标准、环境影响评价文件及其批复或其他环境管理有明确要求的，排污单位应按照要求对其周边相应的空气、地表水、地下水、土壤等环境质量开展监测；其他排污单位根据实际情况确定是否开展周边环境质量影响监测。

5.1.3 关键工艺参数监测

在某些情况下，可以通过对与污染物产生和排放密切相关的关键工艺参数进行测试，以补充污染物排放监测。

5.1.4 污染治理设施处理效果监测

若污染物排放标准等环境管理文件对污染治理设施有特别要求的，或排污单位认为有必要的，应对污染治理设施处理效果进行监测。

5.2 废气排放监测

5.2.1 有组织排放监测

5.2.1.1 确定主要污染源和主要排放口

符合以下条件的废气污染源为主要污染源：

a）单台出力 14 MW 或 20 t/h 及以上的各种燃料的锅炉和燃气轮机组；

b）重点行业的工业炉窑（水泥窑、炼焦炉、熔炼炉、焚烧炉、熔化炉、铁矿烧结炉、加热炉、热处理炉、石灰窑等）；

c）化工类生产工序的反应设备（化学反应器/塔、蒸馏/蒸发/萃取设备等）；

d）其他与上述所列相当的污染源。

符合以下条件的废气排放口为主要排放口：

a）主要污染源的废气排放口；

b）"排污许可证申请与核发技术规范"确定的主要排放口；

c）对于多个污染源共用一个排放口的，凡涉及主要污染源的排放口均为主要排放口。

5.2.1.2 监测点位

a）外排口监测点位：点位设置应满足 GB/T 16157、HJ 75 等技术规范的要求。净烟气与原烟气混合排放的，应在排气筒，或烟气汇合后的混合烟道上设置监测点位；净烟气直接排放的，应在净烟气烟道上设置监测点位，有旁路的旁路烟道也应设置监测点位。

b）内部监测点位设置：当污染物排放标准中有污染物处理效果要求时，应在进入相应污染物处理设施单元的进出口设置监测点位。当环境管理文件有要求，或排污单位认为有必要的，可设置开展相应监测内容的内部监测点位。

5.2.1.3 监测指标

各外排口监测点位的监测指标应至少包括所执行的国家或地方污染物排放（控制）标准、环境影响评价文件及其批复、排污许可证等相关管理规定明确要求的污染物指标。排污单位还应根据生产过程的原辅用料、生产工艺、中间及最终产品，确定是否排放纳入相关有毒有害或优先控制污染物名录中的污染物指标，或其他有毒污染物指标，这些指标也应纳入监测指标。

对于主要排放口监测点位的监测指标，符合以下条件的为主要监测指标：

a）二氧化硫、氮氧化物、颗粒物（或烟尘/粉尘）、挥发性有机物中排放量较大的污染物指标；

b）能在环境或动植物体内积蓄对人类产生长远不良影响的有毒污染物指标（存在有毒有害或优先控制污染物相关名录的，以名录中的污染物指标为准）；

c）排污单位所在区域环境质量超标的污染物指标。

内部监测点位的监测指标根据点位设置的主要目的确定。

5.2.1.4 监测频次

a）确定监测频次的基本原则。

排污单位应在满足本标准要求的基础上，遵循以下原则确定各监测点位不同监测指标的监测频次：

1）不应低于国家或地方发布的标准、规范性文件、规划、环境影响评价文件及其批复等明确规定的监测频次；

2）主要排放口的监测频次高于非主要排放口；

3）主要监测指标的监测频次高于其他监测指标；

4）排向敏感地区的应适当增加监测频次；

5）排放状况波动大的，应适当增加监测频次；

6）历史稳定达标状况较差的需增加监测频次，达标状况良好的可以适当降低监测频次；

7）监测成本应与排污企业自身能力相一致，尽量避免重复监测。

b）原则上，外排口监测点位最低监测频次按照表1执行。废气烟气参数和污染物浓度应同步监测。

表1   废气监测指标的最低监测频次

排污单位级别	主要排放口		其他排放口的监测指标
	主要监测指标	其他监测指标	
重点排污单位	月—季度	半年—年	半年—年
非重点排污单位	半年—年	年	年

注：为最低监测频次的范围，分行业排污单位自行监测技术指南中依据此原则确定各监测指标的最低监测频次。

c）内部监测点位的监测频次根据该监测点位设置目的、结果评价的需要、补充监测结果的需要等进行确定。

5.2.1.5　监测技术

监测技术包括手工监测、自动监测两种，排污单位可根据监测成本、监测指标以及监测频次等内容，合理选择适当的监测技术。

对于相关管理规定要求采用自动监测的指标，应采用自动监测技术；对于监测频次高、自动监测技术成熟的监测指标，应优先选用自动监测技术；其他监测指标，可选用手工监测技术。

5.2.1.6　采样方法

废气手工采样方法的选择参照相关污染物排放标准及 GB/T 16157、HJ/T 397 等执行。废气自动监测参照 HJ/T 75、HJ/T 76 执行。

5.2.1.7　监测分析方法

监测分析方法的选用应充分考虑相关排放标准的规定、排污单位的排放特点、污染物排放浓度的高低、所采用监测分析方法的检出限和干扰等因素。

监测分析方法应优先选用所执行的排放标准中规定的方法。选用其他国家、行业标准方法的，方法的主要特性参数（包括检出下限、精密度、准确度、干扰消除等）需符合标准要求。尚无国家和行业标准分析方法的，或采用国家和行业标准方法不能得到合格测定数据的，可选用其他方法，但必须做方法验证和对比实验，证明该方法主要特性参数的可靠性。

5.2.2 无组织排放监测

5.2.2.1 监测点位

存在废气无组织排放源的，应设置无组织排放监测点位，具体要求按相关污染物排放标准及 HJ/T 55、HJ 733 等执行。

5.2.2.2 监测指标

按本标准 5.2.1.3 执行。

5.2.2.3 监测频次

钢铁、水泥、焦化、石油加工、有色金属冶炼、采矿业等无组织废气排放较重的污染源，无组织废气每季度至少开展一次监测；其他涉及无组织废气排放的污染源每年至少开展一次监测。

5.2.2.4 监测技术

按本标准 5.2.1.5 执行。

5.2.2.5 采样方法

参照相关污染物排放标准及 HJ/T 55、HJ 733 执行。

5.2.2.6 监测分析方法

按本标准 5.2.1.7 执行。

5.3 废水排放监测

5.3.1 监测点位

5.3.1.1 外排口监测点位

在污染物排放标准规定的监控位置设置监测点位。

5.3.1.2 内部监测点位

按本标准 5.2.1.2 b）执行。

5.3.2 监测指标

符合以下条件的为各废水外排口监测点位的主要监测指标：

a）化学需氧量、五日生化需氧量、氨氮、总磷、总氮、悬浮物、石油类中排放量较大的污染物指标；

b)污染物排放标准中规定的监控位置为车间或生产设施废水排放口的污染物指标，以及有毒有害或优先控制污染物相关名录中的污染物指标；

c）排污单位所在流域环境质量超标的污染物指标。

其他要求按本标准 5.2.1.3 执行。

5.3.3 监测频次

5.3.3.1 监测频次确定的基本原则

按本标准 5.2.1.4 a）执行。

5.3.3.2 原则上，外排口监测点位最低监测频次按照表 2 执行。各排放口废水流量和污染物浓度同步监测。

表 2 废水监测指标的最低监测频次

排污单位级别	主要监测指标	其他监测指标
重点排污单位	日—月	季度—半年
非重点排污单位	季度	年

注：为最低监测频次的范围，在行业排污单位自行监测技术指南中依据此原则确定各监测指标的最低监测频次。

5.3.3.3 内部监测点位监测频次

按本标准 5.2.1.4 c）执行。

5.3.4 监测技术

按本标准 5.2.1.5 执行。

5.3.5 采样方法

废水手工采样方法的选择参照相关污染物排放标准及 HJ/T 91、HJ/T 92、HJ 493、HJ 494、HJ 495 等执行，根据监测指标的特点确定采样方法为混合采样方法或瞬时采样的方法，单次监测采样频次按相关污染物排放标准和 HJ/T 91 执行。污水自动监测采样方法参照 HJ/T 353、HJ/T 354、HJ/T 355、HJ/T 356 执行。

5.3.6 监测分析方法

按本标准 5.2.1.7 执行。

5.4 厂界环境噪声监测

5.4.1 监测点位

5.4.1.1 厂界环境噪声的监测点位置具体要求按 GB 12348 执行。

5.4.1.2 噪声布点应遵循以下原则：

　　a）根据厂内主要噪声源距厂界位置布点；

　　b）根据厂界周围敏感目标布点；

　　c）"厂中厂"是否需要监测根据内部和外围排污单位协商确定；

　　d）面临海洋、大江、大河的厂界原则上不布点；

　　e）厂界紧邻交通干线不布点；

　　f）厂界紧邻另一排污单位的，在临近另一排污单位侧是否布点由排污单位协商确定。

5.4.2 监测频次

　　厂界环境噪声每季度至少开展一次监测，夜间生产的要监测夜间噪声。

5.5 周边环境质量影响监测

5.5.1 监测点位

　　排污单位厂界周边的土壤、地表水、地下水、大气等环境质量影响监测点位参照排污单位环境影响评价文件及其批复及其他环境管理要求设置。

　　如环境影响评价文件及其批复及其他文件中均未作出要求，排污单位需要开展周边环境质量影响监测的，环境质量影响监测点位设置的原则和方法参照 HJ 2.1、HJ 2.2、HJ/T 2.3、HJ 2.4、HJ 610 等规定。各类环境影响监测点位设置按照 HJ/T 91、HJ/T 164、HJ 442、HJ/T 194、HJ/T 166 等执行。

5.5.2 监测指标

　　周边环境质量影响监测点位监测指标参照排污单位环境影响评价文件及其批复等管理文件的要求执行，或根据排放的污染物对环境的影响确定。

5.5.3 监测频次

若环境影响评价文件及其批复等管理文件有明确要求的，排污单位周边环境质量监测频次按照要求执行。

否则，涉水重点排污单位地表水每年丰、平、枯水期至少各监测一次，涉气重点排污单位空气质量每半年至少监测一次，涉重金属、难降解类有机污染物等重点排污单位土壤、地下水每年至少监测一次。发生突发环境事故对周边环境质量造成明显影响的，或周边环境质量相关污染物超标的，应适当增加监测频次。

5.5.4 监测技术

按本标准 5.2.1.5 执行。

5.5.5 采样方法

周边水环境质量监测点采样方法参照 HJ/T 91、HJ/T 164、HJ 442 等执行。

周边大气环境质量监测点采样方法参照 HJ/T 194 等执行。

周边土壤环境质量监测点采样方法参照 HJ/T 166 等执行。

5.5.6 监测分析方法

按本标准 5.2.1.7 执行。

5.6 监测方案的描述

5.6.1 监测点位的描述

所有监测点位均应在监测方案中通过语言描述、图形示意等形式明确体现。描述内容包括监测点位的平面位置及污染物的排放去向等。废水监测点需明确其所在废水排放口、对应的废水处理工艺，废气排放监测点位需明确其在排放烟道的位置分布、对应的污染源及处理设施。

5.6.2 监测指标的描述

所有监测指标采用表格、语言描述等形式明确体现。监测指标应与监测点位相对应，监测指标内容包括每个监测点位应监测的指标名称、排放限值、排放限值的来源（如标准名称、编号）等。

国家或地方污染物排放（控制）标准、环境影响评价文件及其批复、排污许可证中的污染物，如排污单位确认未排放，监测方案中应明确注明。

5.6.3　监测频次的描述

监测频次应与监测点位、监测指标相对应，每个监测点位的每项监测指标的监测频次都应详细注明。

5.6.4　采样方法的描述

对每项监测指标都应注明其选用的采样方法。废水采集混合样品的，应注明混合样采样个数。废气非连续采样的，应注明每次采集的样品个数。废气颗粒物采样，应注明每个监测点位设置的采样孔和采样点个数。

5.6.5　监测分析方法的描述

对每项监测指标都应注明其选用的监测分析方法名称、来源依据、检出限等内容。

5.7　监测方案的变更

当有以下情况发生时，应变更监测方案：

a）执行的排放标准发生变化；

b）排放口位置、监测点位、监测指标、监测频次、监测技术任一项内容发生变化；

c）污染源、生产工艺或处理设施发生变化。

6　监测质量保证与质量控制

排污单位应建立并实施质量保证与控制措施方案，以自证自行监测数据的质量。

6.1　建立质量体系

排污单位应根据本单位自行监测的工作需求，设置监测机构，梳理监测方案制定、样品采集、样品分析、监测结果报出、样品留存、相关记录的保存等监测的各个环节中，为保证监测工作质量应制定的工作流程、管理措施与监督措施，建立自行监测质量体系。

质量体系应包括对以下内容的具体描述：监测机构、人员、出具监测数据所需仪器设备、监测辅助设施和实验室环境、监测方法技术能力验证、监测活动质量控制与质量保证等。

委托其他有资质的检（监）测机构代其开展自行监测的，排污单位不用建立监测质量体系，但应对检（监）测机构的资质进行确认。

6.2　监测机构

监测机构应具有与监测任务相适应的技术人员、仪器设备和实验室环境，明确监测人员和管理人员的职责、权限和相互关系，有适当的措施和程序保证监测结果准确可靠。

6.3　监测人员

应配备数量充足、技术水平满足工作要求的技术人员，规范监测人员录用、培训教育和能力确认/考核等活动，建立人员档案，并对监测人员实施监督和管理，规避人员因素对监测数据正确性和可靠性的影响。

6.4　监测设施和环境

根据仪器使用说明书、监测方法和规范等的要求，配备必要的如除湿机、空调、干湿度温度计等辅助设施，以使监测工作场所条件得到有效控制。

6.5　监测仪器设备和实验试剂

应配备数量充足、技术指标符合相关监测方法要求的各类监测仪器设备、标准物质和实验试剂。

监测仪器性能应符合相应方法标准或技术规范要求，根据仪器性能实施自校准或者检定/校准、运行和维护、定期检查。

标准物质、试剂、耗材的购买和使用情况应建立台账予以记录。

6.6 监测方法技术能力验证

应组织监测人员按照其所承担监测指标的方法步骤开展实验活动，测试方法的检出浓度、校准（工作）曲线的相关性、精密度和准确度等指标，实验结果满足方法相应的规定以后，方可确认该人员实际操作技能满足工作需求，能够承担测试工作。

6.7 监测质量控制

编制监测工作质量控制计划，选择与监测活动类型和工作量相适应的质控方法，包括使用标准物质、采用空白试验、平行样测定、加标回收率测定等，定期进行质控数据分析。

6.8 监测质量保证

按照监测方法和技术规范的要求开展监测活动，若存在相关标准规定不明确但又影响监测数据质量的活动，可编写《作业指导书》予以明确。

编制工作流程等相关技术规定，规定任务下达和实施，分析用仪器设备购买、验收、维护和维修，监测结果的审核签发、监测结果录入发布等工作的责任人和完成时限，确保监测各环节无缝衔接。

设计记录表格，对监测过程的关键信息予以记录并存档。

定期对自行监测工作开展的时效性、自行监测数据的代表性和准确性、管理部门检查结论和公众对自行监测数据的反馈等情况进行评估，识别自行监测存在的问题，及时采取纠正措施。管理部门执法监测与排污单位自行监测数据不一致的，以管理部门执法监测结果为准，作为判断污染物排放是否达标、自动监测设施是否正常运行的依据。

7 信息记录和报告

7.1 信息记录

7.1.1 手工监测的记录

7.1.1.1 采样记录：采样日期、采样时间、采样点位、混合取样的样品数量、采样器名称、采样人姓名等。

7.1.1.2 样品保存和交接：样品保存方式、样品传输交接记录。

7.1.1.3 样品分析记录：分析日期、样品处理方式、分析方法、质控措施、分析结果、分析人姓名等。

7.1.1.4 质控记录：质控结果报告单。

7.1.2 自动监测运维记录

包括自动监测系统运行状况、系统辅助设备运行状况、系统校准、校验工作等；仪器说明书及相关标准规范中规定的其他检查项目；校准、维护保养、维修记录等。

7.1.3 生产和污染治理设施运行状况

记录监测期间企业及各主要生产设施（至少涵盖废气主要污染源相关生产设施）运行状况（包括停机、启动情况）、产品产量、主要原辅料使用量、取水量、主要燃料消耗量、燃料主要成分、污染治理设施主要运行状态参数、污染治理主要药剂消耗情况等。日常生产中上述信息也需整理成台账保存备查。

7.1.4 固体废物（危险废物）产生与处理状况

记录监测期间各类固体废物和危险废物的产生量、综合利用量、处置量、贮存量、倾倒丢弃量，危险废物还应详细记录其具体去向。

7.2 信息报告

排污单位应编写自行监测年度报告，年度报告至少应包含以下内容：

a）监测方案的调整变化情况及变更原因；

b）企业及各主要生产设施（至少涵盖废气主要污染源相关生产设施）全年运行天数，各监测点、各监测指标全年监测次数、超标情况、浓度分布情况；

c）按要求开展的周边环境质量影响状况监测结果；

d）自行监测开展的其他情况说明；

e）排污单位实现达标排放所采取的主要措施。

7.3　应急报告

监测结果出现超标的，排污单位应加密监测，并检查超标原因。短期内无法实现稳定达标排放的，应向环境保护主管部门提交事故分析报告，说明事故发生的原因，采取减轻或防止污染的措施，以及今后的预防及改进措施等；若因发生事故或者其他突发事件，排放的污水可能危及城镇排水与污水处理设施安全运行的，应当立即采取措施消除危害，并及时向城镇排水主管部门和环境保护主管部门等有关部门报告。

7.4　信息公开

排污单位自行监测信息公开内容及方式按照《企业事业单位环境信息公开办法》（环境保护部令　第 31 号）及《国家重点监控企业自行监测及信息公开办法（试行）》（环发〔2013〕81 号）执行。非重点排污单位的信息公开要求由地方环境保护主管部门确定。

8　监测管理

排污单位对其自行监测结果及信息公开内容的真实性、准确性、完整性负责。排污单位应积极配合并接受环境保护行政主管部门的日常监督管理。

附录 2

排污单位自行监测技术指南　纺织印染工业

（HJ 879—2017）

前言

为落实《中华人民共和国环境保护法》《中华人民共和国水污染防治法》《中华人民共和国大气污染防治法》，指导和规范纺织印染工业排污单位自行监测工作，制定本标准。

本标准提出了纺织印染工业排污单位自行监测的一般要求、监测方案制定、信息记录和报告的基本内容和要求。

本标准为首次发布。

本标准由环境保护部环境监测司、科技标准司提出并组织制订。

本标准主要起草单位：中国环境监测总站、中国轻工业清洁生产中心。

本标准环境保护部 2017 年 12 月 21 日批准。

本标准自 2018 年 1 月 1 日起实施。

本标准由环境保护部解释。

1　适用范围

本标准提出了纺织印染工业排污单位自行监测的一般要求、监测方案制定、信息记录和报告的基本内容和要求。

本标准适用于纺织印染工业排污单位在生产运行阶段对其排放的水、气污染物，噪声以及对其周边环境质量影响开展监测。

自备火力发电机组（厂）、配套动力锅炉的自行监测要求按照 HJ 820 执行。

2 规范性引用文件

本标准内容引用了下列文件或其中的条款。凡是不注明日期的引用文件，其有效版本适用于本标准。

GB 4287 纺织染整工业水污染物排放标准

GB 28936 缫丝工业水污染物排放标准

GB 28937 毛纺工业水污染物排放标准

GB 28938 麻纺工业水污染物排放标准

HJ 442 近岸海域环境监测规范

HJ 819 排污单位自行监测技术指南 总则

HJ 820 排污单位自行监测技术指南 火力发电及锅炉

HJ/T 2.3 环境影响评价技术导则 地面水环境

HJ/T 91 地表水和污水监测技术规范

HJ/T 166 土壤环境监测技术规范

《国家危险废物名录》（环境保护部、国家发展改革委、公安部令 第 39 号）

3 术语和定义

GB 4287、GB 28936、GB 28937、GB 28938、HJ 819 界定的以及下列术语和定义适用于本标准。

3.1 纺织印染工业排污单位 textile and dyeing industry pollutant emission unit

指从事对麻、丝、毛等纺前纤维进行加工，纺织材料前处理、染色、印花、整理为主的印染加工，以及从事织造，服装与服饰加工，并有污染产生的生产单位。

3.2 印染 dyeing and printing

指对纺织材料（纤维、纱、线及织物）进行以化学处理为主的工艺过程，包括前处理、染色、印花、整理（包括一般整理与功能整理）等工序。

3.3 纺织印染工业废水集中处理设施 centralized wastewater treatment plant for textile and dyeing industry

为两家及以上纺织印染工业排污单位提供废水处理服务，且执行 GB 4287、GB 28936、GB 28937、GB 28938 中水污染物排放要求的企业或机构。

4 自行监测的一般要求

应查清本单位的污染源、污染物指标及潜在的环境影响，制定监测方案，设置和维护监测设施，按照监测方案开展自行监测，做好质量保证和质量控制，记录和保存监测数据，依法向社会公开监测结果。

5 监测方案制定

5.1 废水排放监测

5.1.1 监测点位

所有纺织印染工业排污单位均须在废水总排放口设置监测点位。

使用含铬染料及助剂进行染色的纺织印染工业排污单位，须在染色车间或生产设施废水排放口设置监测点位。

有印花工序，且印花工序使用感光制网工艺的纺织印染工业排污单位，须在印花车间或生产设施废水排放口设置监测点位。

所有纺织印染工业废水集中处理设施均须在总排放口设置监测点位。

5.1.2 监测指标及监测频次

印染行业排污单位废水排放监测点位、监测指标及最低监测频次按照表 1 执行。

表1 印染行业排污单位废水排放监测点位、监测指标及最低监测频次

监测点位	监测指标	监测频次	
		直接排放	间接排放
废水总排放口	流量、pH、化学需氧量、氨氮	自动监测	
	悬浮物、色度	日	周
	五日生化需氧量、总磷 [a]、总氮 [a]	周	月
	苯胺类、硫化物	月	季度
	二氧化氯 [b]、可吸附有机卤素（AOX） [b]	季度	半年
	总锑 [c]	季度	
车间或生产设施废水排放口	六价铬 [d]	月	
雨水排放口	化学需氧量、悬浮物	日 [e]	

注：表中所列监测指标，设区的市级及以上环保主管部门明确要求安装自动监测设备的，须采取自动监测。

[a] 总氮/总磷实施总量控制区域，总氮/总磷最低监测频次按日执行。

[b] 适用于含氯漂工艺的排污单位。监测结果超标的，应增加监测频次。

[c] 适用于原料含涤纶的排污单位。水环境质量中总锑超标的流域或沿海地区，总锑最低监测频次按月执行。

[d] 适用于使用含铬染料及助剂、有感光制网工艺进行染色印花的排污单位。

[e] 排放期间按日监测。

毛纺、麻纺、缫丝、织造、水洗行业排污单位废水排放监测点位、监测指标及最低监测频次按照表2执行。

表2 毛纺、麻纺、缫丝、织造、水洗行业排污单位废水排放

监测点位、监测指标及最低监测频次

监测点位	监测指标	监测频次	
		直接排放	间接排放
废水总排放口	流量、pH、化学需氧量、氨氮	自动监测	
	悬浮物、色度 [a]	日	周
	五日生化需氧量	周	月
	总磷 [b]、总氮 [b]、动植物油 [c]	月	季度
	可吸附有机卤素（AOX） [d]	半年	年
雨水排放口	化学需氧量、悬浮物	日 [e]	

注：表中所列监测指标，设区的市级及以上环保主管部门明确要求安装自动监测设备的，须采取自动监测。

[a] 适用于麻纺、水洗行业排污单位。

[b] 总氮/总磷实施总量控制区域，总氮/总磷最低监测频次按日执行。

[c] 适用于毛纺、缫丝行业排污单位。

[d] 适用于麻纺行业排污单位。监测结果超标的，应增加监测频次。

[e] 排放期间按日监测。

纺织印染工业废水集中处理设施废水排放监测点位、监测指标及最低监测频次按照表3执行。

表3 纺织印染工业废水集中处理设施废水排放监测点位、监测指标及最低监测频次

监测点位	监测指标	监测频次
纺织印染工业废水集中处理设施总排放口	流量、pH、化学需氧量、氨氮	自动监测
	悬浮物、色度、总磷[a]、总氮[a]	日
	五日生化需氧量	周
	总锑[b]、二氧化氯[c]、可吸附有机卤素（AOX）[c]、硫化物[c]、苯胺类[c]、六价铬[c]、动植物油[c]	月

注：表中所列监测指标，设区的市级及以上环保主管部门明确要求安装自动监测设备的，须采取自动监测。

[a] 总氮/总磷实施总量控制区域，总氮/总磷最低监测频次按日执行。

[b] 水环境质量中总锑超标的流域或沿海地区，总锑按周执行。

[c] 根据接收废水排放排污单位情况确定具体监测指标。

5.2 废气排放监测

5.2.1 有组织废气排放监测点位、监测指标与监测频次

纺织印染工业排污单位有组织废气排放监测点位、监测指标及最低监测频次按照表4执行。

表4 纺织印染工业排污单位有组织废气排放监测点位、监测指标及最低监测频次

污染源	监测点位	监测指标	监测频次
印花设施	印花设施排气筒或车间废气处理设施排放口	非甲烷总烃	季度
		甲苯、二甲苯	半年
定形设施	定形设施排气筒或车间废气处理设施排放口	颗粒物	半年
		非甲烷总烃	季度
涂层设施	涂层设施排气筒或车间废气处理设施排放口	非甲烷总烃	季度
		甲苯、二甲苯	半年

注：1. 排气筒废气监测要同步监测烟气参数。

2. 监测结果超标的，应增加相应指标的监测频次。

3. 根据环境影响评价文件及其批复，以及原料、工艺等确定是否监测其他有机废气污染物。

4. 印花设施指蒸化、静电植绒、数码印花、转移印花等产生废气重点工段的设施。

若纺织印染工业排污单位有其他有组织废气排放源，应根据污染物排放状况，

参照 HJ 819 确定监测指标和监测频次等内容。

5.2.2　无组织废气排放监测点位、监测指标与监测频次

纺织印染工业排污单位无组织废气排放监测点位、监测指标及最低监测频次按照表 5 执行。

表 5　纺织印染工业排污单位无组织废气排放监测点位、监测指标及最低监测频次

排污单位	监测点位	监测指标	监测频次
印染行业排污单位	厂界	颗粒物、臭气浓度[a]、氨[b]、硫化氢[b]、非甲烷总烃	半年
毛纺、麻纺、缫丝行业排污单位	厂界	颗粒物、臭气浓度[a]、氨[b]、硫化氢[b]	半年
织造、水洗行业排污单位	厂界	颗粒物、臭气浓度[b]、氨[b]、硫化氢[b]	半年

注：若周边有敏感点，应适当增加监测频次。
[a] 根据环境影响评价文件及其批复，以及原料、工艺等确定是否监测其他臭气污染物。
[b] 有废水处理设施的排污单位监测该污染物指标。

纺织印染工业废水集中处理设施无组织废气排放监测点位、监测指标及最低监测频次按照表 6 执行。

表 6　纺织印染工业废水集中处理设施无组织废气排放监测点位、监测指标及最低监测频次

单位	监测点位	监测指标	监测频次
纺织印染工业废水集中处理设施	厂界	臭气浓度[a]、氨、硫化氢	季度

注：[a] 根据环境影响评价文件及其批复，以及原料、工艺等确定是否监测其他臭气污染物。

5.3　厂界环境噪声监测

厂界环境噪声监测点位设置应遵循 HJ 819 中的原则，主要考虑表 7 中噪声源在厂区内的分布情况和周边环境敏感点的位置。厂界环境噪声每季度至少开展一次昼夜监测，周边有敏感点的，应提高监测频次。

表 7 厂界环境噪声监测布点应关注的主要噪声源

噪声源	主要设备
生产车间	洗毛设施、麻脱胶设施、缫丝设施、织造设施、印染生产设施、水洗设施等
废水处理设施	废水处理的风机、水泵、曝气设备，污泥脱水设备等

5.4 周边环境质量影响监测

5.4.1 环境影响评价文件及其批复〔仅限 2015 年 1 月 1 日（含）后取得的环境影响评价批复〕、相关环境管理政策有明确要求的，按要求执行。

5.4.2 无明确要求的，若纺织印染工业排污单位、纺织印染工业废水集中处理设施运行单位认为有必要，可对周边地表水、海水和土壤开展监测。对于废水直接排入地表水、海水的纺织印染工业排污单位和纺织印染工业废水集中处理设施，可按照 HJ/T 2.3、HJ/T 91、HJ 442 及受纳水体环境管理要求设置监测断面和监测点位。开展土壤监测的纺织印染工业排污单位和纺织印染工业废水集中处理设施，可按照 HJ/T 166 及土壤环境管理要求设置监测点位。监测指标及最低监测频次按照表 8 执行。

表 8 周边环境质量影响监测指标及最低监测频次

目标环境	监测指标	监测频次
地表水	pH、悬浮物、高锰酸盐指数、五日生化需氧量、氨氮、总磷、总氮、总锑[a]、总铬[b]、苯胺类[c]等	季度
海水	pH、高锰酸盐指数、五日生化需氧量、溶解氧、活性磷酸盐、无机氮、总锑[a]、总铬[b]、苯胺类[c]等	半年
土壤	pH、铬等	年[b]

注：[a] 适用于原料含涤纶的排污单位，以及接收此类排污单位废水的集中处理设施。

[b] 适用于使用含铬染料及助剂、有感光制网工艺进行染色印花的排污单位，以及接收此类排污单位废水的集中处理设施。

[c] 适用于印染行业排污单位，以及接收此类排污单位废水的集中处理设施。

5.5　其他要求

5.5.1　除表 1~表 6、表 8 中的污染物指标外，5.5.1.1 和 5.5.1.2 中的污染物指标也应纳入监测指标范围，并参照表 1~表 6、表 8 和 HJ 819 确定监测频次。

5.5.1.1　排污许可证、所执行的污染物排放（控制）标准、环境影响评价文件及其批复［仅限 2015 年 1 月 1 日（含）后取得的环境影响评价批复］、相关环境管理规定明确要求的污染物指标。

5.5.1.2　根据生产过程的原辅用料、生产工艺、中间及最终产品类型、监测结果确定实际排放的，在有毒有害或优先控制污染物相关名录中的污染物指标，或其他有毒污染物指标。

5.5.2　各指标的监测频次在满足本标准的基础上，可根据 HJ 819 中监测频次的确定原则提高监测频次。

5.5.3　采样方法、监测分析方法、监测质量保证与质量控制等按照 HJ 819 执行。

5.5.4　监测方案的描述、变更按照 HJ 819 执行。

6　信息记录和报告

6.1　信息记录

6.1.1　监测信息记录

手工监测记录和自动监测运维记录按照 HJ 819 执行。

6.1.2　生产和污染治理设施运行状况信息记录

详细记录生产及污染治理设施运行状况，日常生产中应参照以下内容记录相关信息，并整理成台账保存备查。

6.1.2.1　生产运行状况记录

a）分生产线记录每日的原辅料用量、产品产量：取水量（新鲜水），主要原辅料（天然纤维或化学纤维、坯布、织物、成衣等，生产过程中添加的化学品等）使用量，生丝、净毛、精干麻、纱、坯布、色纤、色纱、面料、水洗成衣等产量；

b）染色生产线每日记录上染率、浴比等。

6.1.2.2 废水处理设施运行状况记录

按日记录废水处理量、废水回用量、废水排放量、污泥产生量（记录含水率）、废水处理使用的药剂名称及用量、电耗等；记录废水处理设施运行、故障及维护情况等。

6.1.2.3 废气处理设施运行状况记录

按日记录废气处理使用的药剂等耗材名称及用量；记录废气处理设施运行参数、故障及维护情况等。

6.1.3 一般工业固体废物和危险废物记录

记录一般工业固体废物的产生量、综合利用量、处置量、贮存量；按照危险废物管理的相关要求，按日记录危险废物的产生量、综合利用量、处置量、贮存量及其具体去向。原料或辅助工序中产生的其他危险废物的情况也应记录。一般工业固体废物及危险废物产生情况见表9。

表9　一般工业固体废物及危险废物来源

类别	来源	固体废物
一般工业固体废物	生产车间、废水/气处理设施	工业粉尘、废纸类、废木材、废玻璃及其他废物（原料中的剩余废物、金属零件等）；含氮有机废物、有机废水污泥（根据地方管理要求执行）
危险废物	生产车间、废气处理设施	废矿物油与含矿物油废物、废有机溶剂与含有机溶剂废物、染料和涂料废物、沾染染料和有机溶剂等危险废物的废弃包装物、容器等

注：其他可能产生的危险废物按照《国家危险废物名录》或国家规定的危险废物鉴别标准和鉴别方法认定。

6.2 信息报告、应急报告、信息公开

按照 HJ 819 执行。

7 其他

排污单位应如实记录手工监测期间的工况（包括生产负荷、污染治理设施运行情况等），确保监测数据具有代表性。

本标准规定的内容外，按 HJ 819 执行。

附录3

自行监测质量控制相关模板和样表

附录3-1　检测工作程序（样式）

1　目的

对检测任务的下达、检测方案的制定、采样器皿和试剂的准备，样品采集和现场检测，实验室内样品分析，以及测试原始积累的填写等各个环节实施有效的质量控制，保证检测结果的代表性、准确性。

2　适用范围

适用于本单位实施的检测工作。

3　职责

3.1　×××负责下达检测任务。

3.2　×××负责根据检测目的、排放标准、相关技术规范和管理要求制定检测方案（某些企业的检测方案是环保部门发放许可证时已经完成技术审查的，在一定时间段内执行即可，不必在每一次检测任务均制定检测方案）。

3.3　×××负责实施需现场检测的项目，×××采集样品并记录采集样品的时间、地点、状态等参数，并做好样品的标识，×××负责样品流转过程中的质量控制，负责将样品移交给样品接收人员。

3.4　×××负责接收送检样品，在接收送检样品时，对样品的完整性和对应检测要求的适宜性进行验收，并将样品分发到相应分析任务承担人员（如果没有集中接样后，再由接样人员分发样品到分析人员的制度设计，这一步骤可以省略）。

3.5 ×××负责本人承担项目样品的接收、保管和分析。

4 工作程序

4.1 方案制定

×××负责根据检测目的、排放标准、相关技术规范和环境管理要求，制定检测方案，明确检测内容、频次，各任务执行人，使用的检测方法、采用的检测仪器，以及采取的质控措施。经×××审核、×××批准后实施该检测方案。

4.2 现场检测和样品采集

×××采样人员根据检测方案要求，按国家有关的标准、规范到现场进行现场检测和样品采集，记录现场检测结果相关的信息，以及生产工况。样品采集后，按规定建立样品的唯一标识，填写采样过程质保单和采样记录。必要时，受检部门有关人员应在采样原始记录上签字认可。

4.3 样品的流转

采样人员送检样品时，由接样人员认真检查样品表观、编号、采样量等信息是否与采样记录相符合，确认样品量是否能满足检测项目要求，采样人员和接样人员双方签字认可（如果没有集中接样后再由接样人员分发样品到分析人员的制度设计，这一步骤可以省略）。

分析人员在接收样品时，应认真查看和验收样品表观、编号、采样量等信息是否与采样记录相符合，并核实样品交接记录，分析人员确认无误后在样品交接单签字。

4.4 样品的管理

样品应妥善存放在专用且适宜的样品保存场所，分析人员应准确标识样品所处的实验状态，用"待测""在测"和"测毕"标签加以区别。

分析人员在分析前如发现样品异常或对样品有任何疑问时，应立即查找原因，待符合分析要求后，再进行分析。

对要求在特定环境下保存的样品，分析人员应严格控制环境条件，按要求保存，保证样品在存放过程中不变质、不损坏。若发现样品在保存过程中出现异常情况，应及时向质量负责人汇报，查明原因及时采取措施。

4.5　样品的分析

分析人员按检测任务分工安排，严格按照方案中规定的方法标准/规范分析样品，及时填写分析原始记录、测试环境监控记录、仪器使用记录等相关记录并签字。

4.6　样品的处置

除特殊情况需留存的样品外，检测后的余样应送污水处理站进行处理。

5　相关程序文件

《异常情况处理程序》

6　相关记录表格

《废水采样原始记录表》

《废气检测原始记录表》

《内部样品交接单》

《样品留存记录表》

《pH 分析原始记录表》

《颗粒物监测原始记录》

《烟气黑度测试记录表》

《现场监测质控审核记录》

《废水流量监测记录（流速仪法）》

附录3-2　××××（单位名称）废（污）水采样原始记录表

（检）字【　　　】第　　　号　　　　　　　　　　　　共　　页，第　　页

采样时间	排污口编号	样品编号	水温/℃	pH	流量		监测项目	废（污）水表观描述	废（污）水主要来源	排放规律（以流速变化判断）
					m³/h	m³/d				
时　分										
时　分										
时　分										
时　分										1.连续稳定
时　分										2.连续不稳定
时　分										3.间断稳定
时　分										4.间断不稳定
时　分										
时　分										

治理设施运行情况	治理设施类型及名称							新鲜用水量/（t/d）	
	处理量/（t/d）	设计	建设日期		COD设计去除率			回用水量/（t/d）	
		实际	处理规律		氨氮设计去除率			生产负荷	
	主要原料			主要产品					

备注	表观描述应包括颜色、气味、悬浮物含量情况等信息。回用水量不含设施循环水部分。

检测人员：　　　　　校对：　　　　审核：　　　　　　检测日期：　　年　　月　　日

附录 3-3　××××（单位名称）内部样品交接单

（检）字【　　　】第　　　号　　　　　　　　　　　　　　第　页，共　页

送样人		采样时间			接样人		接样时间	
样品名称及编号	样品类型	样品表观	样品数量		监测项目		质保措施	分析人员签字
备注	平行样品分析项目及编号： 加标样品分析项目及编号：							

填写人员：　　　　　校对：　　　　审核：　　　　　日期：　年　月　日

附录 3-4　重量法分析原始记录表

×环（监）【　　　】第　　　　号　　　　　　　　　　　第　　页，共　　页

分析项目	仪器名称型号		方法名称		送样日期		环境条件	室温/℃	
	仪器编号		方法依据		分析日期			湿度/%	
烘干/灼烧温度/℃			烘干/灼烧时间/h			恒重温度/℃		恒重时间/h	

样品名称及编号	器皿编号	取样量（　）	初重/g			终重/g			样重/g	计算结果（　）	报出结果（　）	备 注
			W_1	W_2	$W_均$	W_1	W_2	$W_均$	ΔW			

分析：　　　　　　　校对：　　　　　　　　审核：　　　　　　　报告日期：　　年　　月　　日

附录 3-5　原子吸收分光光度法原始记录表

×环（检）字【　　　】第　　　　号　　　　　　　　　　第　页, 共　　页

测定项目		方法名称			送样日期		环境条件	温度/℃	
仪器名称、型号		方法依据			分析日期			湿度/%	
仪器编号		波长/nm		狭缝/nm		灯电流/mA		火焰条件	
标准曲线	浓度系列/（mg/L）								
	吸光度（A_i）								
	$A_i - A_{0均值}$	$A_{0均值}=$							
	回归方程	$r=$		$a=$		$b=$		$y=bx+a$	
样品前处理									
样品名称及编号	稀释方法	取样体积/mL	查曲线值/（mg/L）	计算结果/（mg/L）	报出结果/（mg/L）	备注			

分析:　　　　　校对:　　　　　审核:　　　　　报告日期:　　年　　月　　日

附录 3-6 容量法原始记录表

（检）字【　　　】第　　　号　　　　　　　　　　第　　页, 共　　页

分析项目				接样时间		分析时间	
分析方法						方法依据	
标液名称		标液浓度				滴定管规格及编号	

样品前处理情况:

样品名称及编号	稀释方法	取样量/mL	消耗标准溶液体积/mL	计算结果/（mg/L）	报出结果/（mg/L）	备注

分析:　　　　　　校对:　　　　　　审核:　　　　　　报告日期:　　年　　月　　日

附录 3-7　pH 分析原始记录表

（检）字【　　　】第　　　　号　　　　　　　　　　第　　页，共　　页

采样日期		分析日期	
分析方法		仪器名称型号	
方法依据		仪器编号	

标准缓冲溶液温度/℃	标准缓冲溶液定位值Ⅰ	标准缓冲溶液定位值Ⅱ	标准缓冲溶液定位值Ⅲ

样品名称及编号	水温/℃	pH	备注

分析：　　　　校对：　　　　审核：　　　　报告日期：　年　月　日

附录 3-8 标准溶液配制及标定记录表

环（检）字【　　　　】第　　　　号　　　　　　　　　　　第　页，共　页

<table>
<tr><td rowspan="7">基准
试剂
恒重</td><td colspan="2">基准试剂</td><td></td><td colspan="2">恒重日期</td><td>年</td><td>月</td><td>日</td></tr>
<tr><td colspan="2">烘箱名称型号</td><td></td><td colspan="2">烘箱编号</td><td colspan="3"></td></tr>
<tr><td colspan="2">天平名称型号</td><td></td><td colspan="2">天平编号</td><td colspan="3"></td></tr>
<tr><td colspan="2">干燥次数</td><td>第一次</td><td colspan="2">第二次</td><td colspan="2">第三次</td><td>第四次</td></tr>
<tr><td colspan="2">干燥温度/℃</td><td></td><td colspan="2"></td><td colspan="2"></td><td></td></tr>
<tr><td colspan="2">干燥时间/h</td><td></td><td colspan="2"></td><td colspan="2"></td><td></td></tr>
<tr><td colspan="2">总量/g</td><td></td><td colspan="2"></td><td colspan="2"></td><td></td></tr>
<tr><td rowspan="7">基准
溶液
配制</td><td colspan="2">基准试剂</td><td></td><td colspan="2">配制日期</td><td>年</td><td>月</td><td>日</td></tr>
<tr><td colspan="2">样品编号</td><td>$1^\#$</td><td colspan="2">$2^\#$</td><td colspan="2">$3^\#$</td><td>$4^\#$</td></tr>
<tr><td colspan="2">$W_{始}$/g</td><td></td><td colspan="2"></td><td colspan="2"></td><td></td></tr>
<tr><td colspan="2">$W_{末}$/g</td><td></td><td colspan="2"></td><td colspan="2"></td><td></td></tr>
<tr><td colspan="2">$W_{净}$/g</td><td></td><td colspan="2"></td><td colspan="2"></td><td></td></tr>
<tr><td colspan="2">定容体积 $V_{定}$/mL</td><td></td><td colspan="2"></td><td colspan="2"></td><td></td></tr>
<tr><td colspan="2">配制浓度 $C_{基}$/（mol/L）</td><td></td><td colspan="2"></td><td colspan="2"></td><td></td></tr>
<tr><td rowspan="7">标准
溶液
标定</td><td colspan="2">待标溶液</td><td colspan="2">滴定管规格及
编号</td><td colspan="2">标定日期</td><td colspan="2"></td></tr>
<tr><td colspan="2">标定编号</td><td>空白1</td><td>空白2</td><td>$1^\#$</td><td>$2^\#$</td><td>$3^\#$</td><td>$4^\#$</td></tr>
<tr><td colspan="2">基准溶液体积 $V_{基}$/mL</td><td></td><td></td><td></td><td></td><td></td><td></td></tr>
<tr><td colspan="2">标准溶液消耗体积 $V_{标}$/mL</td><td></td><td></td><td></td><td></td><td></td><td></td></tr>
<tr><td colspan="2">计算浓度 $C_{标}$/（mol/L）</td><td></td><td></td><td></td><td></td><td></td><td></td></tr>
<tr><td colspan="2">平均浓度 $C_{标}$/（mol/L）</td><td></td><td></td><td></td><td></td><td></td><td></td></tr>
<tr><td colspan="2">相对偏差/%</td><td></td><td></td><td></td><td></td><td></td><td></td></tr>
</table>

基准溶液浓度计算：

$$C_{基}（mol/L）= 1\,000 \times W_{净}/M/V_{定}$$

注：M——基准试剂摩尔质量

标准溶液浓度计算：

$$C_{标}（mol/L）= C_{基} \times V_{基}/V_{标}$$

或

$$C_{标}（mol/L）= 1\,000 \times W_{净}/M/V_{定}$$

备注

分析：　　　　　　校对：　　　　　审核：　　　　　　报告日期：　　年　　月　　日

附录 3-9 作业指导书样例

（氮氧化物化学发光法测试仪作业指导书）

1 概述

1.1 适用范围

本作业指导书适用于化学发光法测试仪测定固定源排气中氮氧化物。

1.2 方法依据

本方法依据《固定污染源排气中颗粒物测定与气态污染物采样方法》（GB/T 16157—1996）、《固定源废气监测技术规范》（HJ/T 397—2007）以及 USEPA Method 7E。

1.3 方法原理及操作概要

试样气体中的一氧化氮（NO）与臭氧（O_3）反应，变成二氧化氮（NO_2）。NO_2 变为激发态（NO_2^*）后在进入基态时会放射光，这一现象就是化学发光。

$$NO + O_3 \longrightarrow NO_2^* + O_2$$
$$NO_2^* \longrightarrow NO_2 + h\nu$$

这一反应非常快且只有 NO 参与，几乎不受其他共存气体的影响。NO 为低浓度时，发光光量与浓度成正比。

2 测试仪器

便携式氮氧化物化学发光法测试仪。

3 测试步骤

3.1 接通电源开关，让测试仪预热。

3.2 设置当次测试的日期及时间。

3.3 预热结束后，将量程设置为实际使用的量程，并进行校正。

从菜单中选择"校正"。进入校正画面后，自动切换成 NO 管路（不通过 NO_x 转换器的管路）。

3.3.1 量程气体浓度设置

1）按下▐▌▌后，设置量程气体浓度。

2）根据所使用的量程气体，变更浓度设置。

3）设置量程气体钢瓶的浓度，按下"Enter"。

4）按下"back"键，决定变更内容后，返回到校正画面。

3.3.2 零点校正（校正时请先执行零点校正）

1）选择校正管路。进行零点校正的组分在校正类别中选择"zero"。

2）流入 N_2 气体后，等待稳定。

3）指示值稳定后按下▐▄▌。

4）按下"是"进行校正。完成零点校正。

3.3.3 量程校正

1）为了进行 NO 的量程校正，NO 以外选择"—"，只有 NO 选择"span"。

2）校正类别中选择"span"的组分会显示窗口，用于确认校正量程和量程气体浓度。确认内容后，按下"OK"返回到校正画面。

3）流入 CO 气体后，等待稳定。

4）指示值稳定后按下▐▄▌。

5）按下"是"进行校正。

3.4 完成所有的校正后，按下返回到菜单画面、测量画面。

3.5 从测量画面按下每个组分的量程按钮，按组分设置测量浓度的量程。每个组分的测量值/换算值/滑动平均值/累计值量程及校正量程是通用的。变更任何一个值的量程，其他值的量程也会跟着变更。模拟输出的满刻度值也会同时变更。

3.5.1 选择想要变更的组分的量程。

3.5.2　选择想要变更的量程，按下"OK"决定。

3.6　测试过程数据记录保存

3.6.1　将有足够剩余空间且未 LOCK 的 SD 卡插入分析仪正面的 SD 卡插槽中。

3.6.2　从菜单 2/5 中选择"数据记录"。

3.6.3　选择"记录间隔"。

3.6.4　按下前进、后退键选择记录间隔，再按下"OK"决定。

3.6.5　选择保存文件夹。

3.6.6　选择保存文件夹后，按下 。

3.6.7　确认开始记录时，按下"是"开始。

　　如果开始记录，记录状态就会从记录停止中变为记录中，同时 MEM LED 会亮黄灯。

3.6.8　停止记录时，请再次按下。确认停止记录时，按下"是"停止记录。

3.6.9　记录状态会再次从记录中变为记录停止中，同时 MEM LED 会熄灭。

4　测试结束

4.1　通过采样探头等吸入大气至读数降回到零点附近。

4.2　从菜单中选择测量结束。

4.3　按下"是"结束处理。

4.4　完成测量结束处理，显示关闭电源的信息后，请关闭电源开关。

附录 4

自行监测相关标准规范

附录 4-1　污染物排放标准

标准类型	序号	排放标准名称及编号
废水	1	《纺织染整工业水污染物排放标准》（GB 4287—2012）
	2	《缫丝工业水污染物排放标准》（GB 28936—2012）
	3	《毛纺工业水污染物排放标准》（GB 28937—2012）
	4	《麻纺工业水污染物排放标准》（GB 28938—2012）
	5	《污水综合排放标准》（GB 8978—1996）
废气	1	《锅炉大气污染物排放标准》（GB 13271—2014）
	2	《火电厂大气污染物排放标准》（GB 13223—2011）
	3	《大气污染物综合排放标准》（GB 16297—1996）
	4	《恶臭污染物排放标准》（GB 14554—1993）
	5	《危险废物焚烧污染控制标准》（GB 18484—2020）

注：标准统计截至 2020 年 12 月。

附录 4-2　相关监测技术规范标准

分类	标准号	标准名称
废气监测技术规范类	HJ 75—2017	《固定污染源烟气（SO_2、NO_x、颗粒物）排放连续监测技术规范》
	HJ 76—2017	《固定污染源烟气（SO_2、NO_x、颗粒物）排放连续监测系统技术要求及检测方法》
	HJ/T 397—2007	《固定源废气监测技术规范》
	HJ/T 55—2000	《大气污染物无组织排放监测技术导则》
	GB/T 16157—1996	《固定污染源排气中颗粒物测定与气态污染物采样方法》
	HJ 905—2017	《恶臭污染环境监测技术规范》
废水监测技术规范类	HJ 91.1—2019	《污水监测技术规范》
	HJ/T 91—2002	《地表水和污水监测技术规范》
	HJ/T 92—2002	《水污染物排放总量监测技术规范》
	HJ 353—2019	《水污染源在线监测系统（COD_{Cr}、NH_3-N 等）安装技术规范》

分类	标准号	标准名称
废水监测技术规范类	HJ 354—2019	《水污染源在线监测系统（COD$_{Cr}$、NH$_3$-N 等）验收技术规范》
	HJ 355—2019	《水污染源在线监测系统（COD$_{Cr}$、NH$_3$-N 等）运行技术规范》
	HJ 356—2019	《水污染源在线监测系统（COD$_{Cr}$、NH$_3$-N 等）数据有效性判别技术规范》
	HJ 493—2009	《水质　样品的保存和管理技术规定》
	HJ 494—2009	《水质　采样技术指导》
	HJ 495—2009	《水质　采样方案设计技术规定》
	HJ 377—2019	《化学需氧量（COD$_{Cr}$）水质在线自动监测仪技术要求及检测方法》
	HJ 101—2019	《氨氮水质在线自动监测仪技术要求及检测方法》
	HJ 609—2019	《六价铬水质自动在线监测仪技术要求及检测方法》
	HJ/T 102—2003	《总氮水质自动分析仪技术要求》
	HJ/T 103—2003	《总磷水质自动分析仪技术要求》
	HJ 212—2017	《污染物在线监控（监测）系统数据传输标准》
	HJ 477—2009	《污染源在线自动监控（监测）数据采集传输仪技术要求》
	HJ/T 15—2007	《环境保护产品技术要求　超声波明渠污水流量计》
噪声监测技术规范类	GB 12348—2008	《工业企业厂界环境噪声排放标准》
	HJ 706—2014	《环境噪声监测技术规范　噪声测量值修正》
其他技术规范类	HJ/T 166—2004	《土壤环境监测技术规范》
	HJ/T 164—2020	《地下水环境监测技术规范》
	HJ 194—2017	《环境空气质量手工监测技术规范》
	HJ 442—2008	《近岸海域环境监测规范》
	GB 3838—2002	《地表水环境质量标准》
	GB 3097—1997	《海水水质标准》
	GB/T 14848—2017	《地下水质量标准》
	GB 15618—2018	《土壤环境质量　农用地土壤污染风险管控标准（试行）》
	GB 36600—2018	《土壤环境质量　建设用地土壤污染风险管控标准（试行）》
	HJ 2.1—2016	《环境影响评价技术导则　总纲》
	HJ 2.3—2018	《环境影响评价技术导则　地表水环境》
	HJ 610—2016	《环境影响评价技术导则　地下水环境》
	HJ 819—2017	《排污单位自行监测技术指南　总则》
	HJ 820—2017	《排污单位自行监测技术指南　火力发电及锅炉》
	HJ 861—2017	《排污许可证申请与核发技术规范　纺织印染工业》
	HJ 879—2017	《排污单位自行监测技术指南　纺织印染工业》
	HJ/T 373—2007	《固定污染源监测质量保证与质量控制技术规范（试行）》

注：标准统计截至 2020 年 12 月。

附录 4-3　废水污染物相关监测方法标准

序号	监测项目	分析方法
1	pH	《水质　pH 的测定　电极法》（HJ 1147—2020）
2	pH	便携式 pH 计法《水和废水监测分析方法》（第四版）国家环保总局（2002）3.1.6.2
3	水温	《水质　水温的测定　温度计或颠倒温度计测定法》（GB 13195—1991）
4	色度	《水质　色度的测定》（GB 11903—1989）
5	悬浮物	《水质　悬浮物的测定　重量法》（GB 11901—1989）
6	硫化物	《水质　硫化物的测定　流动注射-亚甲基蓝分光光度法》（HJ 824—2017）
7	硫化物	《水质　硫化物的测定　气相分子吸收光谱法》（HJ/T 200—2005）
8	硫化物	《水质　硫化物的测定　碘量法》（HJ/T 60—2000）
9	硫化物	《水质　硫化物的测定　亚甲基蓝分光光度法》（GB/T 16489—1996）
10	化学需氧量	《水质　化学需氧量的测定　重铬酸盐法》（HJ 828—2017）
11	化学需氧量	《水质　化学需氧量的测定　快速消解分光光度法》（HJ/T 399—2007）
12	化学需氧量	《高氯废水　化学需氧量的测定　碘化钾碱性高锰酸钾法》（HJ/T 132—2003）
13	化学需氧量	《高氯废水　化学需氧量的测定　氯气校正法》（HJ/T 70—2001）
14	五日生化需氧量（BOD_5）	《水质　五日生化需氧量（BOD_5）的测定　稀释与接种法》（HJ 505—2009）
15	氨氮	《水质　氨氮的测定　连续流动-水杨酸分光光度法》（HJ 665—2013）
16	氨氮	《水质　氨氮的测定　流动注射-水杨酸分光光度法》（HJ 666—2013）
17	氨氮	《水质　氨氮的测定　蒸馏-中和滴定法》（HJ 537—2009）
18	氨氮	《水质　氨氮的测定　纳氏试剂分光光度法》（HJ 535—2009）
19	氨氮	《水质　氨氮的测定　水杨酸分光光度法》（HJ 536—2009）
20	氨氮	《水质　氨氮的测定　气相分子吸收光谱法》（HJ/T 195—2005）
21	总氮	《水质　总氮的测定　连续流动-盐酸萘乙二胺分光光度法》（HJ 667—2013）
22	总氮	《水质　总氮的测定　流动注射-盐酸萘乙二胺分光光度法》（HJ 668—2013）
23	总氮	《水质　总氮的测定　碱性过硫酸钾消解紫外分光光度法》（HJ 636—2012）
24	总氮	《水质　总氮的测定　气相分子吸收光谱法》（HJ/T 199—2005）
25	总磷	《水质　磷酸盐和总磷的测定　连续流动-钼酸铵分光光度法》（HJ 670—2013）
26	总磷	《水质　总磷的测定　流动注射-钼酸铵分光光度法》（HJ 671—2013）
27	总磷	《水质　总磷的测定　钼酸铵分光光度法》（GB 11893—1989）
28	氯离子	《水质　无机阴离子（F^-、Cl^-、NO_2^-、Br^-、NO_3^-、PO_4^{3-}、SO_3^{2-}、SO_4^{2-}）的测定　离子色谱法》（HJ 84—2016）
29	动植物油类	《水质　石油类和动植物油类的测定　红外分光光度法》（HJ 637—2018）
30	六价铬	《水质　六价铬的测定　流动注射-二苯碳酰二肼光度法》（HJ 908—2017）
31	六价铬	《水质　六价铬的测定　二苯碳酰二肼分光光度法》（GB/T 7467—1987）

序号	监测项目	分析方法
32	苯胺类	《水质 17 种苯胺类化合物的测定 液相色谱-三重四极杆质谱法》（HJ 1048—2019）
33	苯胺类	《水质 苯胺类化合物的测定 气相色谱—质谱法》（HJ 822—2017）
34	苯胺类	《水质 苯胺类化合物的测定 N-（1-萘基）乙二胺偶氮分光光度法》（GB 11889—1989）
35	二氧化氯	《水质 二氧化氯和亚氯酸盐的测定 连续滴定碘量法》（HJ 551—2016）
36	可吸附有机卤素（AOX）	《水质 可吸附有机卤素（AOX）的测定 离子色谱法》（HJ/T 83—2001）
37	总锑	《水质 锑的测定 火焰原子吸收分光光度法》（HJ 1046—2019）
38	总锑	《水质 锑的测定 石墨炉原子吸收分光光度法》（HJ 1047—2019）

注：标准统计截至 2020 年 12 月。

附录 4-4 废气污染物相关监测方法标准

序号	监测项目	分析方法名称及编号
1	二氧化硫	《固定污染源废气 二氧化硫的测定 便携式紫外吸收法》（HJ 1131—2020）
2	二氧化硫	《环境空气 二氧化硫的自动测定 紫外荧光法》（HJ 1044—2019）
3	二氧化硫	《固定污染源废气 二氧化硫的测定 定电位电解法》（HJ 57—2017）
4	二氧化硫	《固定污染源废气 二氧化硫的测定 非分散红外吸收法》（HJ 629—2011）
5	二氧化硫	《环境空气 二氧化硫的测定 甲醛吸收-副玫瑰苯胺分光光度法》（HJ 482—2009）
6	二氧化硫	《环境空气 二氧化硫的测定 四氯汞盐吸收-副玫瑰苯胺分光光度法》（HJ 483—2009）
7	二氧化硫	《固定污染源排气中二氧化硫的测定 碘量法》（HJ/T 56—2000）
8	氮氧化物	《固定污染源废气 氮氧化物的测定 便携式紫外吸收法》（HJ 1132—2020）
9	氮氧化物	《环境空气 氮氧化物的自动测定 化学发光法》（HJ 1043—2019）
10	氮氧化物	《固定污染源废气 氮氧化物的测定 非分散红外吸收法》（HJ 692—2014）
11	氮氧化物	《固定污染源废气 氮氧化物的测定 定电位电解法》（HJ 693—2014）
12	氮氧化物	《固定污染源排气 氮氧化物的测定 酸碱滴定法》（HJ 675—2013）
13	氮氧化物	《环境空气 氮氧化物（一氧化氮和二氧化氮）的测定 盐酸萘乙二胺分光光度法》（HJ 479—2009）
14	氮氧化物	《固定污染源排气中氮氧化物的测定 紫外分光光度法》（HJ/T 42—1999）
15	氮氧化物	《固定污染源排气中氮氧化物的测定 盐酸萘乙二胺分光光度法》（HJ/T 43—1999）
16	颗粒物	《固定污染源废气 低浓度颗粒物的测定 重量法》（HJ 836—2017）
17	颗粒物	《固定污染源排气中颗粒物测定与气态污染物采样方法》（GB/T 16157—1996）
18	颗粒物	《环境空气 总悬浮颗粒物的测定 重量法》（GB/T 15432—1995）
19	颗粒物	《锅炉烟尘测试方法》（GB 5468—1991）

序号	监测项目	分析方法名称及编号
20	苯	《固定污染源废气 挥发性有机物的测定 固相吸附-热脱附/气相色谱—质谱法》（HJ 734—2014）
21	苯	《环境空气 挥发性有机物的测定 吸附管采样-热脱附/气相色谱—质谱法》（HJ 644—2013）
22	苯	《环境空气 苯系物的测定 固体吸附/热脱附-气相色谱法》（HJ 583—2010）
23	苯	《环境空气 苯系物的测定 活性炭吸附/二硫化碳解吸-气相色谱法》（HJ 584—2010）
24	苯	《工作场所空气有毒物质测定 芳香烃类化合物》（GBZ/T 160.42—2007）
25	甲苯	《挥发性有机物的测定 固体吸附/热脱附-气相色谱—质谱法》（HJ 734—2014）
26	甲苯	《挥发性有机物的测定 吸附管采样-热脱附/气相色谱—质谱法》（HJ 644—2013）
27	甲苯	《环境空气 苯系物的测定 固相吸附-热脱附/气相色谱法》（HJ 583—2010）
28	甲苯	《环境空气 苯系物的测定 活性炭吸附/二硫化碳解吸-气相色谱法》（HJ 584—2010）
29	甲苯	《工作场所空气有毒物质测定 芳香烃类化合物》（GBZ/T 160.42—2007）
30	二甲苯	《固定污染源废气 挥发性有机物的测定 固相吸附-热脱附/气相色谱—质谱法》（HJ 734—2014）
31	二甲苯	《环境空气 挥发性有机物的测定 吸附管采样-热脱附/气相色谱—质谱法》（HJ 644—2013）
32	二甲苯	《环境空气 苯系物的测定 固体吸附/热脱附-气相色谱法》（HJ 583—2010）
33	二甲苯	《环境空气 苯系物的测定 活性炭吸附/二硫化碳解吸-气相色谱法》（HJ 584—2010）
34	二甲苯	《工作场所空气有毒物质测定 芳香烃类化合物》（GBZ/T 160.42—2007）
35	非甲烷总烃	《固定污染源废气 总烃、甲烷和非甲烷总烃的测定 气相色谱法》（HJ/T 38—2017）
36	非甲烷总烃	《环境空气 总烃、甲烷和非甲烷总烃的测定 直接进样-气相色谱法》（HJ 604—2017）
37	氨	《环境空气 氨、甲胺、二甲胺和三甲胺的测定 离子色谱法》（HJ 1076—2019）
38	氨	《环境空气 氨的测定 次氯酸钠-水杨酸分光光度法》（HJ 534—2009）
39	氨	《空气和废气 氨的测定 纳氏试剂分光光度法》（HJ 533—2009）
40	氨	《空气质量 氨的测定 离子选择电极法》（GB/T 14669—1993）
41	硫化氢	《固定污染源排气中颗粒物测定与气态污染物采样方法》（GB/T 16157—1996）
42	硫化氢	《空气质量 硫化氢、甲硫醇、甲硫醚和二甲二硫的测定 气相色谱法》（GB/T 14678—93）
43	臭气浓度	《空气质量 恶臭的测定 三点比较式臭袋法》（GB/T 14675—1993）
44	其他	《大气污染物综合排放标准》（GB 16297—1996）

注：标准统计截至 2020 年 12 月。

附录 4-5　危险废物相关监测方法标准

序号	分析方法名称及编号
1	《固体废物鉴别标准　通则》（GB 34330—2017）
2	《危险废物鉴别技术规范》（HJ/T 298—2019）
3	《危险废物鉴别标准　腐蚀性鉴别》（GB 5085.1—2007）
4	《危险废物鉴别标准　急性毒性初筛》（GB 5085.2—2007）
5	《危险废物鉴别标准　浸出毒性鉴别》（GB 5085.3—2007）
6	《危险废物鉴别标准　易燃性鉴别》（GB 5085.4—2007）
7	《危险废物鉴别标准　反应性鉴别》（GB 5085.5—2007）
8	《危险废物鉴别标准　毒性物质含量鉴别》（GB 5085.6—2007）

注：标准统计截至 2020 年 12 月。

附录 4-6　固体废物相关监测方法标准

序号	分析方法名称及编号
1	《固体废物　多氯联苯的测定　气相色谱—质谱法》（HJ 891—2017）
2	《固体废物　多环芳烃的测定　高效液相色谱法》（HJ 892—2017）
3	《固体废物　丙烯醛、丙烯腈、乙腈的测定　顶空-气相色谱法》（HJ 874—2017）
4	《固体废物　铅和镉的测定　石墨炉原子吸收分光光度法》（HJ 787—2016）
5	《固体废物　铅、锌和镉的测定　火焰原子吸收分光光度法》（HJ 786—2016）
6	《固体废物　有机物的提取　加压流体萃取法》（HJ 782—2016）
7	《固体废物　22 种金属元素的测定　电感耦合等离子体发射光谱法》（HJ 781—2016）
8	《固体废物　钡的测定　石墨炉原子吸收分光光度法》（HJ 767—2015）
9	《固体废物　金属元素的测定　电感耦合等离子体质谱法》（HJ 766—2015）
10	《固体废物　有机物的提取　微波萃取法》（HJ 765—2015）
11	《固体废物　有机质的测定　灼烧减量法》（HJ 761—2015）
12	《固体废物　挥发性有机物的测定　顶空-气相色谱法》（HJ 760—2015）
13	《固体废物　铍、镍、铜和钼的测定　石墨炉原子吸收分光光度法》（HJ 752—2015）
14	《固体废物　镍和铜的测定　火焰原子吸收分光光度法》（HJ 751—2015）
15	《固体废物　总铬的测定　石墨炉原子吸收分光光度法》（HJ 750—2015）
16	《固体废物　总铬的测定　火焰原子吸收分光光度法》（HJ 749—2015）
17	《固体废物　挥发性卤代烃的测定　顶空/气相色谱—质谱法》（HJ 714—2014）
18	《固体废物　挥发性卤代烃的测定　吹扫捕集/气相色谱—质谱法》（HJ 713—2014）
19	《固体废物　总磷的测定　偏钼酸铵分光光度法》（HJ 712—2014）
20	《固体废物　酚类化合物的测定　气相色谱法》（HJ 711—2014）
21	《固体废物　汞、砷、硒、铋、锑的测定　微波消解/原子荧光法》（HJ 702—2014）
22	《固体废物　六价铬的测定　碱消解/火焰原子吸收分光光度法》（HJ 687—2014）

序号	分析方法名称及编号
23	《固体废物 挥发性有机物的测定 顶空/气相色谱—质谱法》（HJ 643—2013）
24	《固体废物 浸出毒性浸出方法 水平振荡法》（HJ 557—2010）
25	《固体废物 二噁英类的测定 同位素稀释高分辨气相色谱-高分辨质谱法》（HJ 77.3—2008）
26	《危险废物（含医疗废物）焚烧处置设施二噁英排放监测技术规范》（HJ/T 365—2007）
27	《固体废物 浸出毒性浸出方法 醋酸缓冲溶液法》（HJ/T 300—2007）
28	《固体废物 浸出毒性浸出方法 硫酸硝酸法》（HJ/T 299—2007）
29	《固体废物 浸出毒性浸出方法 翻转法》（GB 5086.1—1997）
30	《固体废物 总铬的测定 硫酸亚铁铵滴定法》（GB/T 15555.8—1995）
31	《固体废物 六价铬的测定 硫酸亚铁铵滴定法》（GB/T 15555.7—1995）
32	《固体废物 总铬的测定 直接吸入火焰原子吸收分光光度法》（GB/T 15555.6—1995）
33	《固体废物 六价铬的测定 二苯碳酰二肼分光光度法》（GB/T 15555.4—1995）
34	《固体废物 砷的测定 二乙基二硫代氨基甲酸银分光光度法》（GB/T 15555.3—1995）
35	《固体废物 铜、锌、铅、镉的测定 原子吸收分光光度法》（GB/T 15555.2—1995）
36	《固体废物 总汞的测定 冷原子吸收分光光度法》（GB/T 15555.1—1995）
37	《固体废物 镍的测定 丁二酮肟分光光度法》（GB/T 15555.10—1995）
38	《固体废物 氟化物的测定 离子选择性电极法》（GB/T 15555.11—1995）
39	《固体废物 腐蚀性测定 玻璃电极法》（GB/T 15555.12—1995）
40	《固体废物 镍的测定 直接吸入火焰原子吸收分光光度法》（GB/T 15555.9—1995）
41	《固体废物 总铬的测定 二苯碳酰二肼分光光度法》（GB/T 15555.5—1995）

注：标准统计截至 2020 年 12 月。

附录5

自行监测方案参考模板

××××有限公司

自行监测方案

企业名称：　　××××　有限公司

编制时间：　　××××年××月

一、企业概况

（一）基本情况

主要介绍排污单位的地理位置、生产规模、产品生产情况、人员等基本信息。如××××有限公司位于×××××市××××路××××号，成立于××年××月，××年××月，×××××集团整体上市后，成立新的×××××股份公司，×××××公司成为××××股份的子公司。公司占地面积为××平方米，现有员工××余名。公司目前主要产品有××××、×××××、××××××、××××××……，年产量分别为××××、×××××、×××××、××××……

根据《排污单位自行监测技术指南　总则》（HJ 819—2017）及《排污单位自行监测指南　纺织印染工业》（HJ 879—2017）要求，公司根据实际生产情况，查清本单位的污染源、污染物指标及潜在的环境影响，制定了本公司环境自行监测方案。

（二）排污及治理情况

主要介绍排污单位生产的工艺流程，并分析产排污节点及污染治理的情况。如×××××厂区主要生产工序包括退浆、煮炼、漂白、丝光、染色、印花和整理、包装等生产过程。

1. 废水污染物主要来源于退浆、煮炼、漂白、丝光、染色、印花和整理等生产工序。这些环节产生的废水经过管道集中送入厂区污水处理站集中处理，处理达到《纺织染整工业水污染物排放标准》（GB 4287—2012）及其修改单控制要求后，排入××××河。在污水治理方面，我公司投资近两亿元，采用"格栅+混凝沉淀+水解酸化+SBR+芬顿氧化"组合处理技术，占地×××km²，建成了工艺技术先进、配套设施完善的专业化污水处理中心。

2. 废气污染物产生的主要环节是印花、定形整理生产过程，还有污水处理系统的生化处理阶段。主要污染物有颗粒物、非甲烷总烃、甲苯、二甲苯、臭气浓度、氨、硫化氢。在异味治理方面，我公司投入资金×××万元，采用生物滴滤异味治理技术、碱洗化学吸收等工艺，建成配套完善的异味治理设施。

3. 噪声主要由退浆机、印花机、定形机等生产设施以及污水处理设施的设备、风机等高噪声机械产生。我公司尽量选择性能优良的设备、加强设备维修、合理布局、弹性减振等措施降低噪声影响。

4. 固体废物主要是原辅料的边角料、废气处理产生的粉尘和废活性炭、废溶剂、废染料、污水处理站的污泥、废包装物以及一些废溶剂、废染料桶等。这些固体废物根据《国家危险废物名录》或国家规定的危险废物鉴别标准和鉴别方法进行分类管理，属于危险废物的委托有资质的×××××公司进行处理，按照危险废物管理程序进行申报、记录、处理。

二、企业自行监测开展情况说明

主要对排污单位废水、废气、噪声等开展的监测项目、采取的监测方式等进行总体概况。如公司自行监测手段采用手动监测和自动监测相结合的方式。监测分析采取自主监测和委托第三方检测机构相结合的方式。

通过梳理公司相关项目的环评及批复、排污许可证及废水、废气、噪声执行的相关标准，对照单位生产及产排污情况，确定自行监测应开展的监测点位、监测指标、采用的监测分析方法及监测过程中应采取的质量控制和保证措施。

各工序废水经预处理后进入公司污水处理厂进行集中处理，处理达标后进市政管网，属于间接排放，监测点位主要为公司总排放口、染色印花车间排放口和雨水排放口。涉及的主要监测指标有pH、色度（稀释倍数）、化学需氧量（COD_{Cr}）、五日生化需氧量、悬浮物、可吸附有机卤素（AOX）、二氧化氯、氨氮（$NH_3\text{-}N$）、苯胺类、硫化物、六价铬、总氮、总磷、总锑，同步监测总排放口废水流量。其中pH、COD_{Cr}、$NH_3\text{-}N$和流量采取自动监测，并与省、市生态环境部门联网，委托×××××××环境科技工程有限公司进行运维，其他项目采取手工监测方式，AOX、二氧化氯、苯胺类、硫化物、六价铬和总锑委托××××环境监测有限公司检测。

废气涉及的主要排气筒是印花机和定形机的排气筒。有组织废气监测主要污染物有非甲烷总烃、颗粒物、甲苯和二甲苯。厂界无组织废气监测主要污染物有：颗粒物、臭气浓度、氨、硫化氢和非甲烷总烃。所有废气污染物均委托××××环境监测有限公司检测。

通过对现场生产设备进行梳理，根据设备在厂区的布置情况，在厂区的东、西、南、北4个边界和1个环境敏感点布置噪声监测点位，每季度1次，昼夜各一次。

三、监测方案

本部分是排污单位自行监测方案的核心部分，是自行监测内容的具体化、细化。按照废水、废气、噪声等不同污染类型以不同监测点位分别列出各监测指标的监测频次、监测方法、执行标准等监测要求。

（一）废水监测方案

1. 废水监测项目及监测频次见表1。

表1　废水污染源监测内容一览表

序号	监测点位	监测项目	监测频次	监测方式	自主/委托
1	废水总排放口	流量、pH	连续	自动	委托
2		化学需氧量、氨氮	连续	自动	委托
3		悬浮物、色度	1次/周	手工	自主
4		五日生化需氧量、总氮、总磷	1次/月	手工	自主
5		苯胺类、硫化物、总锑	1次/季度	手工	委托
6		二氧化氯、可吸附有机卤素（AOX）	1次/半年	手工	委托

序号	监测点位	监测项目	监测频次	监测方式	自主/委托
7	染色印花（感光制网工艺）车间废水排放口	六价铬	1 次/月	手工	委托
8	雨水排放口	化学需氧量、悬浮物	1 次/日（排放期间）	手工	自主
备注	化学需氧量和氨氮为自动监测，每 2 小时测量一次，当自动监测设备发生故障时改为手工监测，监测频率为每天不少于 4 次，间隔不得超过 6 小时。				

2．废水污染物监测方法及依据情况见表2。

表2　废水污染物监测方法及依据一览表

序号	监测项目	监测方法及依据	分析仪器
1	pH	《水质　pH 的测定　电极法》（HJ 1147—2020）	pH 计
2	化学需氧量（COD_{Cr}）	《水质　化学需氧量的测定　快速消解分光光度法》（HJ/T 399—2007）、《高氯废水　化学需氧量的测定　碘化钾碱性高锰酸钾法》（HJ/T 132—2003）、《高氯废水　化学需氧量的测定　氯气校正法》（HJ/T 70—2001）、《水质　化学需氧量的测定　重铬酸盐法》（HJ 828—2017）	消解器、分光光度计哈希 CODMaxII
3	氨氮（NH_3-N）	《水质　氨氮的测定　纳氏试剂分光光度法》（HJ 535—2009）、《水质　氨氮的测定　水杨酸分光光度法》（HJ 536—2009）、《水质　氨氮的测定　连续流动-水杨酸分光光度法》（HJ 665—2013）	分光光度计哈希 AmtaxCompactII
4	悬浮物	《水质　悬浮物的测定　重量法》（GB 11901—1989）	电子天平
5	五日生化需氧量（BOD_5）	《水质　五日生化需氧量（BOD_5）的测定　稀释与接种法》（HJ 505—2009）	溶解氧仪
6	总磷（以 P 计）	《水质　总磷的测定　流动注射-钼酸铵分光光度法》（HJ 671—2013）、《水质　磷酸盐和总磷的测定　连续流动-钼酸铵分光光度法》（HJ 670—2013）、《水质　总磷的测定　钼酸铵分光光度法》（GB 11893—1989）	分光光度计
7	总氮（以 N 计）	《水质　总氮的测定　流动注射-盐酸萘乙二胺分光光度法》（HJ 668—2013）、《水质　总氮的测定　连续流动-盐酸萘乙二胺分光光度法》（HJ 667—2013）、《水质　总氮的测定　碱性过硫酸钾消解紫外分光光度法》（HJ 636—2012）、《水质　总氮的测定　气相分子吸收光谱法》（HJ/T 199—2005）	分光光度计

序号	监测项目	监测方法及依据	分析仪器
8	六价铬	《水质 六价铬的测定 流动注射-二苯碳酰二肼光度法》（HJ 908—2017）、《水质 六价铬的测定 二苯碳酰二肼分光光度法》（GB/T 7467—1987）	流动注射仪 分光光度计
9	硫化物	《水质 硫化物的测定 流动注射-亚甲基蓝分光光度法》（HJ 824—2017）、《水质 硫化物的测定 气相分子吸收光谱法》（HJ/T 200—2005）、《水质 硫化物的测定 碘量法》（HJ/T 60—2000）、《水质 硫化物的测定 亚甲基蓝分光光度法》（GB/T 16489—1996）	分光光度计 气相分子吸收光谱仪
10	苯胺类	《水质 17 种苯胺类化合物的测定 液相色谱-三重四极杆质谱法》（HJ 1048—2019）、《水质 苯胺类化合物的测定 气相色谱—质谱法》（HJ 822—2017）、《水质 苯胺类化合物的测定 N-（1-萘基）乙二胺偶氮分光光度法》（GB 11889—1989）	液相色谱-三重四极杆质谱仪 气相色谱/质谱仪 分光光度计
11	总锑	《水质 锑的测定 火焰原子吸收分光光度法》（HJ 1046—2019）、《水质 锑的测定 石墨炉原子吸收分光光度法》（HJ 1047—2019）	分光光度计
12	流量	超声流量计	E+H 明渠式超声流量计
13	二氧化氯	《水质 二氧化氯和亚氯酸盐的测定 连续滴定碘量法》（HJ 551—2016）	碘量瓶
14	可吸附有机卤素（AOX）	《水质 可吸附有机卤素（AOX）的测定 离子色谱法》（HJ/T 83—2001）	离子色谱仪

3. 废水污染物监测结果评价标准见表 3。

表 3　废水污染物排放执行标准　　　　单位：mg/L（pH、色度除外）

序号	监测点位	污染物种类	执行标准	标准限值
1	废水总排放口	pH	《纺织染整工业水污染物排放标准》（GB 4287—2012）及其修改单	6～9
2		化学需氧量		200
3		氨氮		20
4		总氮		30
5		总磷		1.5
6		五日生化需氧量		50
7		色度		80
8		悬浮物		100

序号	监测点位	污染物种类	执行标准	标准限值
9	废水总排放口	硫化物	《纺织染整工业水污染物排放标准》（GB 4287—2012）及其修改单	0.5
10		苯胺类		1.0
11		总锑		0.1
12		二氧化氯		0.5
13		可吸附有机卤素（AOX）		12
14	染色印花（感光制网工艺）车间废水排放口	六价铬		0.5
15	雨水排放口	化学需氧量	参照《污水综合排放标准》（GB 8978—1996）中表4一级	100
16		悬浮物		70

（二）有组织废气监测方案

1. 有组织废气监测点位、监测项目及监测频次见表4。

表4　有组织废气监测内容一览表

类型	排放源	监测项目	监测点位	监测频次	监测方式	自动监测是否联网
废气有组织排放	印花车间	非甲烷总烃	排气筒	季度	手工监测	—
		甲苯	排气筒	半年	手工监测	—
		二甲苯	排气筒	半年	手工监测	—
	定形车间	颗粒物	排气筒	半年	手工监测	—
		非甲烷总烃	排气筒	季度	手工监测	—
	燃气锅炉	二氧化硫	排气筒	自动监测	自动监测	是
		氮氧化物	排气筒	自动监测	自动监测	是
		颗粒物（烟尘）	排气筒	自动监测	自动监测	是
		林格曼黑度	排气筒	季	手工监测	—
...						

注：同步监测烟气参数（动压、静压、烟温、氧含量及湿度）。

2. 有组织废气排放监测方法及依据见表 5。

表 5　有组织废气排放监测方法及依据一览表

序号	监测项目	监测方法及依据	分析仪器
1	颗粒物	《固定污染源排气中颗粒物测定与气态污染物采样方法》（GB/T 16157—1996）《固定污染源废气中低浓度颗粒物的测定　重量法》（HJ 836—2017）	智能烟尘平行采样仪电子分析天平
2	非甲烷总烃	《固定污染源废气　总烃、甲烷和非甲烷总烃的测定　气相色谱法》（HJ/T 38—2017）	气相色谱仪
3	甲苯	《固定污染源废气　挥发性有机物的测定　固相吸附-热脱附　气相色谱—质谱法》（HJ 734—2014）	气相色谱仪
4	二甲苯		
...			

3. 有组织废气排放监测结果执行标准见表 6。

表 6　有组织废气排放监测结果执行标准

单位：mg/m^3　臭气浓度：无量纲

序号	监测点位	监测项目	执行标准限值	执行标准
1	印花车间	非甲烷总烃	120	《大气污染物综合排放标准》（GB 16297—1996）
2		甲苯与二甲苯	40	《工业企业挥发性有机物排放控制标准》（DB 12/524—2014）
3	定形车间	颗粒物	120	《大气污染物综合排放标准》（GB 16297—1996）
4		非甲烷总烃	120	
...				

（三）无组织废气排放监测方案

1. 无组织废气监测项目及监测频次见表 7，监测项目是在梳理有组织废气排放污染物的基础上确定的。

表7　无组织废气污染源监测内容一览表

类型	监测点位	监测项目	监测频次	监测方式	自主/委托
无组织废气排放	厂界	颗粒物	1次/半年	手工	委托
		臭气浓度		手工	委托
		氨		手工	委托
		硫化氢		手工	委托
		非甲烷总烃		手工	委托

2．无组织废气排放监测方法及依据见表8。

表8　无组织废气排放监测方法及依据一览表

序号	监测项目	监测方法及依据	分析仪器
1	颗粒物	《环境空气　总悬浮颗粒物的测定　重量法》（GB/T 15432—1995）	智能烟尘平行采样仪 电子分析天平
2	臭气浓度	《空气质量　恶臭的测定　三点比较式臭袋法》（GB/T 14675—1993）	真空瓶或气袋
3	氨	《环境空气和废气　氨的测定　纳氏试剂分光光度法》（HJ 533—2009）	分光光度计
4	硫化氢	《空气质量　硫化氢、甲硫醇、甲硫醚和二甲二硫的测定　气相色谱法》（GB/T 14678—1993）	气相色谱仪
5	非甲烷总烃	《环境空气　总烃、甲烷和非甲烷总烃的测定　直接进样-气相色谱法》（HJ 604—2017）	气相色谱仪

3．无组织废气排放监测结果执行标准见表9。

表9　无组织废气排放监测结果执行标准

单位：mg/m³　臭气浓度：无量纲

序号	监测项目	执行标准名称	标准限值
1	颗粒物	《大气污染物综合排放标准》（GB 16297—1996）	1.0
2	臭气浓度	《恶臭污染物排放标准》（GB 14554—1993）	20
3	氨	《恶臭污染物排放标准》（GB 14554—1993）	1.5
4	硫化氢	《恶臭污染物排放标准》（GB 14554—1993）	0.06
5	非甲烷总烃	《工业企业挥发性有机物排放控制标准》（DB 13/2322—2016）	2.0

（四）厂界环境噪声监测方案

1．厂界环境噪声监测内容见表10。

表 10 厂界环境噪声监测内容表（L_{eq}）　　　　　　单位：dB（A）

监测点位	主要噪声源	监测频次	执行标准	标准限值
东侧厂界	动力车间	1 次/季	《工业企业厂界环境噪声排放标准》（GB 12348—2008）Ⅲ类	昼间：65 dB（A），夜间：55 dB（A）
南侧厂界	空压机、真空系统设备	1 次/季		
西侧厂界	印花、定形车间	1 次/季		
北侧厂界	污水处理系统	1 次/季		
环境敏感点（××小区××幢）	—	1 次/季		

2. 厂界环境噪声监测方法见表 11。

表 11 厂界环境噪声监测方法

监测项目	监测方法	分析仪器	备注
厂界环境噪声（L_{eq}）	《工业企业厂界环境噪声排放标准》（GB 12348—2008）	AWA6270+噪声统计分析仪	昼间：6：00—22：00；夜间：22：00—06：00，昼夜各测一次

四、监测点位示意图

图 1 ×××公司×××生产区废水、废气、噪声监测点位示意图

五、质量控制措施

主要从内部、外部对监测人员、实验室能力、监测技术规范、仪器设备、记录等质控管理提出适合本单位的质控管理措施。如：

××××公司自配有环境监测中心，中心实验室依据 CNAS-CL 01：2006《检测和校准实验室能力认可准则》及化学检测领域应用说明建立质量管理体系，与所从事的环境监测活动类型、范围和工作量相适应，规范环境监测人、机、物、料、环、法的管理，满足认可体系共计 25 类质量和技术要素，实现了监测数据的"五性"目标。

环境监测中心制定《质量手册》《质量保证工作制度》《质量监督（员）管理制度》《检测结果质量控制程序》《检测数据控制与管理程序》《检测报告管理程序》，并依据管理制度每年制订"年度实验室质量控制计划"，得到有效实施。

质控分内部和外部两种形式，外部是每年组织参加由 CNAS 及 CNAS 承认的能力验证提供者（如原环境保护部标准物质研究所）组织的能力验证、测量审核，并对结果分析和有效性评价，得出仪器设备的性能状况和人员水平的结论。

内部质控使用有证标样、加标回收、平行双样和空白值测试等方式，定期对结果进行统计分析，形成质量分析报告。

1．人员持证上岗

环境监测中心现有监测岗位人员共计人员××名，其中管理人员××名，技术人员××名、检测人员××名、其他辅助人员××名。中心建立执行《人员培训管理程序》，对内部检测人员上岗资质执行上岗前的技术能力确认和上岗后技术能力持续评价。实行上岗证（中心发公司认可的上岗证）和国家环境保护监察员技能等级证（发证单位是人力资源和社会保障部）双证管理模式。

运维单位负责污染源在线监控系统运行和维护的人员均取得了"污染源在线监测设备运行维护"资格证书，分为废水和废气项目，并按照相关法规要求，定期安排运维人员进行运维知识和技能培训。每年与运维单位签订污染源在线监控系统运维委托协议，明确运行维护工作内容、职责及考核细则。

2．实验室能力认定

××××有限公司监测分自行监测和委托第三方检测机构检测两种模式。

委外检测的主要指标有：废水中的可吸附有机卤素、二氧化氯、苯胺类、硫化物和总锑；所有废气污染物指标。

中心实验室按照国家实验室认可准则开展监测，对资质认定许可范围内的监测项目进行监测。

委外检测的××××环境监测有限公司也是通过国家计量认定的实验室，取得 CMA 检测资质证书，编号为×××××××××。所委托检测项目，该公司均具备检测能力，如有方法出现变更等检测能力发生变化时，该公司应及时向我单位提供最新检测能力表。

3．监测技术规范性

环境监测中心建立执行《检测方法及方法确认程序》。自行监测遵守国家环境监测技术规范和方法，每年开展标准查新工作和编制"标准方法现行有效性核查报告"。检测项目依据的标准均为现行有效的国家标准和行业标准，不使用非标准。

4．仪器要求

环境监测中心建立执行《仪器设备管理程序》《量值溯源程序》《期间核查程序》等制度用于仪器、环境监控设备的配置、使用、维护、标识、档案管理等。

环境监测中心配备的满足检测工作所需的重要仪器设备有紫外/可见分光光度计 4 台、电子天平 2 台、溶解氧仪 1 台、消解器 1 台、哈希 2 台、pH 计 3 台，以及其他若干实验室辅助设备等，性能状况良好，都能够满足现有检测能力的要求。

所有主要仪器均单建设备档案并保证信息完整，均能按照量值溯源要求制定仪器设备计量检定/校准计划并实施，并在有效期内使用。中心对主要检测设备开展检定/校准结果技术确认工作，并定期实施关键参数性能期间核查，以确保仪器的技术性能处于稳定状态。

委外检测中，××××环境监测有限公司测量仪器有智能烟尘平行采样仪、电子分析天平、气相色谱/质谱联用仪、气相分子吸收光谱仪等，所有仪器设备也均应经过计量检定。

5. 记录要求

环境监测中心建立执行《记录控制程序》《检测物品管理程序》《检测数据控制与管理程序》《检测报告管理程序》。对监测记录进行全过程控制，确保所有记录客观、及时、真实、准确、清晰、完整、可溯源，为监测活动提供客观证据。

环境监测中心记录分管理和技术两大类，其中主要技术类包括原始记录、采样单、样品接收单、分析记录、仪器检定/校准、期间核查、数据审核、质量统计分析、检测报告等。

尤其对原始记录的填写、修改方式、保存、用笔规定、记录人员（采样、检测分析、复核、审核）标识做了明确规定。

自动监测设备应保存仪器校验记录。校验记录根据××××市生态环境局在线监测科要求，按照规范进行，记录内容需完整准确，各类原始记录内容应完整，不得随意涂改，并有相关人员签字。

手动监测记录必须提供原始采样记录，采样记录的内容须准确完整，至少2人共同采样和签字，规范修改；采样必须按照《固定源废气监测技术规范》（HJ/T 397—2007）和《固定污染源监测质量保证与质量控制技术规范》（HJ/T 373—2007）中的要求进行；样品交接记录内容需完整、规范。

6. 环境管理体系

公司建立了完善的环境管理体系，××××年××月，通过了 ISO 14001 环境管理体系认证，每年由 BSI 对环境管理体系进行监督审核。

公司制定了《环保设施运行管理办法》《环境监测管理办法》等一系列的环保管理制度，明确了各部门环保管理职责和管理要求。多年来，公司按照体系化要求开展环保管理及环境监测工作，日常工作贯彻"体系工作日常化，日常工作体系化"的原则。

公司设立环境监测中心，全面负责污染治理设施、污染物排放监测，实验室通过 CNAS 认可。年初，公司制订、下发的环境监测计划，其中包括对废水、废气等污染源的监测要求，环境监测中心按照计划确定监测点位和监测时间，并组织环境监测采样、分析，对监测结果进行审核，为环保管理提供依据。

环境监测中心以 CNAS-CL-01：2006《检测和校准实验室能力认可准则》为依据，建立和运行实验室质量管理体系，建立了质量手册和程序文件等体系文件，规范环境监测人、机、物、料、环、法等一系列质量和技术要素的日常管理，强化了环境监测的质量管理。

根据 CNAS 质量管理体系要求，围绕人员、设施和环境条件、检测和校准方法及方法的确认、设备、测量溯源性、抽样、检测和校准物品的处置、检测和校准结果质量的保证、结果报告等技术要素编制程序文件；制定了监测流程、质量保证管理制度，规范了环境监测从采样、分析到报告的流程，编制了质量控制计划及控制指标，通过平行测定、加标回收、标准物质验证、仪器期间核查等手段使用质控图对质量数据进行把关，确保监测过程可控，监测结果及时、准确。采样和样品保存方法按照每个项目相应标准方法进行。

自动监控系统的运行过程中，对日常巡检、维护保养以及设备的校准和校验都做出了明确的规定，对于系统运行中出现的故障，做到了及时现场检查、处理，并按要求快速修复设备，确保了系统持续正常运行。

六、信息记录和报告

(一) 信息记录

1. 监测和运维记录

手工监测和自动监测的记录均按照《排污单位自行监测技术指南 纺织印染工业》要求执行。

（1）现场采样时，记录采样点位、采样日期、监测指标、采样方法、采样人姓名、保存方式等采样信息，并记录废水水温、流量、色嗅等感官指标。

（2）实验室分析时，记录分析日期、样品点位、监测指标、样品处理方式、分析方法、测定结果、质控措施、分析人员等。

（3）自动设备运行台账记录自动监控设备名称、运维单位、巡检、校验日期、校验结果、标准样品浓度、有效期、运维人员等信息。

2．生产和污染治理设施运行状况记录

（1）生产设施运行状况：分生产线按日记录主要生产设施的启停机时间、累计生产时间、生产负荷、主要产品产量、原辅料使用量、取水量等数据；每日按生产线记录染色上染率、浴比等。

（2）污染治理设施运行状况：按日记录污水处理量、回用量、回用率、污水排放量、污泥产生量（记录含水率）、污水处理使用的药剂名称及用量、电耗和污水处理设施运行、故障及维护情况等；按日记录废气处理使用的药剂等耗材的名称及用量、废气处理设施运行参数、故障及维护情况。

3．固体废物信息记录

按照一般工业固体废物和危险废物的分类情况分别进行记录。记录一般工业固体废物的产生量、综合利用量、处置量、贮存量；按照危险废物管理的相关要求，按日记录危险废物的产生量、综合利用量、处置量、贮存量及其具体去向。原料或辅助工序中产生的其他危险废物的情况也进行记录。

所有记录均保存完整，以备检查。台账保存期限三年以上。

（二）信息报告

每年年底编写第二年的自行监测方案。自行监测方案包含以下内容：

1．监测方案的调整变化情况及变更原因；

2．企业及各主要生产设施（至少涵盖废水、废气主要污染源相关生产设施）全年运行天数，各监测点、各监测指标全年监测次数、超标情况、浓度分布情况；

3．自行监测开展的其他情况说明；

4．实现达标排放所采取的主要措施。

（三）应急报告

1．当监测结果超标时，公司对超标的项目增加监测频次，并检查超标原因。

2．若短期内无法实现稳定达标排放的，公司应向生态环境局提交事故分析报告，说明事故发生的原因，采取减轻或防止污染的措施，以及今后的预防及改进措施。

七、自行监测信息公布

（一）公布方式

自动监测和手动监测分别在×××省重点监控企业自行监测信息发布平台（网址：×××××××××××）、百度云盘等进行信息公开。

（二）公布内容

1．基础信息，包括单位名称、组织机构代码、法定代表人、生产地址、联系方式，以及生产经营和管理服务的主要内容、产品及规模；

2．排污信息，包括主要污染物及特征污染物的名称、排放方式、排放口数量和分布情况、排放浓度和总量、超标情况，以及执行的污染物排放标准、核定的排放总量；

3．防治污染设施的建设和运行情况；

4．建设项目环境影响评价及其他环境保护行政许可情况；

5．公司自行监测方案；

6．未开展自行监测的原因；

7．自行监测年度报告；

8．突发环境事件应急预案。

（三）公布时限

1．企业基础信息随监测数据一并公布，基础信息、自行监测方案一经审核备案，一年内不得更改；

2．手动监测数据根据监测频次按时公布；

3．自动监测数据实时公布，废气自动监测设备产生的数据为时均值；

4．每年 1 月底前公布上年度自行监测年度报告。

参考文献

[1] EPA Office of Wastewater Management-Water Permitting. Water permitting 101[EB/OL]. [2015-06-10]. http：//www. epa. gov/npdes/pubs/101pape. pdf.

[2] Office of Enforcement and Compliance Assurance. NPDES compliance inspection manual[R]. Washington D. C.：U. S. Environmental Protection Agency，2004.

[3] U. S. EPA. Interim guidance for performance-based reductions of NPDES permit monitoring frequencies[EB/OL]. [2015-07-05]. http：//www. epa. gov/npdes/pubs/perf-red. pdf.

[4] U. S. EPA. U. S. EPA NPDES permit writers' manual[S]. Washington D. C.：U. S. EPA，2010.

[5] U.K. EPA. Monitoring discharges to water and sewer：M18 guidance note[EB/OL]. [2017-06-05]. https：//www.gov.uk/government/publications/m18-monitoring-of-discharges-to-water-and-sewer.

[6] 常杪，冯雁，郭培坤，等. 环境大数据概念、特征及在环境管理中的应用[J]. 中国环境管理，2015，7（6）：26-30.

[7] 冯晓飞，卢瑛莹，陈佳. 政府的污染源环境监督制度设计[J]. 环境与可持续发展，2017，42（4）：33-35.

[8] 环境保护部. 关于印发《国家监控企业污染源自动监测数据有效性审核办法》和《国家重点监控企业污染源自动监测设备监督考核规程》的通知[EB/OL]. [2018-02-12]. http：//www. zhb.gov.cn/gkml/hbb/bwj/200910/t20091022_174629.htm.

[9] 环境保护部大气污染防治欧洲考察团，刘炳江，吴险峰，王淑兰，等. 借鉴欧洲经验加快

我国大气污染防治工作步伐——环境保护部大气污染防治欧洲考察报告之一[J]. 环境与可持续发展，2013（5）：5-7.

[10] 姜文锦，秦昌波，王倩，等. 精细化管理为什么要总量质量联动？——环境质量管理的国际经验借鉴[J]. 环境经济，2015（3）：16-17.

[11] 罗毅. 环境监测能力建设与仪器支撑[J]. 中国环境监测，2012，28（2）：1-4.

[12] 罗毅. 推进企业自行监测 加强监测信息公开[J]. 环境保护，2013，41（17）：13-15.

[13] 钱文涛. 中国大气固定源排污许可证制度设计研究[D]. 北京：中国人民大学，2014.

[14] 曲格平. 中国环境保护四十年回顾及思考（回顾篇）[J]. 环境保护，2013，31（10）：10-17.

[15] 宋国君，赵英煦. 美国空气固定源排污许可证中关于监测的规定及启示[J]. 中国环境监测，2015，31（6）：15-21.

[16] 孙强，王越，于爱敏，等. 国控企业开展环境自行监测存在的问题与建议[J]. 环境与发展，2016，28（5）：68-71.

[17] 谭斌，王丛霞. 多元共治的环境治理体系探析[J]. 宁夏社会科学，2017（6）：101-103.

[18] 唐桂刚，景立新，万婷婷，等. 堰槽式明渠废水流量监测数据有效性判别技术研究[J]. 中国环境监测，2013，29（6）：175-178.

[19] 王军霞，陈敏敏，穆合塔尔·古丽娜孜，等. 美国废水污染源自行监测制度及对我国的借鉴[J]. 环境监测管理与技术，2016，28（2）：1-5.

[20] 王军霞，陈敏敏，唐桂刚，等. 我国污染源监测制度改革探讨[J]. 环境保护，2014，42（21）：24-27.

[21] 王军霞，陈敏敏，唐桂刚，等. 污染源，监测与监管如何衔接？——国际排污许可证制度及污染源监测管理八大经验[J]. 环境经济，2015（Z7）：24.

[22] 王军霞，唐桂刚，景立新，等. 水污染源五级监测管理体制机制研究[J]. 生态经济，2014，30（1）：162-164，167.

[23] 王军霞，唐桂刚. 解决自行监测"测""查""用"三大核心问题[J]. 环境经济，2017（8）：32-33.

[24] 薛澜，张慧勇. 第四次工业革命对环境治理体系建设的影响与挑战[J]. 中国人口·资源与

环境，2017，27（9）：1-5.

[25] 张紧跟，庄文嘉. 从行政性治理到多元共治：当代中国环境治理的转型思考[J]. 中共宁波市委党校学报，2008，30（6）：93-99.

[26] 王军霞，刘通浩，张守斌，等. 推进排污单位自行监测发挥作用的建议[J]. 环境保护，2018，46（12）：64-66.

[27] 张伟，袁张燊，赵东宇. 石家庄市企业自行监测能力现状调查及对策建议[J]. 价值工程，2017，36（28）：36-37.

[28] 张秀荣. 企业的环境责任研究[D]. 北京：中国地质大学，2006.

[29] 赵吉睿，刘佳泓，张莹，等. 污染源 COD 水质自动监测仪干扰因素研究[J]. 环境科学与技术，2016，39（S1）：299-301，314.

[30] 左航，杨勇，贺鹏，等. 颗粒物对污染源 COD 水质在线监测仪比对监测的影响[J]. 中国环境监测，2014，30（5）：141-144.

[31] 王军霞，唐桂刚，赵春丽. 企业污染物排放自行监测方案设计研究——以造纸行业为例[J]. 环境保护，2016，44（23）：45-48.

[32] 吴旻妍，王亚超. 企业自行监测信息应用于环境监管的路径探析[J]. 环境监控与预警，2017，9（1）：67-70.

[33] 王娟，余勇，张洋，等. 精细化工固定源废气采样时机的选择探讨[J]. 环境监测管理与技术，2017，29（6）：58-60.

[34] 尹卫萍. 浅谈加强环境现场监测规范化建设[J]. 环境监测管理与技术，2013，25（2）：1-3.

[35] 成钢. 重点工业行业建设项目环境监理技术指南[M]. 北京：化学工业出版社，2016.

[36] 杨驰宇，滕洪辉，于凯，等. 浅论企业自行监测方案中执行排放标准的审核[J]. 环境监测管理与技术，2017，29（4）：5-8.

[37] 屈佳眯. 浅析印染企业自行监测存在问题及解决策略[J]. 环境保护与循环经济，2019(11)：67-69.

[38] 王洪燕，高山，杨伟伟，等. 纺织印染排污单位如何设计自行监测方案？[J]. 环境经济，2019（24）：50-53.

[39] 张旭东. 工业有机废气污染治理技术及其进展探讨[J]. 环境研究与监测，2005，18（1）：24-26.

[40] 王宝庆，马广大，陈剑宁. 挥发性有机废气净化技术研究进展[J]. 环境污染治理技术与设备，2003，4（5）：47-51.

[41] 陈平，陈俊. 挥发性有机化合物的污染控制[J]. 石油化工环境保护，2006，29（3）：20-23.

[42] 吕唤春，潘洪明，陈英旭. 低浓度挥发性有机废气的处理进展[J]. 化工环保，2001，21（6）：324-327.